완벽한 2차전지 학습을 위한
렛유인의 **도서 구매 무료 혜택**

쿠폰 번호

PACK-2024-WF03-G57P

※ 쿠폰 사용은 등록 후 6개월까지 가능합니다.

KB131236

쿠폰 등록 방법

렛유인 홈페이지 로그인
(www.letuin.com)

[마이페이지]
- [할인쿠폰] 클릭

쿠폰 번호 입력

도서 구매 혜택

혜택1 2차전지 기초 강의
7일 수강권

혜택2 2차전지
온라인 스터디 참여권

혜택3 2차전지
화학기초 자료집(PDF)

혜택4 2차전지
합격 가이드북(PDF)

혜택5 2차전지 패키지 강의
15% 할인쿠폰

렛유인 회원전용 무료 테스트

2차전지 무료
레벨 테스트

이공계 직무
LBTI TEST

삼성 GSAT 온라인
진단 모의고사

NCS 수료증 발급

2차전지
종합 패키지

2차전지 직무선택부터 기초이론, 전공심화까지 하나로 끝!
NCS 수료증 발급받고 합격하는 2차전지 직무역량을 완성하세요!

모듈/팩 등 직무선택부터
전공기초, 심화 과정으로
면접까지 한번에 준비

삼성SDI 등 2차전지 대기업
전/현직 엔지니어
강사진의 강의

이력서, 자소서, 면접에서
직무역량을 어필할 수 있는
NCS 수료증 발급

2차전지 NCS 수료증으로 이력서 및 자소서, 면접에서
직무역량을 어필하는데 활용해보세요.

이력서 활용 사례

'교육 이수사항' 항목에
2차전지 직무관련 교육
이력사항으로 작성 가능!

자소서 활용 사례

직무관련 경험과 연관된
2차전지 기업 자소서 문항 속
직무관심도 표현 가능!

면접 활용 사례

면접은 이력서/자소서 기반!
교육 이수사항에 대한 질문에
차별화된 답변 어필 가능!

지금 2차전지 산업 기업으로 취업을 준비하고 있다면?
렛유인 사이트 검색창에서 <NCS 2차전지 종합 패키지>를 검색해보세요.
직무선택부터 직무면접까지 한번에 끝낼 수 있습니다.

이공계 누적 합격생 40,135명이 증명하는
렛유인과 함께라면 다음 최종합격은 여러분입니다!

이공계 취업특화
1위

소비자가 뽑은
교육브랜드
1위

이공계 특화
전문 강사 수
1위

이공계 취업 분야
베스트셀러
1위

▌취업 준비를 **렛유인**과 함께 해야하는 이유!

포인트 1

Since 2013 국내 최초, 이공계 취업 아카데미 1위 '렛유인'

2013년부터 각 분야의 전문가 그리고 현직자들과 함께 이공계 전문 교육과정 제공

포인트 2

**이공계 누적 합격생 40,135명 합격자 수로
증명하는 렛유인의 합격 노하우**

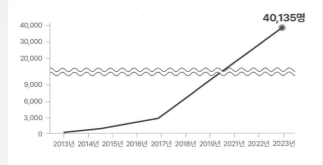

포인트 3

**이공계 5대 산업(반·자·디·이·제)
전문 강의 제작 수 업계 최다!**

[반도체 / 자동차 / 디스플레이 / 이차전지 / 제약바이오]

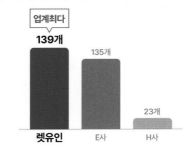

포인트 4

이공계 취업 분야 도서 베스트셀러 1위

대기업 전·현직자들의 노하우가 담긴 자소서 / 인적성 / 산업별 직무 / 이론서 / 면접까지
베스트셀러 도서 보유

*누적 합격생 40,135명: 2015~2023년 서류, 인적성, 면접 누적 합격자 합계 수치
* 이공계 취업 아카데미 1위: 이공계 특화 취업 교육 부문 N사/S사/E사 네이버키워드 PC+모바일 검색량 비교 기준 (2018.10~2019.9)
* 소비자가 뽑은 교육브랜드 1위: 3만여 명의 소비자가 뽑은 대한민국 교육 브랜드 대상 기술공학교육분야 3년 연속 1위 (2018 ~ 2020)
* 이공계 특화 전문 강사 수 1위: 렛유인 76명, W사 15명, H사 4명 (2023.01.13 기준)
* 이공계 취업 분야 베스트셀러 1위: YES24 2022년 8월 취업/면접/상식 월별 베스트 1위(한권으로 끝내는 전공·직무 면접 반도체 이론편 3판 기준)
* 업계 최다: 렛유인 139개, E사 135개, H사 23개(2023.02.11 기준)

한권으로 끝내는

전공·직무 면접
2차전지
이론편 최신판

최신 5개년 2차전지 대기업 면접 기출문제를 기반으로

트렌드, 기업분석, 기초이론, 소재/셀 설계, 공정/평가 이론 완성

안재형, 이차준, 렛유인연구소 지음

렛유인 한권으로 끝내는 전공·직무 면접
2차전지 이론편

3판 1쇄 발행
발 행 일 2024년 5월 9일
지 은 이 안재형, 이차준, 렛유인연구소
펴 낸 곳 렛유인북스

총　　괄 송나령
편　　집 김근동
표지디자인 감다정

홈 페 이 지 https://letuin.com
카　　페 https://cafe.naver.com/letuin
유 튜 브 취업사이다
대 표 전 화 02-539-1779
이 메 일 letuin@naver.com

I S B N 979-11-92388-44-1(13560)

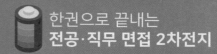

불과 5, 6년 전만 하더라도 취업준비생들에게 2차전지 산업은 큰 관심 대상이 아니었다. 당시 LG화학 (LG에너지솔루션 모회사), 삼성SDI, SK이노베이션(SK온 지주사)의 지원을 독려했지만, 학생들은 대체로 반도체, 디스플레이, 자동차 기업 위주로 지원했다. 그때까지만 하더라도 2차전지 기업은 소형전지 위주로 사업을 전개했고, 전기자동차용 전지는 개발 또는 시장에 초기 진입단계에 머물렀기 때문에 화학 계열 전공자를 제외한 취준생의 관심을 받기에는 현실적으로 쉽지 않았다.

하지만 테슬라와 자동차 OEM의 전기자동차 판매량이 증가하기 시작하고, 국내 3사가 글로벌 자동차 OEM의 EV(전기자동차)용 전지 개발에 총력을 기울이면서, 2차전지 시장이 급성장하기 시작했다. EV를 구매하는 소비자가 늘기 시작하고, 1회 충전 시 주행거리 연장, 고에너지 밀도, 고출력, 고안전성의 배터리에 대한 수요가 증가하면서 국내 제조 3사는 R&D, 엔지니어 인력의 수요와 공급의 불균형 상황에 맞닥뜨리게 되었다. 대학의 화학 계열 학과에서는 전기화학이나 배터리 관련 석·박사 전공자가 드물었고, 반도체나 디스플레이 산업처럼 인력 양성을 위한 외부 교육기관이나 2차전지 분야를 전문적으로 다루는 전문 도서도 거의 없는 실정이었다. 2차전지 산업으로 취업을 희망하는 학생에게나, 관련 인력을 뽑으려는 업계의 입장에서나 모두 쉽지 않았다.

다행스럽게 2020년 취업교육업체 중 렛유인에서 처음으로 『2차전지 기본편』을 펴내면서 취업준비생들의 갈증을 다소 해결할 수 있었다. 2022년에는 『2차전지 이론편』으로 개정하면서 시의적절하게 내용을 업그레이드했다. 물론 짧은 시간 내에 독자들의 요구를 충분하게 만족시키기에 부족했지만, 2차전지 분야로 취업을 원하는 학생들에게 큰 도움이 되었다고 자부한다. 매번 증쇄 판이 매진될 정도로 관심을 보여주며 이 책으로 취업에 대비한 학생들에게 감사한 마음뿐이다.

2023년 EV 시장의 성장률이 거의 30% 수준에 육박하고, 2030년까지 연평균 성장률이 20% 내외로 전망되면서 전 세계적으로 2차전지 산업은 본격적으로 성장기에 들어서고 있다. 비즈니스의 라이프 사이클은 진입기, 성장기, 성숙기, 쇠퇴기로 구분할 수 있는데, 2차전지 산업은 이제 성장기 초기 단계에 있다. 이는 2차전지를 제조하는 기업뿐만 아니라 배터리의 4대소재를 공급하는 양극재, 음극재, 전해액, 분리막 공급사, 배터리 전·후방 산업의 기업 또한 성장할 가능성이 크다는 의미이다.

이번에 출간하는 『2차전지 이론편 최신판』은 이전 도서의 내용 중 최신 기준으로 업데이트 된 내용을 보강하고, 2차전지 취업에 필요한 산업 및 기업 분석분만 아니라 2차전지의 방대한 이론을 한 권에 담아냈다.

혹시라도 부족한 내용이 있다면 저자의 부덕한 탓이며, 부족한 내용은 추후 개정판에서 독자들의 의견을 반영하여 보충하기로 약속드린다. 아무쪼록 이 책을 잘 활용하여 희망하는 2차전지 기업 입사에 성공하시기를 저자와 렛유인 관계자들이 정성껏 두 손 모아 기원한다.

공저자 **안재형**

GUIDE

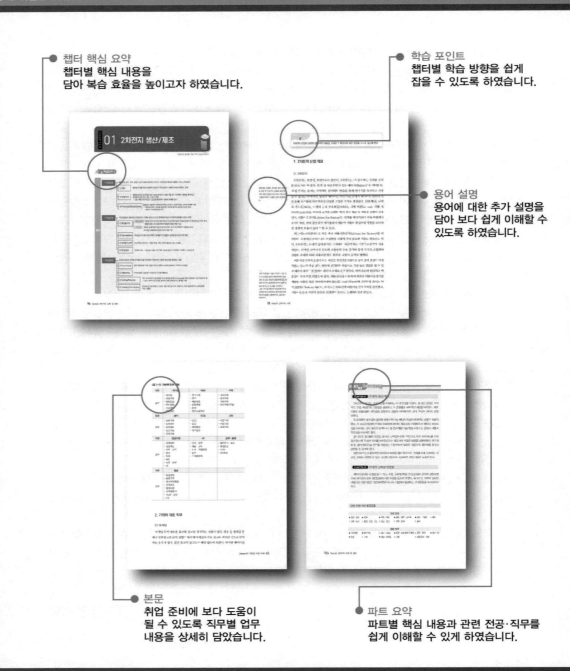

챕터 핵심 요약
챕터별 핵심 내용을
담아 복습 효율을 높이고자 하였습니다.

학습 포인트
챕터별 학습 방향을 쉽게
잡을 수 있도록 하였습니다.

용어 설명
용어에 대한 추가 설명을
담아 보다 쉽게 이해할 수
있도록 하였습니다.

본문
취업 준비에 보다 도움이
될 수 있도록 직무별 업무
내용을 상세히 담았습니다.

파트 요약
파트별 핵심 내용과 관련 전공·직무를
쉽게 이해할 수 있게 하였습니다.

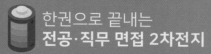

기출문제-1
질문 의도 및 답변 전략을
파악할 수 있도록 하였습니다.

기출문제-2
답변의 흐름과 핵심 내용을
정리할 수 있게 하였고,
모범답안을 참고할 수 있게 하였습니다.

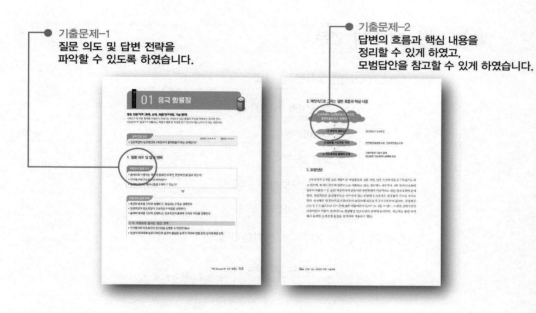

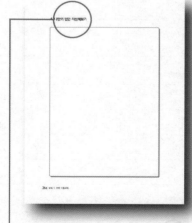

예상문제
실제 시험에 나올 수 있을
만한 질문을 제시함으로써
실전 감각을 끌어올릴 수
있도록 하였습니다.

기출문제-3
직접 나만의 답안을 작성함으로써
실전 면접에 대비할 수 있도록 하였습니다.

CONTENTS

이공계 취업은 렛유인 WWW.LETUIN.COM

PART 03 2차전지 공정 및 평가

CONTENTS
이공계 취업은 렛유인 WWW.LETUIN.COM

PART 06   2차전지 면접 기출문제

PART 01

2차전지 입문

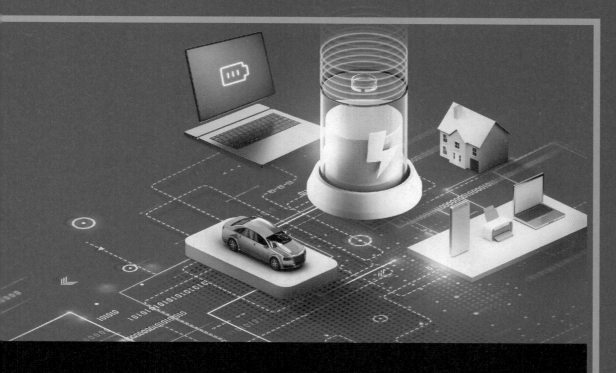

이공계 취업은 렛유인 WWW.LETUIN.COM

테슬라(Tesla)가 2012년부터 꾸준히 전기자동차(EV)를 생산한 이후 2023년까지 전 세계 EV 누적 판매량이 4천만 대를 넘어섰다. 통계기관마다 차이는 있지만 2023년 1년 동안 EV 판매량은 무려 1,400여만 대에 이른다. 이 중 테슬라 단독으로 약 180만 대를 출하하여 1위를 차지했다. 신차의 연간 출하량 8천만 대 중 약 16%가 EV인데, 이 통계는 2차전지 산업에 큰 시사점을 던져주고 있다.('2차전지 산업'이라 할 때는 리튬이온전지 이외의 전통적인 2차전지를 포괄하는 표현이다. 다만 제품으로 설명할 때 '2차전지'는 대개 '리튬이온전지'를 의미하기도 한다. 문맥에 따라 '2차전지'와 '리튬이온전지' 또는 '배터리'를 번갈아 사용하기로 한다.)

한국에는 2차전지를 제조하는 대표 기업으로 LG에너지솔루션, 삼성SDI, SK온 등 3사가 있다. LG에너지솔루션(LG화학에서 사업 개시)과 삼성SDI는 노트북PC와 모바일 IT 기기용 리튬이온전지를 2000년대 전후반부터 양산하기 시작하여 EV용 배터리까지 공급하고 있다. 지금까지 소형전지와 EV용 전지의 두 축으로 사업을 진행하고 있으나, 앞으로는 EV 시장이 성장하면서 EV용 중·대형전지가 사업의 주축이 될 전망이다. LG와 삼성보다 다소 늦게 사업을 시작한 SK온(SKC 리튬폴리머 사업부에서 사업 개시)은 EV용과 ESS(에너지 저장 시스템)를 위주로 사업을 전개하고 있다.

2차전지 시장은 모바일 IT 기기, 가전제품, 잡화용품 등에 사용되는 소형전지보다는 EV용 중·대형전지가 더 크게 성장하고 있다. 따라서 제조업체는 소형전지 시장을 등한시하는 것은 아니지만, 고도의 기술력을 응용할 수 있고, 향후 성장성이 보장되는 EV용 배터리 시장에 더욱 집중할 수밖에 없다. 소형전지 수요처인 모바일 IT 기기, 가전제품, 잡화용품의 시장 성장률은 매년 한 자릿수로 완만하지만, EV 시장은 2030년까지 연평균 성장률이 20% 이상으로 예상된다.

수년 전까지만 하더라도 2차전지 산업은 자체 기술력을 보유하고, 원부재료, 장비 등 공급사와 SCM이 잘 구축이 되어있으면 문제없이 진행할 수 있었다. 하지만 글로벌 EV의 시장 규모가 급속도로 확대되면서 여러 가지 변수들이 등장하기 시작했다. 희토류 확보 문제, 미국의 중국 견제, 국가 간의 경쟁과 제재, 보조금 제도, 환경 정책 등 단순히 경제 논리만으로는 사업을 영위하기가 힘든 상황이 되어버렸다. 특히 인력과 기술 외에 자원이 부존하는 우리나라 기업으로서는 급변하는 외부 환경에 전략적이면서 신속하게 대응하지 않으면, 경쟁에서 뒤처질 수 있는 위험이 항상 도사리고 있다.

2차전지 산업은 초기에 판매자 위주의 시장이었지만, 시장이 성장하고 용도가 EV용 배터리까지 확대되면서 글로벌 자동차 OEM과의 협력 관계를 어떻게 구축하는지가 가장 중요한 전략이 되어버렸다. 이에 따라 자동차 최대 생산 권역인 중국, EU, 미국 등에는 우리나라 3사가 모두 현지 생산 기지를 운영하고 있다. 또한 국내 자동차 업체와 전략적 제휴를 체결하여 미국의 IRA(인플레이션 감축법), 유럽의 CRMA(핵심원자재법) 등에 원활하게 대응하기 위해 노력하고 있다. 기술력 하나만 확보하면 무난하게 사업할 수 있었던 2차전지 산업의 환경이 불과 몇 년 만에 급격하게 변하고 있다. 게다가 주로 중국계인 후발 경쟁사들이 국내 3사에 위협이 될 정도로 맹렬하게 도전하고 있다. 앞으로의 4~5년을 어떻게 대응할 것이냐에 따라 대한민국의 2차전지 산업의 향방이 정해질 것으로 예상한다.

시시각각으로 변하는 환경과 시장의 도전에 제대로 응전을 하지 못해서 역사에서 사라진 사례는 적지 않다. 한때 첨단 기술력과 모노즈쿠리(物作り: 장인정신)로 세계 시장을 주름잡던 일본의 전자 회사들은 주력사업과 계열사업을 정리할 정도로 그 위상이 초라해졌다. 특히 반도체, 디스플레이, 2차전지 분야에서는 먼저 원천기술을 개발하고 사업에 진출하였지만, 모두 우리나라 기업에 뒤처지고 있다. 첨단산업뿐만 아니라 중화학공업, 철강 산업 등 '산업의 쌀'이라 불리는 영역에서도 우리나라가 기술의 우위를 점하고 있다.

이제 대학을 졸업하고 사회에 진출하려는 취업준비생들은 진로와 직업 선택에 어려움을 겪고 있을 것이다. 좋아하는 일과 잘하는 일, 하고 싶은 일이 무엇인지 고려하여 자신의 진로를 생각하지만, 선택하는 게 그리 수월하지는 않다. 산업의 전망, 성장 가능성, 채용 규모 등 취업과 관련된 주요 요소를 고려한다면 반도체, 디스플레이, 자동차, 화학, 철강 등 국가 기간산업 관련 기업을 추천한다. 여기에 하나 더 추가하면 본격적으로 성장기에 접어든 2차전지 산업을 강력히 추천한다. 이유는 단순하다. 현재 기준으로도 2차전지 관련 R&D는 1,000여 명이 부족하고, 엔지니어 인력은 약 2,000여 명이 부족하다고 한다. 단시일 내에 해결할 수 있는 사안이 아니기에 취업을 준비하는 학생들에게는 도전해 볼 만한 기회가 충분히 있는 산업이라고 할 수 있다.

2차전지는 우리가 사용하는 IT 기기에 전원을 공급하는 에너지 저장장치이다. 휴대용 기기뿐만 아니라 EV와 대형건물의 예비발전기, 또는 무인 드론, 잠수함 등 군용 장비에까지 탑재되는 필수 아이템이다. 이렇듯 전 산업 분야에서 필요로 하는 주요 장치이다. 취업준비생이 신규인력의 수요가 큰 분야에 관심을 두어야 하는 것은 당연하다. 2차전지와 관련된 기업은 몇 년 전과는 다르게 다양하게 사업영역을 확장하며 성장했다. 타 산업과 마찬가지로 전후방 산업과 긴밀한 관계를 유지하고 있기 때문이다. 2차전지 산업에 취업한다는 건 단지 앞에서 언급한 LG에너지솔루션, 삼성SDI, SK온 등 3개 기업에만 한정된 것은 아니다. 전후방 산업에 있는 기업 또한 신규인력을 많이 필요로 한다. 현재 2차전지 산업 관련 인력이 약 5만여 명 규모이지만, 경쟁력 강화를 위해 지속적으로 인력을 더 확보해야 한다고들 한다.

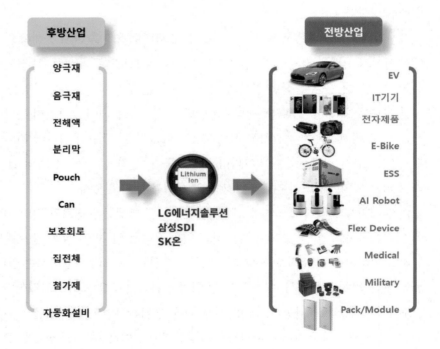

[그림] 2차전지 전 · 후방 산업*

*
출처: 삼정KPMG 경제연구원 자료 재
편집

2차전지 기업의 중요한 전방산업은 글로벌 자동차 OEM, 스마트폰, 노트북 등 각종 IT 기기를 제조하는 전자 회사 등 다양한 고객사가 있다. 후방산업으로는 배터리 4대소재인 양극재, 음극재, 전해액, 분리막을 공급하는 재료업체가 대표적이다. 특히 EV용 배터리가 요구하는 고용량, 고밀도 에너지, 저중량 등의 특성을 고려할 때 SCM(Supply Chain Management: 공급망관리) 상으로 연결된 후방산업에 있는 기업이 더욱 중요해지고 있다. 또한 생산 CAPA를 확장하고, 제조 기술을 첨단화하는 데 필요한 장비업체의 약진도 주의하여 살펴볼 필요가 있다. 따라서 2차전지에 관심이 있는 취업준비생은 각 기업이 주력으로 하는 사업 분야와 직무에 관한 내용을 파악하여 자신에게 맞는 취업 전략을 세워야 한다.

핵심요약 →

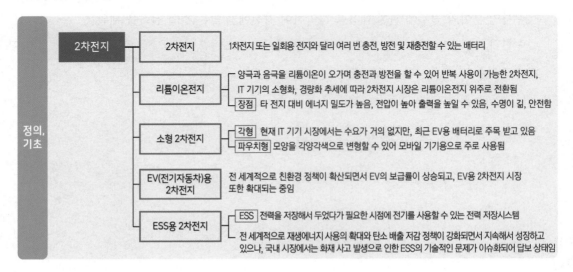

정의, 기초	2차전지	2차전지	1차전지 또는 일회용 전지와 달리 여러 번 충전, 방전 및 재충전할 수 있는 배터리
		리튬이온전지	양극과 음극을 리튬이온이 오가며 충전과 방전을 할 수 있어 반복 사용이 가능한 2차전지, IT 기기의 소형화, 경량화 추세에 따라 2차전지 시장은 리튬이온전지 위주로 전환됨 장점 타 전지 대비 에너지 밀도가 높음, 전압이 높아 출력을 높일 수 있음, 수명이 긺, 안전함
		소형 2차전지	각형 현재 IT 기기 시장에서는 수요가 거의 없지만, 최근 EV용 배터리로 주목 받고 있음 파우치형 모양을 각양각색으로 변형할 수 있어 모바일 기기용으로 주로 사용됨
		EV(전기자동차)용 2차전지	전 세계적으로 친환경 정책이 확산되면서 EV의 보급률이 상승되고, EV용 2차전지 시장 또한 확대되는 중임
		ESS용 2차전지	ESS 전력을 저장해서 두었다가 필요한 시점에 전기를 사용할 수 있는 전력 저장시스템 전 세계적으로 재생에너지 사용의 확대와 탄소 배출 저감 정책이 강화되면서 지속해서 성장하고 있으나, 국내 시장에서는 화재 사고 발생으로 인한 ESS의 기술적인 문제가 이슈화되어 답보 상태임

1차전지와 2차전지의 차이점을 이해하고 2차전지의 종류에 대해 학습한다.

1. 1차전지와 2차전지

1차전지는 장치에 넣어서 사용하다가 전압이 떨어지면 폐기하는 전지를 말한다. 즉, 다시 충전해서 사용할 수 없는 일회용으로 건전지를 일컫는다. 1차전지는 일상생활에서 쉽게 볼 수 있는 TV 리모콘, 탁상시계, 전자 도어록, 자동스마트키, 컴퓨터 메인보드, 체온계 등에 사용된다. 종류에 따라 전압을 인가해서 여러 번 충전해서 사용할 수 있는 것도 있으나 대부분 누액과 파열의 위험성 때문에 일회용으로만 사용한다.

2차전지는 1차전지와는 다르게 축전지나 충전지로 불리며 충전을 반복하여 사용할 수 있는 전지를 의미한다. 1차전지와 2차전지의 큰 차이는 방전 특성이다. 1차전지는 시간이 흐르면서 전압이 낮아지는데, 2차전지는 대부분 사용 가능한 시간까지 전압이 일정하게 유지되다가 방전이 되면서 전기 공급이 중단된다. 대표적인 2차전지에는 스마트폰이나 EV에 장착하여 전원을 공급하는 리튬이온전지가 있다.

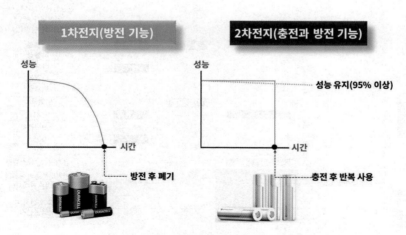

[그림 1-1] 1차전지 및 2차전지 방전 특성 비교

화학반응으로 전지의 기능을 구현하기 위해서는 핵심 재료 4가지가 필요하다. 양극재, 음극재, 전해액, 분리막이다. 여기서 전해액은 전해질용액을 일컫는다. 이온성 물질을 수용액 같은 극성용매에 용해한 전도성 용액이다. 1차전지, 2차전지 모두 전해액이 주입되어 있어서 전극을 바꾸어 잘못 사용하면 전해액이 새어 나올 수 있다. 스마트폰, 태블릿 PC, 노트북, 전기자동차 배터리로 쓰이는 리튬이온전지에도 전해액이 주입되어 있다.

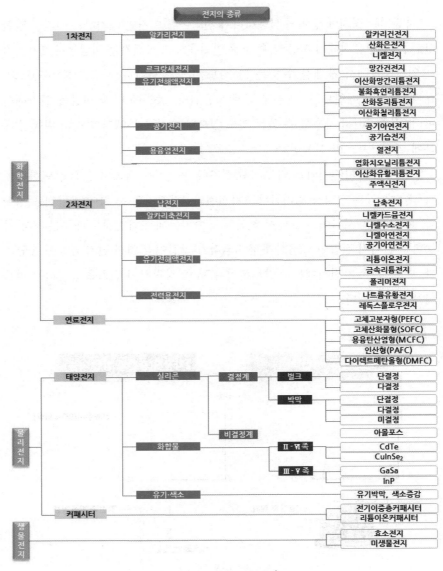

[그림 1-2] 전지의 종류*

*
출처: 『2次電池の本』

2. 리튬이온전지

앞서 말했듯이 '2차전지'라고 하면 주로 리튬이온전지(Lithium Ion Battery)를 의미한다고 생각해도 무방하다. 리튬이온전지는 화학적인 반응(산화·환원 반응)으로 직류 전력을 공급하는 전기 기기이다. 양극과 음극을 리튬이온이 오가며 충전과 방전을 할 수 있어 반복 사용이 가능하다. 리튬이온전지의 구조는 양극, 음극, 전해질, 분리막으로 구성된다. 일반적으로 양극에는 리튬의 산화물, 음극에는 흑연, 전해질에는 액상이나 겔 타입의 유기 전해질이 사용되고 있다.

리튬이온전지는 1991년 개발된 이후 지금까지 4차 산업혁명 시대에 가장 중요한 기술 중 하나로 떠오르고 있다. 2차전지로는 19세기에 개발된 납축전지로 시작해서 최근까지 니켈수소전지가 사용되었다. 하지만 다양한 모바일 IT 기기들이 개발되고, 가전제품의 성능과 기능이 개선되면서 고에너지 밀도, 고용량 사양의 배터리 수요가 꾸준히 증가하고 있다. 게다가 기기의 소형화, 경량화 추세에 따라 2차전지 시장은 리튬이온전지 위주로 전환되었다. EV를 제조하는 테슬라의 출현과 함께 에너지 소스로서 리튬이온전지의 입지는 더욱 공고해졌다.

리튬은 원자번호 3번으로 금속 중에 가장 가볍고 원소 중에서 밀도가 가장 낮다. 리튬을 채용하여 기존 2차전지에서 문제가 되던 '메모리 효과'에 대한 문제가 대부분 해결됐다. 또한 지금까지 개발된 배터리 중 상대적으로 작동전압이 높고 에너지 용량이 커서 모빌리티(Mobility)의 니즈를 해결해주는 에너지 저장 및 공급원이다. 온도에 민감하고 반응성이 커서 취급 부주의에 따른 화재의 위험성이 있지만, PCM(Protection Circuit Module: 보호회로장치)과 BMS(Battery Management System)로 배터리의 안전성을 확보하고 있다.

PCM의 기능은 배터리의 과방전, 과충전, 과전류 등을 방지하고 단락을 보호한다. 배터리의 용도에 맞게 최적의 성능으로 작동할 수 있도록 보호하는 장치로 이해하면 된다. BMS는 배터리를 관리하는 시스템이다. 주로 EV나 ESS 등에 내장된 배터리를 최적화하고 수명을 늘릴 수 있도록 전압, 전류, 온도 등을 감시한다. 대체로 배터리 셀의 충·방전 균형을 잡아주는 역할도 수행한다. 또한 배터리가 안전하게 기능을 하도록 과충전, 과방전, 과전류 현상의 발생을 방지한다.

리튬이온전지를 최초로 개발한 사람은 일본 아사히카세이의 연구원이었던 요시노 아키라이다. 요시노는 리튬이온전지 개발의 공로를 인정받아 2019년 노벨화학상을 수상했다.

최초로 리튬이온전지를 양산한 기업은 일본 소니(Sony)의 계열사인 소니에너지텍이다. 1991년 소니는 리튬 코발트 산화물($LiCoO_2$)을 양극재로, 흑연을 음극재로 사용하여 기존의 2차전지보다 에너지 밀도를 높였다. 하지만 이후 노트북 화재 사건의 여파와 기술 경쟁에서 뒤처져 2017년에 리튬이온전지 사업을 무라타제작소에 매각하게 된다.

[그림 1-3] 소니가 양산한 리튬이온전지*

출처: murata 홈페이지

현재 리튬이온전지를 생산하는 전 세계 10대 기업 중 매출 기준으로 우리나라의 3사는 Top 5 안에 속한다. 리튬이온전지 시장에서 한국, 중국, 일본 업체의 경쟁은 나날이 치열해지고 있다. 전 세계 자동차 OEM들이 앞다투어 EV를 개발하고 양산 목표를 늘려 시장 규모가 매년 급성장하고 있기 때문이다. 다음과 같은 특성으로 인해 2차전지 시장에서 리튬이온전지는 독보적일 수밖에 없다.

첫째, 타 전지 대비 에너지 밀도가 높다. 이전의 2차전지보다 체적, 중량 단위당 에너지 밀도가 뛰어나 경량으로 고에너지 밀도의 전지를 생산하기에 적합하다.

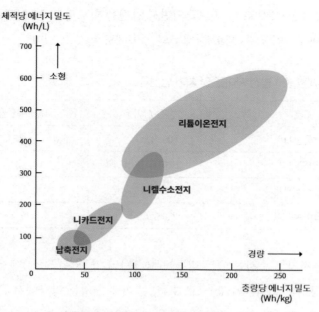

[그림 1-4] 각종 전지 에너지 밀도 비교*

*
출처:
https://michinokutrade.hateblo.jp/entry/2015/12/06/112614, 재편집

**
출처:
https://michinokutrade.hateblo.jp/entry/2015/12/06/112614

둘째, 전압이 높아 출력을 높일 수 있다. 이는 중량 대비 효율성이 높은 고성능 전지를 제작할 수 있는 조건이 된다.

〈표 1-1〉 전지별 공칭전압 및 중량 대비 출력**

구분	공칭전압(V)	중량 대비 출력(W/kg)
납축전지	2.1	180
니카드전지	1.2	150
니켈수소전지	1.2	250~1000
리튬이온전지	3.2~3.7	1400~3000

셋째, 수명이 길다. 기존의 2차전지는 충전과 방전을 반복하면 사용횟수와 시간의 흐름에 따라 사용 가능한 용량이 줄어들어 성능이 저하되는 문제가 있었다. 리튬이온전지는 이와는 달리 시간이 흘러도 충·방전 효율이 거의 지속되어 성능 효율성이 높다.

넷째, 일상생활 중 어떠한 조건에서도 안전하게 사용할 수 있다. 물론 초기에는 리튬이온전지와 관련된 화재 사고 등이 있었으나, 수요가 증가하면서 원부재료의 개질과 개량, 배터리의 품질 개선으로 안전성이 보장된 전지로 채용되고 있다. 특히 EV용으로 널리 보급되면서 안전을 확보하고 성능을 극대화하기 위해 전고체배터리 같은 새로운 제품의 개발에도 힘쓰고 있다.

출처:
https://michinokutrade.hateblo.j
p/entry/2015/12/06/112614

〈표 1-2〉 전지별 충 · 방전 사이클 및 자기 방전율*

구분	충 · 방전 사이클	자기 방전율(%)
납축전지	500~800	3~4
니카드전지	1500	20
니켈수소전지	1000	20
리튬이온전지	1200~2000	5~10

리튬이온전지를 충전할 때는 리튬이온($Li+$)이 양극(Cathode)에서 빠져나와 전해액을 통하여 음극(Anode)으로 흐른다. 이때 전자는 양극에서 음극 방향으로 이동하며, 방전될 때는 음극의 리튬 양이온($Li+$)이 빠져나와 양극으로 이동한다. 음극에는 역으로 전자가 축적되고 자연히 전류가 양극에서 음극 방향으로 흐른다.

양극은 리튬이온전지의 원가에서 가장 큰 비중(약 40% 내외)을 차지하는 소재로서 리튬 코발트 산화물이 가장 많이 사용되지만, 최근에는 가격경쟁력이 높은 저렴한 인산철 리튬($LiFePO_4$)도 채용하기 시작했다. 음극 소재로는 탄소, 실리콘, 흑연 등이 주로 사용되고, 분리막으로는 다공성 폴리에틸렌 및 폴리프로필렌 필름을 사용한다. 전해질은 육불화인산리튬($LiPF_6$)이 많이 쓰인다.

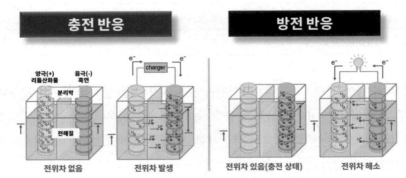

[그림 1-5] 리튬이온전지 충전 방전 원리

3. 소형 2차전지

(1) 소형 2차전지 개요

리튬이온전지의 용도는 다양하다. 스마트폰, 스마트워치, 태블릿, 노트북, 블루투스 스피커, 헤드셋, 웨어러블 디바이스 등 IT 시장에서는 대부분 리튬이온전지를 전원 공급 장치로 사용한다. 그 외에 Non-IT 범주에서는 가정용품인 무선 진공청소기, 휴대용 보조배터리, 휴대용 선풍기, 전동공구, 이·미용용품 등에 사용한다.

소형 2차전지 수요는 매년 성장 추세이며 판매 수량으로는 2023년에 이미 130억 셀(cell)을 넘어섰다. 휴대용이나 가정용 용도 이외에 이동성(Mobility)과 관련된 전기자동차와 전기 스쿠터 시장이 빠르게 성장하고 있어서 원통형 배터리의 수요가 급격하게 늘어날 것으로 예상된다.

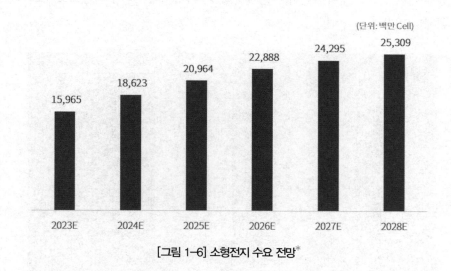

(단위: 백만 Cell)

[그림 1-6] 소형전지 수요 전망[*]

*
출처:
삼성SDI 지속가능경영보고서 2023

IT 시장에서는 최근 친환경, 고효율 사양의 차별화된 제품의 요구가 증가하고 있다. 이에 따른 배터리 개발력과 고도의 제조 기술력은 필수이다. 우리나라의 LG에너지솔루션과 삼성SDI가 소형 2차전지 부문에서는 업계 최고의 제품 개발력과 첨단화된 제조 기술력으로 세계 1, 2위로 시장을 선도하고 있다.

[그림 1-7] 삼성SDI 소형전지

소형전지는 외관에 따라 원통형, 각형, 파우치형으로 나뉜다. 소형전지는 정보기술(IT) 기기 붐이 일었던 2000년대 초반 휴대폰에 쓰이던 각형과 노트북에 탑재되는 원통형을 중심으로 빠르게 성장했다. 이후 스마트폰, 태블릿 기기가 개발되어 소용량이면서도 고성능에 대한 수요가 증가하고, 노트북 디자인과 기능에 대한 선호도가 바뀌면서 기존의 원통형, 각형보다는 파우치형으로 수요가 대체되었다.

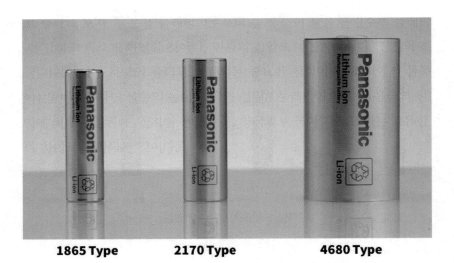

1865 Type   **2170 Type**   **4680 Type**

[그림 1-8] 파나소닉 원통형 배터리 라인업

최근에는 다시 원통형을 중심으로 소형배터리 시장이 주목받고 있다. 전통적으로 원통형 전지를 채용하는 전동공구, 청소기, 정원 도구 등 무선 제품 수요가 증가하고 있고, 근거리 주행이 가능한 전동 킥보드, 전기 자전거 등 마이크로 모빌리티 시장에서 수요가 늘어난 덕분이다.

특히 EV용 배터리로 장착하는 사례도 점차 늘어날 것으로 예상한다. 테슬라는 이미 원통형 전지를 기본으로 EV에 장착하고 있다. 국내 3사와 일본의 파나소닉은 원통형 전지의 강점인 생산성, 구조적 안전성을 살리고, 에너지 효율을 높인 4680(지름 46mm, 높이 80mm) 배터리를 양산할 계획이다. 4680 배터리는 2170 규격 대비 에너지 밀도는 5배 이상, 출력은 6배 이상 증가하여 EV의 주행거리를 연장할 차세대 제품이다.

(2) 모바일 IT 기기용 2차전지

① 각형 배터리

예전에는 대표적인 모바일 IT 기기인 휴대폰에는 각형 배터리를 장착했다. 휴대폰이 처음 나왔을 때는 니켈수소전지를 채용했는데 소형화하기가 쉽지 않았다. 이에 소비자의 편의성을 높이기 위해 기기의 크기를 줄이고 경량화하여 리튬이온전지를 채용하기 시작했다. 각형 배터리는 규격화되고 4각형의 안정된 형태로 기기에 탈부착할 수 있어 사용의 편리성을 높였다. 노트북의 디자인이 슬림화되고 무게를 낮추기 위해 각형 배터리가 채용 범위를 넓히기 시작했다.

하지만 Apple에서 iPhone을 출시하고, 후발로 삼성전자와 LG전자가 스마트폰 시장에 뛰어들면서 각형 배터리는 파우치형으로 빠르게 대체되었다. 스마트폰의 특성상 디스플레이의 전력 소모량이 증가하여 고밀도 에너지의 배터리가 요구되었다. 동시에 디자인과 크기에 따라 유연하게 제품을 설계하는 데 각형보다는 파우치형이 더 우수했다. 현재까지도 모바일 IT 기기는 거의 파우치 형태의 배터리를 채택하고 있다. 파우치형은 각형의 단점이었던 낮은 에너지 밀도, 구조의 획일성을 보완했다.

각형은 알루미늄 캔으로 보호하고 있어 열적 특성이 우수하고 외부 충격에 강하여 안전하고 내구성이 뛰어난 장점이 있다. 현재 IT 기기 시장에서는 수요가 거의 없지만, 최근 EV용 배터리로 각형이 주목받는 이유이기도 하다. 삼성SDI는 초기부터 EV용 배터리를 각형을 기반으로 제조하고 있다. 벤츠, BMW, 스텔란티스, 볼보 등에서는 이미 각형 배터리를 채용하고 있다. 폭스바겐은 자체적으로 개발한 각형 배터리를 자사 EV에 채용하겠다는 계획을 발표했다. 현재 2차전지 제조업체 중 한국은 삼성SDI가, 중국에서는 CATL과 BYD가 EV용 각형 배터리를 생산하고 있다. SK온은 개발 중인 것으로 알려졌다.

② 파우치형 배터리

모바일 기기용 2차전지로는 모양을 각양각색으로 변형할 수 있는 파우치형이 대세이다. 배터리의 용량, 수명, 크기, 무게, 비용 등 여러 요소를 고려했을 때, 파우치형이 최적이기 때문이다. 스마트폰, 태블릿, 노트북, 스마트워치, 이어폰 등 소비자가 상시로 휴대하는 기기인 만큼 배터리는 슬림화와 경량화를 충족할 수 있는 제품이어야 한다.

파우치형이 선호되는 이유는 각형이나 원통형 대비 에너지 밀도가 높아서 기기의 사용 시간이 길다는 장점에 있다. 각형이나 원통형은 알루미늄 캔을 케이스로 채용하여 필름으로 포장된 파우치형보다는 부피당 에너지 밀도가 상대적으로 낮다. 제조사 입장에서 보면 각형이나 원통형은 제조 기술 측면에서 공정이 줄어들고 대량 생산이 가능하여 생산성과 효율성에 도움이 된다. 하지만 고객사가 원하는 디자인 적합성이나 고용량, 고밀도 에너지 성능을 충족시키기에는 파우치형이 유리하다.

4. EV(전기자동차)용 2차전지

(1) EV용 2차전지 개요

EV용 배터리는 소형전지와는 다른 특징이 있다.

첫째, 크기와 용량에서 큰 차이가 난다. 삼성전자의 스마트폰인 S24에 채용되는 소형전지의 용량은 5,000mAh이다. 테슬라에서 출시한 Model S의 배터리 용량은 100kWh이다. 소형전지의 용량을 나타내는 mAh는 1시간 동안 사용할 수 있는 전류량이고, EV용 배터리의 용량을 나타내는 Wh는 1시간 동안 일을 할 수 있는 전력량을 뜻한다. 전력량은 에너지의 양을 의미한다. 에너지의 양은 전류량에 전압을 곱해서 산출한다. S24는 용량이 5,000mAh이고 전압을 3.8V라고 하면 전력량은 19Wh(5,000mAh×3.8V=19Wh)가 된다. 단순하게 용량으로만 비교하면 Tesla S의 100kWh는 갤럭시 24의 배터리 5,263개를 합한 것과 같다. 실제로 Model S에는 1865 규격의 원통형 전지가 7,920개 들어간다. 이렇게 많은 배터리 셀이 필요한 이유는 정적으로 사용하는 스마트폰이나 그 외 IT 기기와는 달리 EV는 물리적인 힘뿐만이 아니라, 운행에 필수인 전장 장치를 조작할 고용량의 에너지 공급이 중요하기 때문이다.

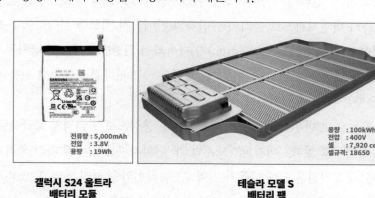

**갤럭시 S24 울트라
배터리 모듈**

**테슬라 모델 S
배터리 팩**

[그림 1-9] 배터리 용량 비교[*]

*
출처:
cellspare 홈페이지,
TURBOSQUID 홈페이지

둘째, EV는 이동 수단으로 활용되기에 주행과 주정차 시에 안전이 100% 확보되어야 한다. 또한 주행 중에 불가피한 교통사고가 발생하더라도 배터리에 화재가 발생하지 않도록 안전하게 설계해야 한다. 주행거리에 따라 매일 또는 주기적으로 충·방전을 할 때와 주행하는 동안, 배터리에서 발생하는 열을 효과적으로 제어해야 한다. 소형전지와는 다른 차원의 BMS를 개발하여 배터리 내부에서 화학반응이 안전하게 일어나도록 설계되어야 한다. 1년 또는 2년 주기로 교체하는 스마트폰과는 달리 최소 5년 이상 운행하는 자동차의 특성상 배터리의 열화를 방지하여 장기간 사용해도 동일한 성능을 구현할 수 있게 해야 한다.

셋째, EV용 배터리는 소형전지보다 제조원가가 높고 제품의 가격 또한 높다. 판가가 높다는 것은 EV용 배터리를 구매하는 자동차 OEM의 구매단가 인하의 요구가 거세진다는 의미와 같다. 동시에 배터리의 성능 향상에 대한 요구도 높기 때문에 제조업체는 신규 소재 개발, 기존 공정 개선, 신공법 개발, 차세대 배터리 개발 등의 활동으로 사업을 주도해야 한다. 자동차 OEM의 니즈를 충족시키기 위해서는 1회 충전 시 주행거리를 연장해야 하고, 연비(전비)를 개선하기 위해서는 배터리 소재의 혁신이 필요하며, 배터리를 경량화하는 과제를 해결해야 한다.

(2) EV(전기자동차)의 부상

전 세계 국가는 적극적인 친환경 정책을 펼쳐나가고 있다. 우리나라도 예외는 아니다. 온실가스 배출량을 줄이기 위해 자동차와 관련된 정책으로는 연비 기준을 강화하고, 친환경차 구매보조금 제도를 시행하여 EV의 보급률을 높이고 있다. 특히 내연기관으로 움직이는 신차의 판매금지 제도를 시행하여 운송 수단의 전동화(電動化: Electrification)가 가속화될 전망이다. EU권 국가들과 우리나라는 빠르면 2035년부터 내연기관 차량의 신규 판매를 금지하고 서울 사대문 내 운행을 제한할 계획이다.

우리나라는 2022년부터 관공서나 공공기관을 중심으로 친환경차 보급을 적극적으로 실천하고 있다. '대기환경보존법'과 '친환경자동차법'에 따라 국가기관, 지자체, 공공기관은 국내 자동차 기업도 EV 라인업을 늘리고 있고, 소비자들 또한 EV에 대한 인식이 변하면서 국내 EV 시장은 꾸준히 확대되고 있다. 다만 국내 신차 시장의 규모는 전 세계에서 2% 내외의 M/S(시장점유율)에 지나지 않아 전체 트렌드를 대변하기는 어렵다. 2023년 신차 기준 전 세계 8천만 대 시장 중 국내 판매량은 175만 대이고, 이 중 EV의 비중은 16만 2천 대로 전 세계 EV 판매량의 1%를 조금 넘는 수준이다.

〈표 1-3〉 국내 자동차 기업 EV 라인업, 2024년 3월*

현대	기아	KG모빌리티	한국GM	르노코리아
G80, GV70, GV60, KONA, 포터2(화물), 카운티(버스), 일렉시티(버스)	레이, 니로, EV6, EV9, 봉고3(화물)	토레스 EVX	(2024년 예정) 캐딜락 LYRIQ, 쉐보레 EQUINOX	해당 없음

출처:
현대, 기아, KG모빌리티, 한국GM, 르노코리아 홈페이지

글로벌 자동차 OEM 또한 이러한 추세에 맞추어 EV 개발에 집중하고 있다. 배터리의 성능이 개선됨에 따라 당초 예상과는 달리 자동차 시장에서 EV의 판매가 탄력을 받고 있기 때문이다. 시장 조사 기관에서는 이미 2022년 EV의 신차 출하 비율이 전체 물량의 10%를 넘어섰고, 2023년에는 12%를 넘는 것으로 집계했다. 이에 따라 EV 산업의 SCM과 직접으로 연관된 2차전지 관련 기업들 또한 동반 성장할 것으로 전망된다.

EV가 소비자 시장에서 예상보다 빠르게 성장할 수 있는 이유는 크게 두 가지로 요약할 수 있다. 먼저 환경적 요구이다. EV의 부상은 환경 보호에 대한 인식 증가와 밀접하게 연관되어 있다. 내연기관 차량이 배출하는 온실가스와 오염 물질은 기후 변화와 대기 오염의 주요 원인으로 지목되어 왔다. 이에 따라 교통 수단을 기존의 내연기관에서 친환경차로 전환하여 탄소 배출을 낮추기 위해 기업은 EV를 개발하고 각국 정부는 촉진책으로 보조금을 지급하는 정책으로 EV에 대한 투자와 개발을 지속해 왔다.

또한 배터리 제조사들이 리튬이온전지를 개발하고, 제조 기술을 진보시켜 EV를 보다 경제적으로 사용할 수 있도록 EV의 경쟁력을 높이고 있다. EV가 시장에서 제대로 안착하고, 자동차 산업과 리튬이온전지 산업이 지속적으로 성장하기 위해서는 EV 개발만큼이나 에너지 소스인 배터리 개발도 중요하다. 고에너지 밀도, 고출력, 안전성, 주행거리 연장, 고속 충전은 배터리 제조사와 EV 제조사가 전략적으로 상호 협력해서 풀어야 하는 기술 과제이다.

5. ESS용 2차전지

ESS(Energy Storage System)는 전력을 저장해서 두었다가, 전력 수요가 많거나 전기요금이 비싼 시간대 등 필요한 시점에 전기를 사용할 수 있는 전력 저장 시스템이다. 주로 부하 이동(Peak Shifting), 재생에너지 연계, 주파수 조정 등의 용도로 사용된다. 특히 냉·난방기기 등 전력이 많이 소요되는 여름과 겨울의 예비력을 높여서 갑작스러운 정전사고 등 전력의 공급이 원활하지 않을 때 즉각 대응할 수 있다.

ESS용 2차전지 중 리튬이온전지는 각국의 재생에너지 사용의 확대와 탄소 배출 저감 정책이 강화되면서 지속해서 성장하고 있다. 반면에 국내 시장은 2017년부터 2023년까지 약 50여 건의 화재 사고 발생으로 신규 설치 건수가 확연하게 줄어들면서 시장은 답보 상태이다.

우리나라는 ESS 설치 규모로는 전 세계 국가 중 4위로 상위권이기는 하지만 국내 시장에서 뚜렷한 성장 기조는 아직 감지되고 있지 않다. 하지만 글로벌 시장 차원에서 보면 2023년 185GWh 규모에서 2030년 458GWh, 2035년 618GWh로 성장할 것으로 예상하고 있다. 성장률로만 보면 EV 시장보다 약간 부족한 수준이지만 소형전지 시장과 비교해서는 고성장하는 시장이다.

ESS의 활용 분야로는 그리드 안정화/대용량 에너지 저장용, 신재생에너지 저장, 송배전, 전기자동차 충전 인프라 등이 있다. 따라서 향후 ESS를 수요로 하는 시장은 탈원전 정책과 석탄발전 축소로 LNG 등 고비용 구조로 전기요금 부담이 늘어날 것으로 예상되는 빌딩이나 생산 공장 등이다. 물론 가정용이나 병원 등에서도 수요가 확대될 전망이다. 재생에너지 권장 등 정부의 친환경 에너지 전환정책이 ESS 시장의 성장 기반이 될 것으로 예상한다.

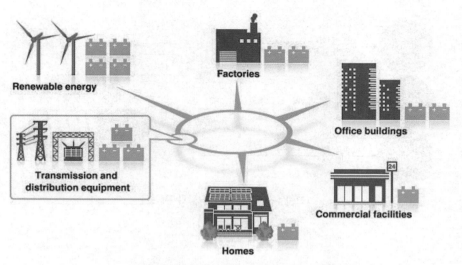

[그림 1-10] 스마트그리드용 ESS 개념도*

출처:
https://www.pinterest.co.kr/pin
/326229566727747868/

지구온난화와 같은 환경 문제는 이미 전 세계적으로 이슈다. 이러한 이유로 태양 및 풍력과 같이 재생에너지를 사용하는 분산 전원과 모든 유형의 전원을 효과적으로 사용하는 스마트그리드는 앞으로 유망한 기술이다. 전력망은 수요와 공급의 균형을 최적으로 유지하여 안정적으로 전원을 공급한다. 하지만 출력이 불안정한 태양광이나 재생에너지원의 사용이 늘어나면 전체 그리드에 대한 전원 공급이 불안정해질 수 있다. 전원 공급의 불균형을 해결하기 위해 ESS 같은 기술이 필요하다. ESS에 전기에너지를 저장해서 전기 부하를 균일하게 조절하여 에너지를 효율적으로 사용할 수 있고, 비상시 백업 전원 역할을 한다.

ESS는 배터리, 배터리 관리 시스템(BMS: Battery Management System), 전력변환 시스템(PCS: Power Conversion System), 에너지관리 시스템(EMS: Energy Management System) 등으로 구성된다. 핵심부품인 배터리는 기존 소형 리튬이온전지 업체들이 중대형으로 사업영역을 확장하여 LG에너지솔루션, 삼성SDI, 코캄 등에서 생산 중이다. PCS는 LS산전, 효성 등 중전기기업체에서 주로 생산하고 있으며 제품 특성이 유사한 태양광 인버터 업체, UPS 업체, 가전 업체 등도 생산하고 있다. EMS/Integration 분야는 대기업 계열 SI 업체가 S/W의 강점을 바탕으로 주도하고 있으며, LG CNS가 국내 ESS 공급 1위를 차지하고 있다.

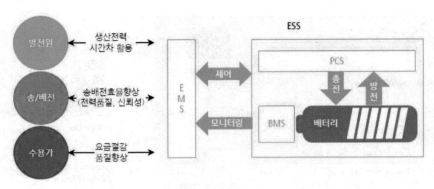

[그림 1-11] 에너지 저장장치 구성도*

출처:
이차전지, 삼성증권 2019.03.07

**
출처: INI R&C

〈표 1-4〉 에너지 저장장치 내용**

구분	내용
Battery	– 배터리는 리튬 2차전지의 사용이 증가하고 있으며, 향후 리튬이온전지가 ESS 저장기술의 주력이 될 것으로 예상
BMS	– BMS는 배터리를 모니터링하고 전력의 충 · 방전을 제어하는 장치
PCS	– PCS는 ESS 내에 발전원에서 전력을 입력받아 배터리에 저장하거나 계통으로 방출하기 위하여 전기의 특성 (AC/DC, 전압, 주파수)을 변환하는 장치
EMS	– EMS는 배터리 및 PCS의 상태를 모니터링 및 제어하는 역할을 하며, 컨트롤 센터 등에서 ESS를 모니터링하고 제어하기 위한 운영 시스템

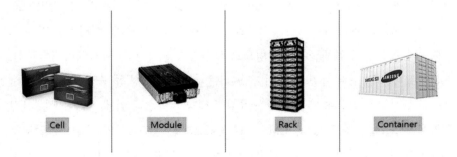

[그림 1-12] 삼성SDI ESS 배터리***

***
출처:
삼성SDI 홈페이지

ESS는 화재 발생으로 인한 ESS의 기술적인 문제가 이슈화되어 국내 시장에서는 답보 상태이다. 하지만 ESS의 해외 시장 진출을 위해서는 고에너지 밀도, 저가격, 소형화 등으로 차별화가 필요하다. 배터리 관리 시스템(BMS) 또한 차별화 포인트로서, 배터리의 기본 상태인 전압, 전류, 온도 등을 자체적으로 진단하고 제어하는 시스템도 중요하다.

CHAPTER

02 2차전지 전기화학 기초

한권으로 끝내는 전공·직무 면접 2차전지

핵심요약 →

정의, 기초	산화-환원 반응			전자가 감소하면 산화, 전자가 증가하면 환원
	전지의 구성	전지 구성 물질		양극 활물질로 구성된 양극, 음극 활물질로 구성된 음극, 이온이 이동하는 매체인 전해질
		전지의 전극 구성	표준환원전위	표준 수소 전극과 환원이 일어나는 반쪽 전지를 결합시켜 만든 전지의 전위를 측정한 것
	2차전지 용어	전위(Potential)		전기장 내에서 단위전하가 갖는 위치에너지
		전압(Volts)		전기장 내 두 점 사이의 전위 차이, 전위차
		용량(Capacity)		전지에 저장되어 있는 전하의 양, C(쿨롱) 또는 Ah의 단위로 표기 1Ah는 1A(C/sec)의 전류로 1시간(3,600sec) 동안 흘릴 수 있는 용량(3,600C)
		에너지(Energy)		계에서 일을 할 수 있는 능력, J(주울) 또는 Wh의 단위로 표기 1Wh는 1V의 전하가 1Ah의 용량으로 저장되어 있는 에너지
		출력(Power)		단위시간당 사용할 수 있는 에너지, W(와트) 또는 J/sec의 단위로 표기 1W는 1Wh의 에너지를 1시간에 사용할 수 있는 출력

• 2차전지의 기본이 되는 화학반응과 구성을 이해하고, 전지의 충방전 메커니즘 기본을 학습한다.
• 2차전지에 사용되는 용어를 학습하고 이해한다.

1. 2차전지의 전기화학 기초

전기화학이란 전기와 화학 반응의 관계를 연구하는 학문으로 화학 반응을 이용하여 전기에너지를 저장하는 2차전지와 직접적인 연관이 있다.

우리가 일상적으로 사용하는 스마트폰을 충전하기 위해서, 또는 전기차를 충전하기 위해서 하는 일은 충전기를 디바이스에 꽂는 것이다. 이는 우리나라 어딘가의 발전소에서 생산된 전기에너지를 스마트폰, 전기차에 장착된 배터리에 공급한다는 의미이다. 배터리 입장에서는? 가만히 있는데 외부에서 에너지가 들어온다. 에너지가 들어왔으니 가만히 있던 배터리에서는 들어온 에너지를 활용하여 어떤 변화를 일으키게 된다. 이때 일어나는 변화가 양극과 음극에서 발생하는 산화, 환원과 같은 화학 반응인 것이다. 우리는 이 과정을 충전이라고 얘기하며, 전기에너지가 화학에너지로 변환되었다고 얘기한다. 반대로, 충전기를 뽑고 스마트폰을 사용하거나, 전기차를 운행하게 되면? 다시 산화, 환원과 같은 화학 반응이 일어나며 이번엔 거꾸로 전기에너지를 방출하게 된다. 이를 방전이라고 얘기하며, 화학에너지가 전기에너지로 변환됨을 의미한다.

이렇게 2차전지는 우리의 일상 속에서 충전과 방전을 반복하며 전기에너지를 화학에너지로 상호 변환하게 된다. 그렇다면 리튬이온 배터리에서 충전, 방전 시 내부에서 일어나는 반응들에 대해서 좀 더 상세하게 알아보자.

일단, 기본적으로 리튬이온 배터리는 양극과 음극으로 구성되어 있다. 리튬은 본래 양극이 집이라고 보면 된다. 그리고 음극은 리튬이 잠깐 머물다 갈 수 있는 공간을 제공하게 된다.

다시 충전으로 돌아와서 전기에너지가 배터리에 공급되었다고 생각해 보자. 원래 양극이 집인 리튬이 이 에너지를 받아 가만히 있을 수 없을 정도로 기운이 넘쳐 집을 떠나 음극으로 이동하게 된다. 이때 리튬은 가지고 있던 전자를 내놓으며 리튬이온의 형태로 이동하게 된다. 리튬이온은 배터리 내부에서 전해액을 통해 음극으로 이동하지만, 전자는 외부에서 도선을 통해 음극으로 이동하게 된다. 음극으로 이동한 리튬이온은 다시 전자와 만나 음극에 잠시 자리를 잡게 된다.

방전에서는 반대의 과정이 일어난다. 음극에 자리 잡았던 리튬이 다시 전자를 내놓으며 리튬이온이 되어 전해액을 통해 원래 집이었던 양극으로 돌아가게 되며, 전자는 외부 도선을 따라 양극으로 이동하게 된다. 이때 외부 도선을 따라 흐르는 전자의 흐름을 전류라고 얘기하며, 이 전류의 흐름을 통해 디바이스를 작동시키게 된다. 비유하자면 물이 위에서 아래로 떨어지며 물레방아를 돌릴 때와 같은 원리라고 생각하면 된다. 이때 물은 곧 전류, 물레방아는 곧 전기 모터라고 생각해 보면 이해하기가 훨씬 수월할 것이다.

충, 방전 과정에서 리튬이 리튬이온이 되었다가 다시 돌아가는 과정에서 전자를 잃기도 하고 얻기도 하게 되는데 이때 일어나는 반응들을 산화, 환원이라고 얘기한다.

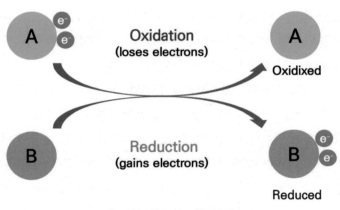

[그림 2-1] 산화 – 환원 반응

2차전지에 발생되는 산화—환원 반응을 좀 더 살펴보자. 산화—환원 반응을 Lewis 이론에 따라 설명하면*, 전자(electron)가 감소하면 산화(Oxidation)**, 전자(electron)가 증가하면 환원(Reduction)***으로 표현한다. 이러한 전자의 흐름을 다르게 표현하면 화학적으로는 산화수의 증감으로 정의할 수 있다.

● A^{2-} → A로 반응(산화수로는 -2 → 0으로 변화): 산화수 2 증가(산화)
● B → B^{2-}로 반응(산화수로는 0 → -2로 변화): 산화수 2 감소(환원)

전자의 흐름에 따른 산화-환원 반응을 정리하면 다음 그림과 같으며, 전자를 얻어서 환원이 되고, 전자를 사용 가능하게 된다.

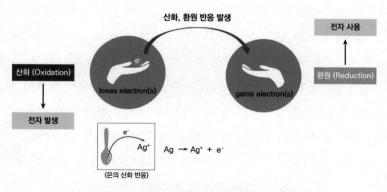

[그림 2-2] 전자의 흐름에 따른 산화-환원 반응

리튬이온 배터리에서의 산화-환원 반응으로 다시 한번 정리하자면, 충전과 방전 두 과정으로 나누어서 봐야 한다. 충전 시에는 양극이 집이던 리튬이 리튬이온의 형태로 빠져나와야 하므로 양극에서 산화 반응이 일어난다. 그리고 리튬이온을 리튬의 형태로 받아주는 음극에서는 반대로 환원 반응이 일어난다. 방전 시에는? 음극에 있던 리튬이 리튬이온의 형태로 빠져나와야 하므로 음극에서 산화 반응이 일어난다. 그리고 양극에서 환원 반응이 일어나게 된다.

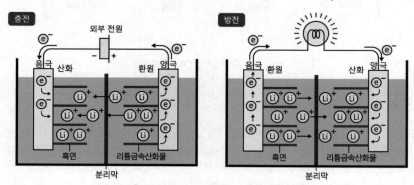

[그림 2-3] 2차전지 충방전 시 산화-환원 반응

(1) 전지의 구성

① 전지를 구성하는 물질

리튬이온 배터리를 이해하기 위해서는 2차전지의 시초가 된 전기화학 셀에 대해서 이해할 필요가 있다. 전기화학 셀(Electrochemical Cell)은 2개의 전극과 이온이 이동하는 매체인 전해질로 구성되어 있는 배열을 의미한다. 과거 학자들은 산화 반응이 발생하는 전극을 Anode(음극), 환원 반응이 발생하는 전극을 Cathode(양극)라고 정의하였다. 산화 반응이 발생하는 음극에서는? 전자가 발생하여 외부 도선을 따라 양극으로 이동하고, 양극에서는 전자를 받아 환원 반응이 일어나게 된다. 앞서 공부했던 리튬이온 배터리를 다시 생각해 보자. 음극에서 산화 반응, 양극에서 환원 반응이 일어나는 때는? 방전 과정 중이다. 그렇다. 2차전지의 양극(Cathode), 음극(Anode)에 대한 정의는 방전을 기준으로 정해진 것이다. 그래서 양극을 구성하는 LFP, NCA, NCM 같은 물질을 양극 활물질(Cathode Active Material), 음극을 구성하는 흑연, 실리콘 같은 물질들을 음극 활물질(Anode Active Material)이라고 얘기한다.

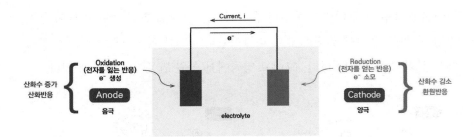

[그림 2-4] 전기화학 셀(Electrochemical Cell)

전하

전하란 물체가 띠고 있는 정전기의 양으로서 모든 전기현상의 근원이 된다. 책받침을 비벼서 머리에 대면 머리카락이 붙는다거나, 건조한 날 문고리를 잡거나 스웨터를 입을 때 순간적으로 따끔한 무언가를 느껴본 경험이 있을 것이다. 이 모든 것이 전하를 띠는 입자들 때문에 발생하는 현상들이다. 모든 물질은 음전하와 양전하가 균형을 이뤄 중성을 띠고 있을 때 가장 안정적이지만, 물질들 간에 존재하는 힘의 차이로 인해 각 전하들이 불균형하게 존재할 때가 있으며, 이때 전기량을 가지게 된다. 원자와 전하의 관계는 전자를 통해서 설명할 수 있는데, 전자란 원자를 이루는 구성요소 중 하나이다. 전자는 음전하를 가지는 질량이 매우 작은 입자로서 화학용어로는 e^-로 표시한다. 중성 상태의 원자가 외부의 힘에 의해 전자를 잃거나 얻으면 이온의 형태가 된다. 즉, 원자가 전자를 잃으면 양이온, 얻으면 음이온의 상태가 되며, 양이온의 상태에서는 전자를 받아서, 음이온의 상태에서는 전자를 잃어서, 다시 중성의 상태로 돌아가려는 성향을 가지게 된다. 이러한 과정을 산화–환원이라고 말한다.

전기화학이란?

전지의 기본적인 전기화학 반응을 [그림 2–5]를 보며 설명해보자. 두 종류의 다른 금속을 액체 전해질에 담그면 기본적인 배터리의 구조를 가지는 셀이 만들어진다. 이 상태에서는 물질들 간에 산화–환원 반응이 일어나지 않는 안정한 상태로 존재하지만, 두 전극을 전선으로 이어주면 전극 간에 생기는 화학적 힘의 차이 때문에 화학반응이 시작된다. 한 전극이 반대쪽 전극에 의해 전자를 뺏겨 잃어버리게 되면, 그 금속 전극과 전해액이 접촉하고 있는 장소에서 산화 반응이 일어나 이온이 만들어지고 불균형 상태가 돼버린다. 한편, 반대쪽 전극에서는 빼앗은 전자를 얻음과 동시에 불균형 상태의 이온이 환원 반응을 일으킨다. 이러한 산화–환원 반응을 통해 에너지가 발생하게 되며, 이때 외부 전선에 전구를 연결하면 전기가 통하여 불이 들어오는 것이다. 전극, 전해액으로 사용하는 물질에 따라 배터리가 가지는 성능은 다양하게 변화될 수 있으며, 사용하는 장비들의 목적에 맞게 배터리를 선택 · 적용하게 된다.

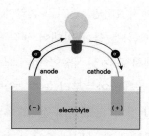

[그림 2–5] 배터리의 방전 중 일어나는 전기화학 반응의 개념도

리튬이차전지와 전기화학

조금 더 자세하게 배터리의 구조, 배터리의 원리, 전기와 화학에너지가 변환되는 과정을 살펴보자. 배터리는 기본적으로 두 개의 서로 다른 전극과 전해액으로 구성되어 있다. 보통 전극은 종류가 다른 두 개의 금속을, 전해액은 이온이 쉽게 이동할 수 있는 액체상의 물질을 이용한다.

리튬이온전지에서 일어나는 전기화학 반응을 [그림 2–6]과 함께 설명해보자. 현재 상용화된 리튬이온전지의 경우 전이금속산화물과 흑연을 두 전극으로 사용한다. 이 두 전극을 리튬이온이 포함된 유기용액 전해액에 분리막과 함께 함침시켜 전지를 만들면 약 3.6~3.8V의 전압을 가진 리튬이온배터리가 완성된다. 두 전극 간의 힘의 차이로 인해 외부 도선을 통해 전자가 (–)극에서 (+)극으로 이동을 하게 된다. 그와 동시에 (–)극과 반응하고 있던 리튬은 전자를 잃게 되어 양이온(리튬이온, Li^+)으로 변한다. 배터리 내부의 전체적인 화학적 평형을 이루기 위해 리튬이온은 전해액을 통해 (+)극으로 이동하고, (+)극 물질과 반응하며 안정하게 된다. 이러한 일련의 과정에서 전기에너지를 발생시켜 핸드폰, 노트북 등의 기계를 작동시킬 수 있는 것이다. 이때, 두 전극 사이를 오가는 물질로 리튬을 사용하기 때문에 리튬이차전지라고 부르는 것이다.

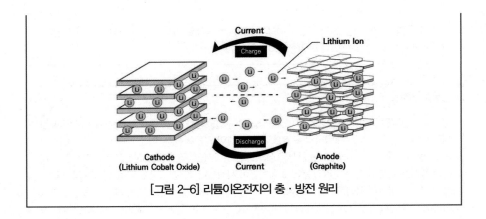

[그림 2-6] 리튬이온전지의 충·방전 원리

② 전지의 전극 구성

전지의 전압은 양극과 음극을 어떤 물질로 구성하는지에 따라 결정된다. 충, 방전에 대해 설명할 때도 얘기했지만, 전지의 전압에 대한 개념을 쉽게 이해하기 위해서는 전류(전자의 흐름)를 물에 빗대어 생각해 보면 된다. 우리가 물통(배터리)에 물(전류)을 위에서 흘려 물레방아(전기 모터 등의 디바이스)를 돌린다고 생각해 보자. 물통을 물레방아로부터 높게 들어 물을 흘릴수록 물레방아는 더 강하고 빠르게 회전할 것이다. 전지의 전압도 마찬가지이다. 전지의 전압은 전기차에서는 차량의 출력과 연관되는 중요한 성질이다. 전지에서 물통의 높이는? 비유하자면 물통의 높이(양극의 전위), 물레방아의 높이(음극의 전위) 차이에 의해 결정된다. 전지의 전압은 곧, 양극과 음극이 가지고 있는 고유한 전위의 차이로 결정되는 것이다.

[그림 2-7] 수압과 전압

양극과 음극 물질 각각의 고유한 전위를 알 수 있으면, 전지 설계 시 아주 편리하게 전압 예측이 가능하게 될 것이다. 이처럼 각 물질의 기준전위를 표현한 것이 표준환원전위이다. 전지의 양극과 음극의 구성을 이해하기 위해서는 전극이 되는 물질의 표준환원전위를 이해할 필요가 있다. 표준환원전위(Standard reduction potential)는 표준 수소 전극과 환원이 일어나는 반쪽 전지를 결합시켜 만든 전지의 전위를 측정한 것이다. 각 물질들의 표준환원전위 값을 다음 〈표 2-1〉에 나타내었다. 수소를 기준으로 Li이 -3.05V, Al이 -1.66V임을 알 수 있다. 전압은 두 전극 간의 전위차이므로 Li의 전압값이 큰 것을 이해할 수 있다. 수소 환원전위를 기준으로 상대적인 환원 경향을 측정하며 환원전위가 높을수록 환원이 쉬운 반응이고, 전지의 전극(Cathode, Anode)은 표준환원전위의 값을 기준으로 정의된다. 표준환원전위가 낮으면 산화에 유리하며 Anode(음극)이 되며, 표준환원전위가 높으면 환원에 유리하며 Cathode(양극)이 된다. 반쪽 전지 반응식 두 개를 가지고 전지를 구성할 때 양/음극의 설정 및 전압의 관계를 다음의 예제에서 확인해 보도록 하자.

〈표 2-1〉 표준환원전위표

Standard Potential(V)	Reduction Half-Reaction
2.87	$F_2(g) + 2e^- \rightarrow 2F^-(aq)$
1.51	$MnO_4^-(aq) + 8H^+(aq) + 5e^- \rightarrow Mn^{2+}(aq) + 4H_2O(l)$
1.36	$Cl_2(g) + 2e^- \rightarrow 2Cl^-(aq)$
1.33	$Cr_2O_7^{2-}(aq) + 14H^+(aq) + 6e^- \rightarrow 2Cr^{3+}(aq) + 7H_2O(l)$
1.23	$O_2(g) + 4H^+(aq) + 4e^- \rightarrow 2H_2O(l)$
1.06	$Br_2(l) + 2e^- \rightarrow 2Br^-(aq)$
0.96	$NO_3^-(aq) + 4H^+(aq) + 3e^- \rightarrow NO(g) + H_2O(l)$
0.80	$Ag^+(aq) + e^- \rightarrow Ag(s)$
0.77	$Fe^{3+}(aq) + e^- \rightarrow Fe^{2+}(aq)$
0.68	$O_2(g) + 2H^+(aq) + 2e^- \rightarrow H_2O_2(aq)$
0.59	$MnO_4^-(aq) + 2H_2O(l) + 3e^- \rightarrow MnO_2(s) + 4OH^-(aq)$
0.54	$I_2(s) + 2e^- \rightarrow 2I^-(aq)$
0.40	$O_2(g) + 2H_2O(l) + 4e^- \rightarrow 4OH^-(aq)$
0.34	$Cu^{2+}(aq) + 2e^- \rightarrow Cu(s)$
0	$2H^+(aq) + 2e^- \rightarrow H_2(g)$
-0.28	$Ni^{2+}(aq) + 2e^- \rightarrow Ni(s)$
-0.44	$Fe^{2+}(aq) + 2e^- \rightarrow Fe(s)$
-0.76	$Zn^{2+}(aq) + 2e^- \rightarrow Fe(s)$
-0.83	$2H_2O(l) + 2e^- \rightarrow H_2(g) + 2OH^-(aq)$
-1.66	$Al^{3+}(aq) + 3e^- \rightarrow Al(s)$
-2.71	$Na^+(aq) + e^- \rightarrow Na(s)$
-3.05	$Li^+(aq) + e^- \rightarrow Li(s)$

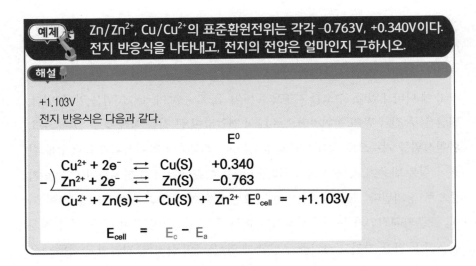

예제 Zn/Zn²⁺, Cu/Cu²⁺의 표준환원전위는 각각 -0.763V, +0.340V이다. 전지 반응식을 나타내고, 전지의 전압은 얼마인지 구하시오.

해설

+1.103V
전지 반응식은 다음과 같다.

$$E^0$$

$$Cu^{2+} + 2e^- \rightleftarrows Cu(S) \quad +0.340$$
$$-)\ Zn^{2+} + 2e^- \rightleftarrows Zn(S) \quad -0.763$$
$$Cu^{2+} + Zn(s) \rightleftarrows Cu(S) + Zn^{2+} \quad E^0_{cell} = +1.103V$$

$$E_{cell} = E_c - E_a$$

(2) 2차전지의 용어

이번에는 2차전지에서 사용되는 용어를 살펴보고, 실제 적용되는 제품에서는 어떻게 응용이 되는지도 알아보도록 한다. 2차전지에서 필요한 용어는 전위, 전압, 용량, 에너지, 출력, 급속충전 등이 있다.

● 전위(Potential): 전기장 내에서 단위전하가 갖는 위치에너지로, 정전기장이나 정상전류가 흐르는 전기장 내의 기준점으로부터 어떤 점까지 단위전하를 옮기는 데 필요한 일의 양을 말한다.

● 전압(Volts): 전기장 내의 두 점 사이의 전위의 차이를 말하며, 전위차라고도 한다.

● 용량(Capacity, Q): 전지에 저장되어 있는 전하의 양을 말하며 C(쿨롱) 또는 Ah의 단위로 표기한다. 여기에서 1Ah는 1A(C/sec)의 전류로 1시간(3,600sec) 동안 흘릴 수 있는 용량(3,600C)을 말한다.

용량(capacity) = 전류(A) × 사용시간(h) = Ah,

(mA × h = mAh = 1/1000Ah)

● 에너지(Energy, E): 계에서 일을 할 수 있는 능력을 말하며, J(주울) 또는 Wh의 단위로 표기한다. 1Wh는 1V의 전하가 1Ah의 용량으로 저장되어 있는 에너지를 말한다.

에너지(energy) = 용량(Ah) × 전압(V) = Wh

● 출력(Power, P): 단위시간당 사용할 수 있는 에너지를 말하며, W(와트) 또는 J/sec의 단위로 표기한다. 예를 들어 1W는 1Wh의 에너지를 1시간에 사용할 수 있는 출력이라고 보면 된다.

$$출력(power) = \frac{에너지(J)}{시간(sec)} = 용량(C) \times \frac{전압(J/C=V)}{시간(sec)}$$

$$= 전류(A = C/sec, 용량/시간) \times 전압(V) = W$$

예제 용량이 2,000mAh인 3.6V Li-ion 전지와 1.2V Ni-MH 전지의 용량, 에너지 및 출력을 계산하시오.

해설

(1) 용량(Q): 동일(2.0A의 전류로 1시간 사용)
(2) 에너지: Ni-MH 2.4Wh(= 2,000mAh × 1.2V), Li-ion 7.2Wh(= 2,000mAh × 3.6V)
(3) 출력: Ni-MH 2.4W(2.4J/s), Li-ion 7.2W(7.2J/s)

예제 평균전압 3.6V, 용량 5Ah인 전지가 있다. 다음 물음에 답하시오.

(1) 10A의 전류로 사용 가능한 시간은 얼마인가?
(2) 36W의 출력을 필요로 하는 모터에 사용 가능한 시간은 얼마인가? 단, 전지의 전압은 일정하다고 가정하고, 전지 내부저항은 고려하지 않는다.

해설

이 전지의 에너지는 18.0Wh이다.
(1) 전지 용량이 5Ah이므로, 10A 전류로는 0.5h 사용 가능(= 5Ah/10A = 0.5h)
(2) 전지의 에너지가 18.0Wh이며(= 3.6V × 5Ah), 36W에 사용하므로, 0.5h 사용 가능
(= 18.0Wh/36Wh = 0.5h)

PART 01 Summary

CHAPTER 01 2차전지 개요

1차전지와 2차전지의 차이점을 학습하고, 리튬이온전지, 소형 2차전지, EV(전기자동차)용 2차전지, ESS용 2차전지에 대해 알아보았다. 해당 내용들은 2차전지 산업의 취업을 준비한다면 필수적으로 알고 있어야 하는 내용이므로 확실하게 학습할 수 있도록 해야 한다.

CHAPTER 02 2차전지 전기화학 기초

전지는 전기에너지와 화학에너지의 변환을 통해 에너지를 저장하는 기기이기 때문에 전기화학과 관련된 기본 내용을 알고 있어야 한다. 이를 위해서는 산화, 환원 반응에서부터 전압, 용량, 에너지 등에 이르기까지 화학 반응과 전기적인 개념들이 어떻게 연결되는지 포괄적으로 공부할 필요가 있다.

PART 02

2차전지 소재 및 셀 설계

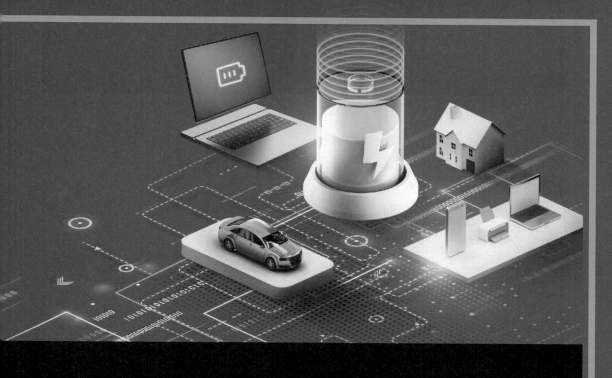

이공계 취업은 렛유인 WWW.LETUIN.COM

한권으로 끝내는 전공·직무 면접 2차전지

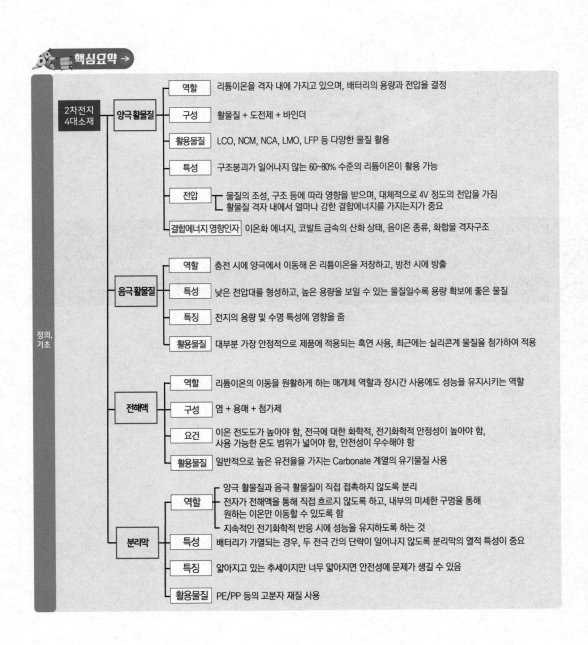

핵심요약 →

		역할	리튬이온을 격자 내에 가지고 있으며, 배터리의 용량과 전압을 결정
	양극 활물질	구성	활물질 + 도전제 + 바인더
2차전지 4대소재		활용물질	LCO, NCM, NCA, LMO, LFP 등 다양한 물질 활용
		특성	구조붕괴가 일어나지 않는 60~80% 수준의 리튬이온이 활용 가능
		전압	물질의 조성, 구조 등에 따라 영향을 받으며, 대체적으로 4V 정도의 전압을 가짐 물질 격자 내에서 얼마나 강한 결합에너지를 가지는지가 중요
		결합에너지 영향인자	이온화 에너지, 코발트 금속의 산화 상태, 음이온 종류, 화합물 격자구조

정의, 기초

	역할	충전 시에 양극에서 이동해 온 리튬이온을 저장하고, 방전 시에 방출
음극 활물질	특성	낮은 전압대를 형성하고, 높은 용량을 보일 수 있는 물질일수록 용량 확보에 좋은 물질
	특징	전지의 용량 및 수명 특성에 영향을 줌
	활용물질	대부분 가장 안정적으로 제품에 적용되는 흑연 사용, 최근에는 실리콘계 물질을 첨가하여 적용

	역할	리튬이온의 이동을 원활하게 하는 매개체 역할과 장시간 사용에도 성능을 유지시키는 역할
전해액	구성	염 + 용매 + 첨가제
	요건	이온 전도도가 높아야 함, 전극에 대한 화학적, 전기화학적 안정성이 높아야 함, 사용 가능한 온도 범위가 넓어야 함, 안전성이 우수해야 함
	활용물질	일반적으로 높은 유전율을 가지는 Carbonate 계열의 유기물질 사용

	역할	양극 활물질과 음극 활물질이 직접 접촉하지 않도록 분리 전자가 전해액을 통해 직접 흐르지 않도록 하고, 내부의 미세한 구멍을 통해 원하는 이온만 이동할 수 있도록 함 지속적인 전기화학적 반응 시에 성능을 유지하도록 하는 것
분리막	특성	배터리가 가열되는 경우, 두 전극 간의 단락이 일어나지 않도록 분리막의 열적 특성이 중요
	특징	얇아지고 있는 추세이지만 너무 얇아지면 안전성에 문제가 생길 수 있음
	활용물질	PE/PP 등의 고분자 재질 사용

2차전지는 충전 시에는 전기에너지를 화학에너지로 변환하고, 방전 시에는 화학에너지를 전기에너지로 변환한다. 화학에너지의 공급원으로 리튬을 함유한 무기 소재를 양극 활물질로 사용하게 되며, 리튬이온의 활용량에 따라 용량이 결정된다. 또한 포텐셜 에너지가 높은 물질로 구성되어 높은 전압을 구현할 수 있다. 음극 활물질은 단위부피당 양극에서 이동해 온 리튬이온을 얼마나 많이 저장할 수 있는가가 중요한 포인트이다. 현재 가장 많이 상용화된 물질은 흑연이며, 실리콘은 부피팽창이라는 부작용이 있지만 용량 측면에서는 아주 우수한 소재이다. 부피팽창을 억제하기 위한 다양한 연구가 진행되고 있으며, 주목할 만한 결과가 나타나고 있다.

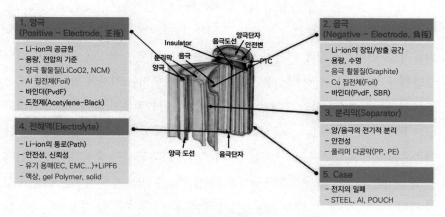

[그림 1-1] 2차전지 셀의 구성

2차전지의 주요 구성물질은 양극 활물질, 음극 활물질, 전해액, 분리막, 그리고 보호케이스로 나눌 수 있다. 앞서 말했듯이 이를 셀(Cell)이라고 칭한다. 특히 앞의 네 가지 물질은 2차전지의 4대소재로, 전지 특성에 중요한 역할을 한다. 2차전지 구조 및 구성물질과 각 물질의 중요한 역할은 다음과 같다.

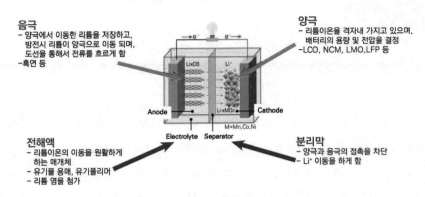

음극
- 양극에서 이동한 리튬을 저장하고, 방전시 리튬이 양극으로 이동 되며, 도선을 통해서 전류를 흐르게 함
-흑연 등

양극
- 리튬이온을 격자내 가지고 있으며, 배터리의 용량 및 전압을 결정
-LCO, NCM, LMO,LFP 등

LixC6   Li⁺

Anode   Li-xMO₂   Cathode
M=Mn,Co,Ni

Electrolyte   Separator

전해액
- 리튬이온의 이동을 원활하게 하는 매개체
- 유기물 용매, 유기폴리머
- 리튬 염을 첨가

분리막
- 양극과 음극의 접촉을 차단
- Li⁺ 이동을 하게 함

[그림 1-2] 2차전지 구조 및 구성물질

1. 양극 활물질

(1) 양극 활물질의 역할

Li 원소를 함유하고 있는 물질로 리튬이온의 공급원이 된다. Li 원소 상태로는 반응이 불안정해서 리튬과 산소가 만난 리튬산화물이 양극에 사용되며, 리튬산화물처럼 양극에서 실제 배터리의 전극 반응에 관여하는 물질을 활물질이라고 명명한다. 양극에는 양극의 틀을 잡아주는 얇은 알루미늄 기재에 활물질과 도전제, 그리고 바인더가 섞인 합제가 코팅되어 있다. 활물질은 리튬이온을 포함하고 있는 물질이고, 도전제는 리튬산화물의 전도성을 높이기 위해서 넣으며(리튬산화물은 금속산화물로써 세라믹이므로 기본적으로 전도성이 좋지 않다), 바인더는 알루미늄 기재에 활물질과 도전제가 잘 정착할 수 있도록 도와주는 일종의 접착 역할을 하게 된다. 이렇게 만들어진 양극은 배터리의 특성을 결정짓는 중요한 역할을 하게 되며, 어떤 양극 활물질을 사용했느냐에 따라 배터리의 용량과 전압이 결정된다. 활물질 내에 단위무게당 리튬을 많이 포함했다면 용량이 커지고, 음극과 양극의 전위차가 크면 전압이 커진다. 양극 활물질의 전압은 활물질 내에 포함되어 있는 리튬을 이온으로 분리시키기 위해서 필요한 이온화에너지에 기인하며, 일반적으로 음극은 종류에 따라 전위의 차이가 작은데 반해 양극은 상대적으로 차이가 크기 때문에 양극이 배터리 전압을 결정짓는 데 중요한 역할을 한다. 양극 활물질은 2차전지의 용량과 전압을 결정하는 물질로 LCO, NCM, NCA, LMO, LFP 등 다양한 리튬산화물 물질이 활용되고 있다. 활물질의 기본전위는

리튬금속의 이온을 기준으로 상대 비교하여 양극/음극 활물질 각각의 상대 전위를 확인한 후에, 두 물질(양극과 음극 활물질)의 전위차로 전지의 전압을 예측할 수 있다.

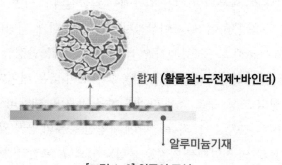

합제 (활물질+도전제+바인더)

알루미늄기재

[그림 1-3] 양극의 구성

(2) 양극 활물질의 특성

양극 활물질의 특성을 얘기하기 전 양극 활물질의 역할에 대해서 다시 한번 생각해 보자. 양극 활물질은 배터리 셀 안에서 리튬이온을 공급하는 역할을 한다. 리튬이온이 공급된다는 말은 양극에 있는 리튬이온이 빠져나와 셀에 공급되어 어떤 기능을 할 수 있음을 의미한다. 실제 리튬이온은 셀 내부에서 양극과 음극을 반복적으로 출입하며 전기에너지를 저장, 방출하는 역할을 하게 된다. 이때 리튬이온의 반복적인 출입이 가능하려면? 양극이든 음극이든 리튬이온의 출입에 따른 물질의 변화가 없어야 한다. 이를 가능하게 하는 소재가 있다는 것을 발견한 세 사람이 배터리로 2019년 노벨상을 수상한 Goodenough, Stanley Whittingham, Akira Yoshino이다. 특히 Goodenough 교수는 현재 양극 활물질로 가장 많이 사용되고 있는 Layered(층상), Olivine(올리빈) 구조의 소재를 개발하였다. 이 소재들은 Co, Ni, Fe 전이금속으로 구성되어 리튬이온이 빠져나가더라도 그 구조가 유지될 수 있어 다시 리튬이온이 들어오기가 용이하였다. 전이금속은 산화되더라도 화학적 성질이 변하지 않는다. 이러한 성질이 양극 활물질에서 리튬이온이 빠져나가는 산화가 일어나더라도 구조가 변하지 않는 것을 가능하게 하였다. 전이금속 중 양극 활물질에 많이 사용되는 소재는 Mn, Fe, Co, Ni이다. 이 소재들 중 어떤 소재로 양극 활물질을 구성하고 있느냐에 따라서 용량, 전압 등이 결정된다. 이 때문에 보통 배터리의 용량과 전압은 양극 활물질에 따라서 결정된다.

먼저 양극 활물질의 용량에 대해 상세히 얘기해 보자면 이론용량은 물질 속에 포함되어 있는 리튬이온의 양으로 결정되며, 실제로는 구조붕괴가 일어나지 않는 60~80% 수준의 리튬이온이 활용 가능하다. 초기의 층상구조(LCO) 양극 활물질은 60% 수준이 활용되었으나, 최근에는 활물질의 조성 변경, 제조방식 개선, 표면개질 등을 통하여 80% 이상까지 활용 가능하게 되었다. 올리빈구조(LFP)는 100% 사용해도 구조붕괴가 일어나지 않는 아주 안정한 화합물이지만, 리튬의 이론용량이 낮아서 실제 활용 가능한 용량이 낮은 편이다. 양극 활물질의 전압은 물질의 조성, 구조 등에 따라 영향을 받으며, 대체적으로 4V 정도의 전압을 보여준다. [그림 1-4] 좌측 상단에 다양한 종류의 양극 활물질의 전압을 나타내고 있다. 5V의 전압대를 가지는 물질도 있으나, 고전압에서 사용 시 전해액의 전기분해 등이 발생되므로 실제 사용을 위해서는 전해액 개발 등이 선행되어야 하는 문제가 있다.

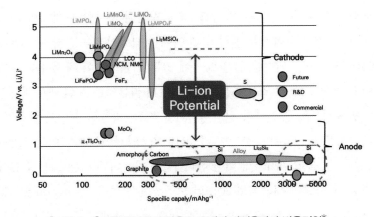

[그림 1-4] 리튬이차전지 양음극 소재의 가역용량과 반응전위[*]

　　또한 양극 활물질의 전압을 결정하는 요소에 대해 상세히 얘기해 보자면 양극 활물질의 전압에 영향을 주는 인자는 리튬이온이 어느 정도의 전압에서 탈리하느냐가 관건이다. 그래서 활물질 격자 내에서 리튬이온과 전이금속이 얼마나 강한 결합에너지를 가지는지가 중요하다(쉽게 얘기하면, 리튬이온과 전이금속 간 결합에너지가 강하여 리튬이온이 양극 활물질에서 빠져나오기 어렵다면 양극 활물질의 전압은 높아진다는 뜻이다). 격자 내에서의 결합에너지에 영향을 주는 인자로는, 첫 번째로 화합물을 구성하는 금속의 이온화 에너지가 있다. 이온화 에너지가 높을수록 강한 결합을 이루게 되고, 탈리를 위해서도 더 많은 전압이 필요하게 된다. 즉, 높은 이온화 에너지를 가지는 금속일수록 높은 전압을 가지게 된다. 두 번째로는 코발트(Co) 금속의 산화 상태에 따라 영향을 받게 된다. 2가에서 3가로 산화될 때와 3가에서 4가로 산화될 때의 전압이 차이나게 되는데, 산화가 어려워지는 조성일수록 높은 반응전압을 가진다. 세 번째로는 음이온의 종류에 영향을 받는다. [그림 1-5]를 보면 음이온의 종류에 따라서 전압이 차이남을 알 수 있으며, 동일하게 결합에너지의 영향을 받는다. 마지막으로 화합물의 격자구조에 따라 영향을 받는다. 결정구조에 따라 격자에너지가 상이하므로, 리튬이온의 탈리에너지도 다른 거동을 보이게 된다.

① 이온화 에너지
● Metal의 종류에 따라 이온화 에너지가 다르다.
● Metal의 종류: Mn, Fe, Co, Ni, V, Cr, Cu, Ti…
　→ 동일한 조건에서는 이온화 에너지가 낮을수록 낮은 전압에서 반응

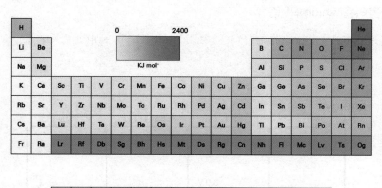

Ionization energy: 1st

[그림 1-5] 이온화 에너지

② 코발트 금속의 산화 상태

● Co(2+/3+), Co(3+/4+),

→ 산화가 어려워지므로, 산화수가 높아질수록 반응 전압이 높아진다.

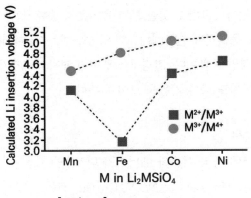

[그림 1-6] Oxidation number

③ 음이온(Anion)의 종류

● Oxide(O^{2-}), phosphate(PO_4^{3-}), silicate(SiO_4^{2-}), sulfate(SO_4^{2-}), sulfide(S^{2-}), ⋯

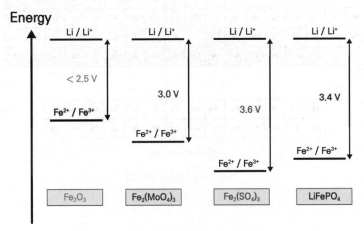

[그림 1-7] Anion 종류

④ 화합물의 격자구조(Structure)

● layer, spinel, NASICON, …

   – Mn, Ni, Co의 (+3/+4) 전이는 layer 구조인 경우에는 3.0~4.5V

   – $LiMn_2O_4$, $LiMn_{0.5}O_4$, $LiMnCoO_4$처럼 spinel 구조에서 Mn, Ni, Co의 (+3/+4) 전이는 4.1V, 4.7V, 5.2V 정도로 약 1V 정도의 높은 전압에서 반응이 진행된다.

양극 활물질은 조성에 따라 최적의 결정 구조가 상이하게 만들어진다. 다음은 조성에 따른 결정구조를 나타냈으며, Layered 구조(LCO, LNO 등), Spinel 구조(LMO 등), Olivine 구조(LFP, LNP 등)가 있다.

〈표 1-1〉 양극 활물질 조성에 따른 결정 구조

Layered(층상구조)	Spinel(스피넬구조)	Olivine(올리빈구조)
LMO_2	LiM_2O_4	$LiMPO_4$, $LiMO_2$
$LiCoO_2$, $LiNiO_2$, $LiCoMn(Al)O_2$	$LiMn_2O_4$ etc.	$LiFePO_4$, $LiMnPO_4$, $LiMnO_2$

위의 3가지 양극 활물질 구조 중 Layered(층상구조)와 Olivine(올리빈구조)은 꼭 주목해서 봐야 할 구조이다. 이유는 두 구조가 현재 배터리의 양극 활물질 중 거의 99%를 이루고 있기 때문이다.

층상구조는 Goodenough 교수가 1970년대에 개발한 LCO($LiCoO_2$)와 LNO($LiNiO_2$)가 시초이다. 이 중 LCO가 1990년 SONY에 의해 최초로 상용화된 LIB에 적용되었다. 하지만 Cobalt라고 하는 물질은 콩고 등 몇몇 국가에만 매장량이 쏠려 있어 수급이 어려워 가격이 비쌌고, 그 변동폭 또한 심해 대량 양산에 적용되기는 어려운 점 등이 있었다. 그래서 이 Cobalt를 전이금속 중 Nickel과 Manganese(Aluminium)로 대체하여 나온 소재가 Ni, Co, Mn(Al) 세 전이금속으로 이루어진 삼원계 양극 활물질이다. 삼원계 양극 활물질은 각 소재의 함량에 따라 아래의 표와 같이 종류가 나뉜다. 이 중 Ni 함량이 높아질수록 양극 활물질에 담을 수 있는 리튬이온의 양이 많아져 g당 용량이 높아진다.

〈표 1-2〉 NCM (NiCoMn)

NCM (NiCoMn)			
구분	Ni 함량	Co 함량	g당 용량
NCM 111	33%	33%	165mAh/g
NCM 523	50%	20%	170mAh/g
NCM 622	60%	20%	190mAh/g
NCM 811	80%	10%	200mAh/g
NCM 9½½	90%	5%	220mAh/g

〈표 1-3〉 NCA (NiCoAl)

NCA (NiCoAl)			
구분	Ni 함량	Co 함량	g당 용량
NCA (Ni 80%)	80%	15%	180mAh/g
NCA (Ni 85%)	85%	10%	195mAh/g
NCA (Ni 90%)	90%	5%	210mAh/g
NCA (Ni 95%)	95%	3%	225mAh/g
NCA (Ni 98%)	98%	1%	240mAh/g

LIB를 최초로 상용화한 기업은 일본의 SONY였지만, Ni 함량을 올리며 같은 부피, 무게의 배터리에 더 많은 에너지(즉, 높은 에너지 밀도)를 담아내며 과거와는 차원이 다른 성능의 배터리 기술력을 쌓아온 회사들은 LG에너지솔루션, 삼성SDI, SK온 등 셀 회사들을 필두로 한 한국 소재/장비 기업들이다. 그 결과 한국 기업들은 삼원계 배터리를 내세워 2020년대 본격적인 EV 전환의 수혜를 받고 있다.

올리빈 구조 역시 Goodenough 교수에 의해 1997년 개발되었다. Goodenough 교수 역시 Cobalt의 한계를 인식하고 이를 대체하기 위한 소재로 인산철($FePO_4$)을 적용한 것이 최초의 LFP가 되었다. LFP는 구조적으로 살펴보면 층상구조 대비 리튬이온이 들어갈 수 있는 공간이 적고, 출입하기가 더 어렵다. 그래서 층상구조 대비 용량, 출력은 떨어지지만 상대적으로 가지고 있는 리튬이온이 적은 만큼 빠져나가는 양도 작아 구조적으로 더 안정적인 특성을 가지고 있다. 또한 Ni, Co, Mn 등의 소재보다 훨씬 더 매장량이 풍부한 Fe을 기반으로 한 소재이기 때문에 가격이 굉장히 저렴하다. LFP가 적용된 배터리는 현재 CATL, BYD 등 중국계 기업들이 최고 수준의 기술력을 가지고 있다. 이유는 2010년대 일본, 한국 기업들에 비해 후발주자였던 중국 기업들은 떨어지는 배터리 기술력을 저렴한 가격으로 극복하고자 하여 가격이 싼 LFP를 채택하였고 관련 기술력을 본격적으로 키우고 투자하였기 때문이다.

이러한 역사와 배경으로 인해 삼원계 배터리는 한국산, LFP 배터리는 중국산이라는 것이 대명사처럼 통용되고 있다. 하지만 국가 간의 기술력 차이는 점점 좁혀지고 있으며, 한국 기업들도 LFP 개발에 뛰어들며 그 경계는 점점 허물어지고 있다.

2. 음극 활물질

(1) 음극 활물질의 역할

음극 활물질은 양극에서 이동해 온 리튬이온을 저장 및 방출하는 역할을 담당하여, 전지의 용량 및 수명 특성에 영향을 준다. 즉, 음극 활물질은 양극에서 나온 리튬이온을 가역적으로 흡수/방출하면서 외부회로를 통해 전류를 흐르게 하는 역할을 수행하게 된다. 충전 시에 리튬이온은 양극에서 음극으로 이동하고, 방전 시에 음극에 저장되어 있던 리튬이온이 양극으로 이동하면서 전류를 발생하게 된다. 배터리가 충전 상태일 때 리튬이온은 양극이 아닌 음극에 존재하게 되며, 이때 양극과 음극을 도선으로 이어주면 리튬이온은 자연스럽게 전해액을 통해 원래 존재했던 양극으로 이동하게 되고, 리튬이온과 분리된 전자(e^-)는 도선을 따라 이동하면서 전기를 발생하게 된다.

음극 역시 양극처럼 음극 기재에 활물질이 입혀진 형태로 제작된다. 전지 제작 공정에서는 용제에 바인더 등을 혼합 분산하여 구리 금속 집전체에 코팅하여 음극 극판을 제작하게 된다. 음극 활물질로는 대부분의 전지에서 흑연(Graphite)을 사용하고 있으며, 흑연은 음극 활물질이 지녀야 할 많은 조건들인 구조적 안정성, 낮은 전자 화학 반응성, 리튬이온을 많이 저장할 수 있는 조건, 가격 등이 충족되는 재료이다. 최근에는 용량 측면에서 유리한 실리콘계 물질을 첨가하여 적용하고 있다. [그림 1-8]은 흑연의 구조이며, 탄소가 6각형의 평면에 층상구조로 있고 화학적으로 탄소의 p 오비탈을 통하여 전자가 이동 가능한 구조이다. 흑연의 층상구조 사이에 리튬 양이온이 삽입(intercalation)되면 탄소의 비어 있는 p 오비탈의 전자가 리튬 양이온을 안정화시킬 수 있으며, 탄소 6개에 리튬이온 한 개의 비율로 안정된 구조가 된다.

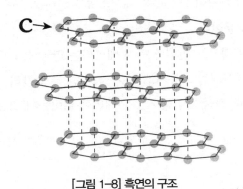

[그림 1-8] 흑연의 구조

(2) 음극 활물질의 특성

음극 활물질의 중요 역할은 충전 시에 양극에서 이동해 온 리튬이온을 저장하고, 방전 시에 배출하는 것이다. 따라서 리튬이온을 상대적으로 많이 저장할 수 있는 물질이 높은 용량을 가질 수 있다. 그렇다면 가장 많은 리튬이온을 저장할 수 있는 물질은 뭘까? 이론적으로는 바로 리튬 그 자체이다(~4,200mAh/g). 더 정확히 말하자면 리튬은 금속의 형태로 음극에 적용될 수 있다. 하지만 리튬 금속은 공기 중에 가만히만 두어도 반응하는 등 굉장히 불안정한 물질이라 실제 배터리에 적용되기에는 어려운 측면이 있다. 이에 따라 리튬 금속보다 안정한 실리콘(~1,600mAh/g)이 금속계 음극 활물질 중 가장 많이 사용되지만 실리콘은 리튬이온을 저장할 때 부피 팽창이 심하다는 치명적인 단점이 있다. 부피 팽창이 심하면 실리콘 자체의 구조가 깨질 뿐 아니라, 셀 내부의 형태를 변형시켜 수명을 저하시킨다. 결론적으로 현재 가장 안정적으로 제품에 적용되는 물질은 흑연이다. 흑연은 리튬 금속, 실리콘 등의 금속계보다는 용량이 낮지만(~360mAh/g) 매장량이 풍부해 가격이 저렴하고 안정적인 특성을 보여 음극으로 가장 많이 사용되고 있는 물질이다. 흑연은 원료 및 제조 방식에 따라 천연흑연과 인조흑연으로 나뉘며 혼합하여 많이 사용된다. 최근에는 용량 측면에서 유리한 실리콘계 물질을 첨가하여 적용하고 있다.

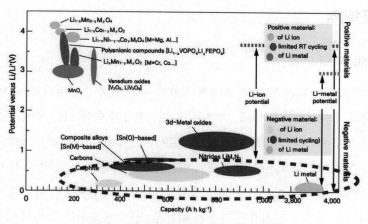

[그림 1-9] 음극 활물질의 전압과 용량

〈표 1-4〉 흑연계와 금속계

소재	흑연계		금속계	
소재명	천연흑연	인조흑연	실리콘(Si)	리튬 메탈(Li)
원료	천연흑연	피치/코크스 등	SiOx, SiC	Li
용량 (mAh/g)	350 ~ 360	320 ~ 340	600 ~ 1,600	약 3,800
출력	하	중	상	중
수명	중	상	하	하
가격	저렴	저렴	비쌈	비쌈

예제 리튬이온전지에서 음극 활물질로 사용되는 인조흑연과 천연흑연에 관하여 설명하시오.

해설

리튬이온 2차전지의 음극으로는 대부분 흑연을 사용하고 있다. 이는 리튬금속 또는 실리콘과 비교하였을 때 상대적으로 용량은 적지만 안전하기 때문이다. 흑연에는 자연에서 체취하는 천연흑연과 인위적으로 합성하는 인조흑연이 있다. 각각의 물질에 장/단점이 있어 단독으로 사용하는 기업체가 있는 반면 혼합하여 사용하기도 한다. 각각의 특성은 다음의 표와 같다. 천연흑연은 용량이 높고, 가격이 낮으나, 수명에서 상대적으로 불리하다. 반면 인조흑연은 용량이 적고, 가격은 비싸지만 수명에 유리하여 특성에 맞게 선택적으로 사용가능하다.

〈표 1-5〉 흑연의 특성

구분	천연흑연	인조흑연
용량(mAh/g)	360~370	280~360
표면적(m^2/g)	3~8	1 이하
수명	낮음	높음
가격($/kg)	5~7	15~20

3. 전해액

(1) 전해액의 역할

전기화학적 전지는 두 개의 전극에서 산화−환원반응이 일어나고, 전자는 도선을 통해서 이동하는 반면에, 발생된 이온은 수용액 속에 있는 전해액을 매개로 하여 전극 간을 이동하게 된다. 리튬이온 2차전지도 동일한 메커니즘으로 거동하며, 발생된 리튬이온은 전지 내에 있는 전해액을 통하여 양/음극 사이를 이동하게 된다. 즉, 2차전지는 충방전 시에 양/음극 간의 전자뿐만 아니라 리튬이온의 이동을 통해서 전위차를 만들게 되는데, 전자는 도선을 통해서 이동하지만 리튬이온은 이온의 특성상 극성 용매를 통해서 이동해야만 한다. 리튬이온의 이동을 원활하게 하기 위하여 전도도가 높은 유기물 또는 겔폴리머로 전해질을 사용하게 된다.

일반적으로 리튬이온을 안정하게 하기 위하여 극성을 가진 유기용매가 사용되는데, 이때 충방전 시 활물질 표면에 발생하는 전기화학적 반응으로부터 안정한 카보네이트 계열의 유기용매가 주로 사용된다. 유기용매는 온도에 따른 특성 변화, 발화점 등 안정성에 대해서도 중요한 특성을 가진다. 이때 전해액으로 폴리머를 사용하게 되면 폴리머 전지, 고체를 사용하게 되면 고체전지로 명명한다.

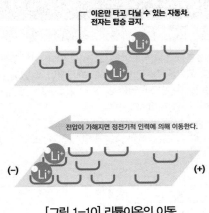

[그림 1−10] 리튬이온의 이동

전해액은 염, 용매, 첨가제로 구성되어 있다. 염은 리튬이온이 지나갈 수 있는 이동 통로, 용매는 염을 용해시키기 위해 사용되는 유기 액체, 첨가제는 특정 목적을 위해 소량으로 첨가되는 물질을 말한다. 이렇게 만들어진 전해액은 이온들만 전극으로 이동시키고, 전자는 통과하지 못하게 하며, 전해액의 종류에 따라 리튬이온의 움직임이 둔해지기도, 빨라지기도 할 수 있다. 그래서 전해액은 까다로운 조건들을 만족해야만 사용 가능한 것이다.

전해액은 일반적으로 카보네이트(carbonate) 계열의 화학물질이 사용되며, 첨가 염으로는 육불화인산리튬($LiPF_6$, lithium hexafluorophosphate)이 가장 많이 쓰이는 물질이다. 염은 물을 만나 분해되므로, 배터리 제조공정에 있어서 수분 제어가 매우 중요하다.

염의 분해반응 화학식은 다음과 같다.

$$LiPF_6 + H_2O \rightarrow HF + PF_5 + LiO$$

(2) 전해액의 특성

전해액의 역할은 리튬이온을 이동시키는 것과 장시간 사용에도 성능을 유지시키는 것이다. 전해액이 갖추어야 할 요건들을 살펴보면 아래와 같다.

● 이온 전도도가 높아야 한다.
  - 전해액은 리튬이온이 양극과 음극 사이를 잘 이동할 수 있도록 도울 수 있어야 한다. 그런데 만약 전해액에 리튬이온이 탑승하고 내리는 데 불편함을 준다면? 전해액의 역할에 문제가 생길 것이다. 이온 전도도가 높다는 말은 전해액이 리튬이온을 잘 싣고 내려 충방전 시 두 전극에서 리튬이온이 출입, 이동하는 속도가 높다는 뜻이다. 이를 위해서는 전해액의 유전율(이온을 잘 분리시킬 수 있는 정도)이 높고, 점도(이온의 이동이 힘든 정도)가 낮아야 한다.
● 전극에 대한 화학적, 전기화학적 안정성이 높아야 한다.
  - 리튬이온전지의 충, 방전 과정 중에는 전압이 충전 상태에 따라 4V 이상 올라가기도 하고 3V 이하로 떨어지기도 한다. 그런데 이 전압 변화에 따라 전해액이 산화, 환원 반응을 일으킨다면? 점점 전해액의 역할을 하지 못하고 그 전지의 수명은 금방 다할 것이다. 그래서 전지 내 양극, 음극에서 리튬이온이 수십, 수백 번 산화, 환원을 하더라도 전해액은 아무런 반응을 하지 않을 정도로 전기화학적 안정성이 높아야 한다.

● 사용 가능한 온도 범위가 넓어야 한다.

 – 우리가 스마트폰, 전기차를 이용하는 온도 범위는 계절, 지역에 따라
매우 다양하다. 그래서 일반적으로 전지의 온도 작동 범위는 −20~6
0℃로 정의되며, 전해액 또한 요구 조건을 만족할 수 있도록 설계되어
야 한다.

● 안전성이 우수해야 한다.

 – 액체로 된 전해액은 발화성이 매우 좋아, 전지에 화재가 발생하였을 경
우 매우 좋은 연료가 된다. 이에 따라 발화점이 높은 전해액에 대한 개
발이 요구되고 있다. 또한 전해액이 누액될 경우를 대비하여 인체에 해
롭지 않게 독성이 낮아야 한다.

리튬이온의 이동을 원활하게 하기 위해서는 이온을 안정화할 수 있는 용매의
선택이 중요하다. 즉, 리튬의 양이온을 분산시켜서 안정하게 만드는 용매를 선택
하게 되는데, 가장 일반적으로 사용되는 것이 높은 유전율을 가지는 Carbonate
계열의 유기물질이다. 높은 유전율을 유지하면서 점도를 낮추기 위해 여러 종
류의 Carbonate를 혼합하여 사용하기도 한다. 또한 전해액에는 리튬염을 동시
에 사용하며, 각종 보조제(과충전 보조제 등)를 첨가하여 사용한다. 일반적으로
사용되는 유기용매를 다음과 같이 나타내었다.

Organic liquid electrolyte: Salt + Solvent

1. Solvent(Linear carbonates + Cyclic carbonates의 혼합물)

 ▶ EC, PC: high dielectric constant → lithium salt dissociation

 ▶ DMC, EMC, DEC: low viscosity → higher mobility

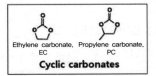

Ethylene carbonate, Propylene carbonate,
EC   PC
Cyclic carbonates

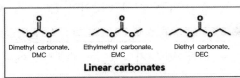

Dimethyl carbonate, Ethylmethyl carbonate, Diethyl carbonate,
DMC   EMC   DEC
Linear carbonates

2. Salts

 ▶ LiPF$_6$, LiAsF$_6$, LiClO$_4$, Li(CF$_3$SO$_2$)$_2$N, LiBF$_4$, LiCF$_3$SO$_3$

 ▶ Lithium hexafluorophosphate(LiPF$_6$) : Well-balanced properities

---

2차전지의 종류에 따라서 액체 전해액의 누액 등 안전성을 보완하기 위하여 고분자 전해질을 사용하는 경우도 있으며, 고분자 결합의 종류에 따라 물리가교 겔 고분자 전해질과 화학가교 겔 고분자 전해질로 나눌 수 있다. 고분자 전해질은 화학적인 안정성은 확보되지만 이온 전도도가 낮아지는 단점을 가지고 있다. Carbonate 계열의 유기화합물과 PEO*, PAN**, PVdF***, PMMA**** 등의 고분자 물질을 전지의 목적에 따라 적절하게 혼합하여 사용하는 경우도 있다.

*
Poly(ethylene oxide)

**
Poly(acrylonitrile)

***
Poly(vinylidene fluloride)

****
Poly(methyl methacrylate)

일반적으로 사용되는 유기 전해액인 Carbonate가 충방전 시에 리튬이온을 이동시키는 메커니즘을 다음 그림에 나타내었다. 하나의 리튬이온을 안정화시키기 위해서 4개의 Carbonate가 Tetrahedral 구조를 구성하여 전하를 분산시키는 형상으로 리튬을 안정적으로 이동하게 된다. 이론적으로 리튬 1개에 4분자의 Carbonate를 사용하게 되므로, 활용 가능한 리튬 용량의 4배에 해당하는 전해액을 사용할 필요가 있다는 것을 의미한다.

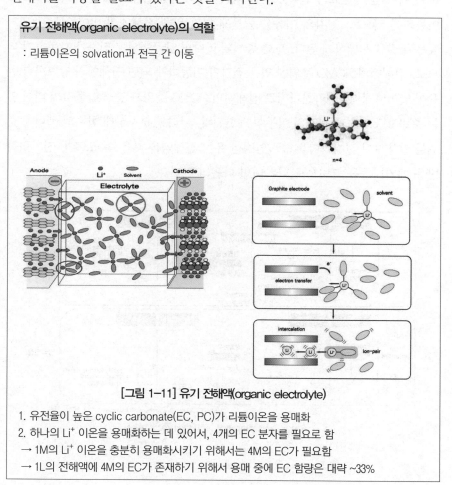

유기 전해액(organic electrolyte)의 역할

: 리튬이온의 solvation과 전극 간 이동

[그림 1-11] 유기 전해액(organic electrolyte)

1. 유전율이 높은 cyclic carbonate(EC, PC)가 리튬이온을 용매화
2. 하나의 Li^+ 이온을 용매화하는 데 있어서, 4개의 EC 분자를 필요로 함
→ 1M의 Li^+ 이온을 충분히 용매화시키기 위해서는 4M의 EC가 필요함
→ 1L의 전해액에 4M의 EC가 존재하기 위해서 용매 중에 EC 함량은 대략 ~33%

이번에는 전해액의 전기화학적 특성을 살펴보도록 하자. 2차전지는 충방전 시 전기적 에너지를 사용하게 되므로, 전해액은 전기에너지에 노출되어 있으며 전자와의 전기화학 반응을 일으키게 된다. 높은 전압에서도 안정한 물질의 요건을 갖추기 위해서는 전해액의 외곽 전자의 상태가 중요하기 때문에 우선 이에 대한 이해가 필요하다. 원자의 공유 결합으로 이루어진 유기물 분자는 안정적인 결합을 이루고 있으며, 분자 궤도 함수에 2개의 전자를 가지고 있다. 최외곽 분자 궤도에 전자가 차 있는 상태를 HOMO(Highest Occupied Molecular Orbital)라고 하고, 비어 있는 곳을 LUMO(Lowest Unoccupied Molecular Orbital)라고 한다. 충전된 음극에는 전자가 한 개 있으며, 이때 음극 표면에 있는 전해액의 비어 있는 오비탈(LUMO)에 전자가 이동하게 되면 전기화학적 반응이 일어나게 된다. 이때 전해액의 LUMO 궤도에 전자가 이동하기 어렵게 하기 위해서는 LUMO 궤도 준위가 높을 필요가 있다. 전자는 높은 에너지 준위에서 낮은 에너지 준위로 이동하게 되므로, 전자의 이동을 힘들게 하기 위해 전해액의 비어 있는 준위가 높은 물질을 선택하게 된다. 또한 충전되고 나면 양극에서는 전자가 부족하게 되므로, 전해액의 HOMO 준위에 있는 전자가 이동하게 되면 전해액의 전기화학 반응이 일어나게 된다. 마찬가지로 전해액의 HOMO 준위가 양극 활물질의 비어 있는 준위보다 낮으면 전자의 이동이 제한된다. 이러한 분자상태 함수의 에너지 준위를 활용하여 전기화학적으로 안정한 유기 전해액을 찾을 수 있으며, 전기화학 반응 메커니즘을 그림으로 나타내면 다음과 같다.

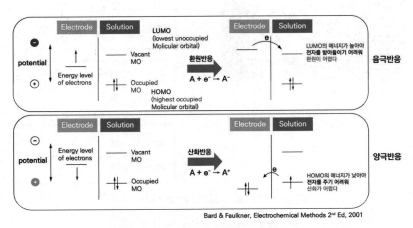

Bard & Faulkner, Electrochemical Methods 2nd Ed, 2001

[그림 1-12] 전해액의 전기적인 요구 특성

2차전지에서 일반적으로 활용되고 있는 Carbonate 계열은 전기화학적으로 안정한 특성을 가지는 낮은 HOMO 에너지 준위와 높은 LUMO 에너지 준위를 가지고 있으며, 에너지 준위를 그림으로 나타내면 다음과 같다.

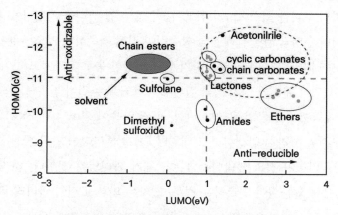

[그림 1-13] 용매 종류별 HOMO 및 LUMO 에너지 준위 비교

 전해액의 전기화학 반응 메커니즘에 관하여 설명하고, 문제점 및 향후 방향에 관하여 개인의 생각을 설명하시오.

해설

리튬이온 2차전지의 전해액으로는 현재까지는 대부분 유기화합물을 사용하고 있다. 물론 고체 전해액을 연구하고 있지만 아직 제품에 적용은 되지 않고 있다. 유기 화학물질은 다양한 화학반응을 하게 되며, 전지화학적 반응도 일어난다. 마찬가지로 배터리의 충방전 시에도 전기에너지를 가하게 되므로 전기화학 반응이 발생하게 된다. 충전시에 음극에 전자가 모이게 되므로, 음극에서 전자가 유기 전해액으로 이동하게 되면 전해액의 분해 반응이 발생하게 되는데, 전자가 이동하게 되지 않도록 적절한 에너지 준위를 가진 물질을 선택하게 된다. 양극에서도 마찬가지로 전기화학 반응이 발생되지 않는 물질의 선택이 중요하다. 이런 전기화학적 반응에 유리한 화합물이 Carbonate 계열의 물질이며, 전해액으로 다양하게 활용되어진다.
전해액은 배터리의 안전성에 취약하므로, 고체전해질로의 빠른 변화가 필요하다. 이온이동도 등에 많은 어려움이 있겠지만, 기술적으로 극복해야 할 사항으로 2차전지의 안전성 확보, 용량증가는 필수적이라고 생각한다.

4. 분리막

(1) 분리막의 역할

2차전지의 부피를 최소화하기 위하여, 양/음극 간 거리를 치밀하게 구성하게 된다. 분리막은 양극 활물질과 음극 활물질이 직접 접촉하지 않도록 분리해주는 역할뿐만 아니라 리튬이온이 통과하기 위한 적당한 통로를 가지고 있어야 한다.

만약 분리막에 문제가 생겨 양극 활물질과 음극 활물질이 접촉하게 되면 어떻게 될까? 지금까지 양극과 음극에 산화, 환원 반응이 일어날 때 전자의 움직임은 외부 도선을 따라서 발생한다고 배웠다. 이건 분리막이 양극 활물질과 음극 활물질의 물리적인 접촉을 막아준다는 전제가 깔려있는 것이다. 하지만 양극 활물질과 음극 활물질이 접촉하는 경우, 전자는 외부 도선이 아니라 바로 음극에서 양극으로 이동하게 된다. 이때 엄청난 수의 전자는 외부 도선 같은 저항체 없이 순간적으로 이동하며 많은 양의 열을 발생시켜 배터리의 화재가 발생할 확률을 기하급수적으로 높이게 된다. 이를 단락 현상 또는 Short circuit mode라고도 얘기하며 이는 전기차 화재의 주요한 원인 중 하나이다. 그래서 분리막은 지속적인 충/방전을 하거나, 온도 상승 시에 분리막이 수축하여 양/음극 활물질이 직접 접촉하지 않도록 하는 열적 수축 특성이 특히 중요하다. 양극과 음극이 배터리의 기본 성능을 결정짓는 구성요소라면 전해액과 분리막은 배터리의 안전성을 결정짓는 구성요소라고 볼 수 있다.

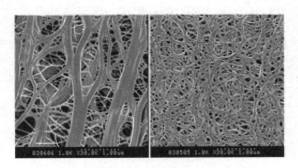

[그림 1-14] 분리막 SEM(전자현미경) 자료

위에서 설명하였듯이 분리막은 전자가 전해액을 통해 직접 흐르지 않도록 하고, 내부의 미세한 구멍을 통해 원하는 이온만 이동할 수 있게 만든다. 즉, 물리적 조건과 전기화학적 조건을 모두 충족시킬 수 있어야 사용 가능하다.

현재 상용화된 분리막으로는 다공성 폴리에틸렌(PE), 폴리프로필렌(PP)과 같은 합성수지가 있다. 배터리의 사이즈가 작아지면서 분리막 역시 얇아지고 있는 추세이지만 분리막이 너무 얇아지면 안전성에 문제가 생길 수 있어서 일반 분리막에 세라믹을 코팅하는 등의 방법이 사용되기도 한다.

(2) 분리막의 특성

분리막은 양극과 음극의 물리적인 접촉을 막아 화재를 방지하는 아주 중요한 역할을 한다. 그래서 두껍고 튼튼한 소재를 사용하면 배터리의 안전성을 보장할 수 있다. 하지만 분리막이 차지하는 부피만큼 양극과 음극의 부피는 줄어들게 되어 배터리의 에너지 밀도는 떨어지게 된다. 그래서 안전성을 유지할 수 있는 최소한의 두께를 유지하여야 하며 배터리의 온도가 뜨거워지는 경우를 대비하여 높은 온도에서도 형태를 잘 유지하는 열적인 특성도 우수해야 한다. 또한 분리막은 리튬이온이 양극과 음극을 이동할 수 있는 통로 또한 확보해야 한다. 그러기 위해서는 다공성의 구조를 가지고 있어야 한다. 이러한 조건들을 모두 만족할 수 있는 소재가 폴리에틸렌(Polyethylene, PE), 폴리프로필렌(Polypropylene, PP)이다. 이 두 소재는 우리에게 너무나 친숙하다. 우리의 일상에서 반찬 용기, 샴푸 용기 등 플라스틱으로 된 제품에 원료로 많이 사용되고 있기 때문이다. 이 소재들을 배터리에 들어갈 수 있게 10~20㎛ 단위로 얇게 만든 것이 분리막이다.

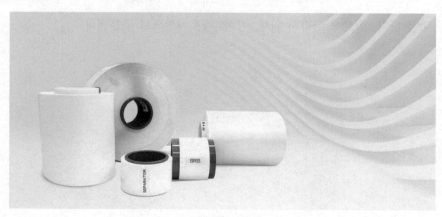

[그림 1-15] 납품 시 실제 모습*

*
출처: LG화학 홈페이지

[그림 1-16] PE, PP로 만든 생활용품*

출처: SK이노베이션 홈페이지, GS칼텍스 홈페이지

PE와 PP 중 많이 사용되고 있는 소재는 PE인데 제조법의 특성상 PP보다 더 얇게 만들어 배터리의 에너지 밀도를 높이는 데 용이하며 잘 찢어지지 않는 강한 기계적인 특성 때문이다. 하지만 너무 얇게 만들면 열에 의해 쉽게 수축되어 양극과 음극의 접촉을 막아주지 못하게 된다. 이러한 단점을 보강하기 위해 최근에는 PE 원단에 세라믹 소재를 코팅하여 열적 특성을 보완하여 사용하고 있다. 이를 CCS(Ceramic Coated Separator)라고도 한다. 분리막은 최소한의 안전성을 확보하며 점점 더 얇게 만드는 기술이 개발되고 있으며, 종국에는 전고체 전지로 넘어가 분리막을 제거하려는 방향으로 나아가고 있다.

5. Case

일반적으로 젤리롤이라고 명칭

케이스는 2차전지 기본 구성물질인 4대소재의 완성품**을 밀폐/보관하는 역할을 한다. 형상에 따라서 원형, 각형, 파우치형으로 구분된다.

예제 2차전지를 구성하는 중요 요소와 동작원리를 설명하시오.

해설

2차전지는 전기에너지를 화학에너지로 또는 화학에너지를 전기에너지로 전환하여 필요한 에너지를 저장하고 사용하게 된다. 전기화학적 반응을 일으키기 위해서는 일반적으로 4대소재가 필요하며, 이는 양극 활물질, 음극 활물질, 전해액, 분리막이다. 2차전지의 중요한 성능으로는 용량, 즉 전류를 발생할 수 있는 양인 전하량과 전위차에 해당되는 전압이다. 이 두 요소를 결정하는 물질이 양극 활물질이며 가장 중요한 물질 중 하나이다. 다음으로 음극 활물질인데, 충전 시에 양극에서 이동된 양전하(리튬이온)와 음전하를 보관할 수 있는 능력이 필요하며 일반적으로 흑연 등이 사용되고 있다. 성능 개선을 위해 실리콘계 등이 집중 연구되고 있다. 이외에 리튬이온을 잘 이동할 수 있게 하는 전해액, 양극과 음극이 맞닿지 않도록 하는 분리막까지 4가지 물질로 구성이 된다.

배터리에 전기에너지를 가하면, 양극에 있는 리튬이온과 전자가 음극으로 이동하게 되는데 이때 양극에서는 산화 반응이 일어나고, 음극에서는 환원 반응이 일어난다. 반대로 방전 시에는 음극에 저장되어 있던 리튬이온과 전자가 양극으로 이동하면서 전기에너지가 발생하고 되며, 음극에서 산화 반응이 일어나며, 양극에서는 환원 반응이 일어난다. 이렇게 충방전 시에 양극과 음극에서 산화–환원의 화학적 반응이 일어나게 된다.

CHAPTER 02 2차전지 셀 설계

한권으로 끝내는 전공·직무 면접 2차전지

핵심요약 →

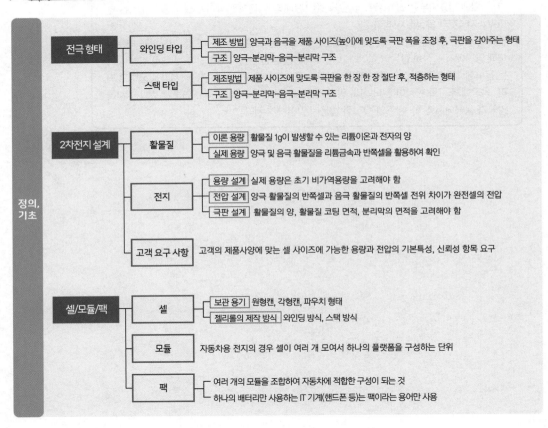

전극 형태	와인딩 타입	제조 방법	양극과 음극을 제품 사이즈(높이)에 맞도록 극판 폭을 조정 후, 극판을 감아주는 형태
		구조	양극-분리막-음극-분리막 구조
	스택 타입	제조방법	제품 사이즈에 맞도록 극판을 한 장 한 장 절단 후, 적층하는 형태
		구조	양극-분리막-음극-분리막 구조

정의, 기초

2차전지 설계	활물질	이론 용량	활물질 1g이 발생할 수 있는 리튬이온과 전자의 양
		실제 용량	양극 및 음극 활물질을 리튬금속과 반쪽셀을 활용하여 확인
	전지	용량 설계	실제 용량은 초기 비가역용량을 고려해야 함
		전압 설계	양극 활물질의 반쪽셀과 음극 활물질의 반쪽셀 전위 차이가 완전셀의 전압
		극판 설계	활물질의 양, 활물질 코팅 면적, 분리막의 면적을 고려해야 함
	고객 요구 사항		고객의 제품사양에 맞는 셀 사이즈에 가능한 용량과 전압의 기본특성, 신뢰성 항목 요구

셀/모듈/팩	셀	보관 용기	원형캔, 각형캔, 파우치 형태
		젤리롤의 제작 방식	와인딩 방식, 스택 방식
	모듈		자동차용 전지의 경우 셀이 여러 개 모여서 하나의 플랫폼을 구성하는 단위
	팩		여러 개의 모듈을 조합하여 자동차에 적합한 구성이 되는 것
			하나의 배터리만 사용하는 IT 기계(핸드폰 등)는 팩이라는 용어만 사용

1. 전지의 구성 원리

지금까지 배우기로 셀(Cell) 안의 구성은 양극/분리막/음극 모두 단층으로 구성되어 있었다. 하지만 실제 시중에 나와 있는 배터리의 구성은 양극/분리막/음극이 수 층에서 수십층으로 겹쳐 에너지 밀도를 최대한 높일 수 있도록 다층구조로 설계되어 있다. 이때 다층구조를 만들기 위해 다양한 방법을 사용하는데, 두루마리 같은 구조로 만드는 와인딩 타입, 벽돌과 같이 여러 층을 겹치는 방식인 스택 타입이 있다. 이 두 구조에 대해서 좀 더 살펴보도록 한다.

전지는 전극 형태(젤리롤의 형태)에 따라서 와인딩(Winding) 타입과 스택(Stack) 타입으로 나눌 수 있다. 와인딩 타입은 양극과 음극을 제품 사이즈(높이)에 맞도록 극판 폭을 조정한 후, 극판을 감아주는 형태를 가진다. 극판의 폭은 제품의 높이 방향이 되며, 극판의 길이는 제품의 두께에 해당된다. 양극-분리막-음극-분리막의 층으로 적층하여 전체를 감아주면 양극 대향에는 음극이 위치하게 된다. 한편, 스택 타입은 제품 사이즈에 맞도록 극판을 한 장 한 장 절단한 다음, 양극-분리막-음극-분리막 순으로 적층하는 방식이다. 이때 양극/음극 극판은 제품설계치로 절단하면 되지만, 분리막은 길이 방향으로 지그재그로 접어주면서 각 사이에 양/음극 극판을 넣어주면 되는 방식이다. 실제 제조 공법은 각 사별로 특성에 맞도록 운영 중이며, 와인딩 타입과 스택 타입의 기본원리적인 구조를 다음 그림에 나타내었다. 일반적으로 양극-분리막-음극-분리막의 구조로 적층된 구조를 젤리롤(Jelly-Roll)이라고 표현한다.

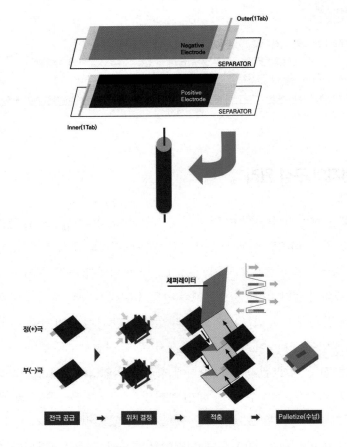

[그림 2-1] 전지의 젤리롤 제조 방법 비교(위: 와인딩 타입, 아래: 스택 타입)

2. 2차전지 설계

전지의 설계는 전지의 형태나 사용 목적에 따라 차이는 있지만 기본적인 전제
는 다음과 같다.

- 양극의 용량과 음극의 용량은 동일하다. 즉, 양극이 저장할 수 있는 리튬이
  온의 수와 음극이 저장할 수 있는 리튬이온의 수는 동일하다(실제로는 음
  극의 용량이 양극보다 더 많게 설계된다).
- 전지의 전압은 충전량이 많아질수록 높아진다.

● 전지의 실제 사용 전압 범위를 어떻게 설정하느냐에 따라서 사용될 수 있는 용량(리튬이온의 수)은 달라진다. 하지만 설계 전압 범위를 벗어나게 설정할 순 없다. (Ex: 설계 전압 범위 2.8~4.3V / 실제 사용 전압 범위 3.0~4.2V)

(1) 활물질 용량 설계

① 활물질의 이론용량

전지의 용량을 결정하는 물질로는 양극 활물질과 음극 활물질이 있으며, 물질이 가질 수 있는 고유의 용량(이론용량)을 이해할 필요가 있다. 이론용량은 활물질 1g이 발생할 수 있는 리튬이온과 전자의 양을 나타내며, 사용되는 양/음극 활물질이 가지는 이론용량을 계산해보도록 하자. 다음은 양극 활물질인 LCO($LiCoO_2$)와 음극 활물질인 흑연(C_6)의 이론용량 계산법이다.

● 1단계: 분자량에서 각 원소의 무게비를 계산한다.
● 2단계: 물질 1g당의 몰수를 계산한다. → 활물질 1g에 전자를 저장할 수 있는 몰수
● 3단계: 몰수에 Faraday 상수를 곱한다. (이때 단위는 C(쿨롱))
● 4단계: 전하단위를 시간으로 나누어주면 용량단위인 Ah(or mAh)로 표현된다.
● 5단계: 얻어진 용량단위수가 활물질 1g당의 이론용량이다.

즉, 활물질 $LiCoO_2$ 1g의 이론용량은 274mAh이며, 활물질 흑연(C_6) 1g의 이론용량은 372mAh이다.

LiCoO₂ (Co³⁺)	Graphite

LiCoO$_2$ (Co^{3+})

Fully charged state → CoO$_2$(Co^{4+})

LiCoO$_2$ (F.W = 97.872)
  A.W of Li = 6.941
  A.W of Co = 58.933
  A.W of O = 15.999

Fully charged state → CoO$_2$(Co$^+$)
1mol Co^{3+} → 1mol Co^{4+}
1g of LiCoO$_2$: 1/97.872 = 0.0102mol
Electron 0.0102mol을 저장할 수 있다.
  : 0.0102*96485(C/mol, Faraday's constant)
  → 986C → 986/3600Ah = 274mAh

LiCoO$_2$는 274mAh/g의 이론용량을 가진다.

Graphite

Fully charged state → LiC$_6$

C$_6$ (F.W = 72.066)
  A.W of C = 12.011

Fully charged state → LiC$_6$
1g of (C$_6$): 1/72.066 = 0.0139mol
Elctron 0.139mol을 저장할 수 있다.
  : 0.0139*96485(C/mol, Faraday's constant)
  → 1339C → 1339/3600Ah = 372mAh

Graphite는 372mAh/g의 이론용량을 가진다.

반쪽셀이란?
일반적으로 사용되는 셀은 양극에 양극 활물질, 음극에 음극 활물질을 사용하는 완전 셀(Full cell)의 형태이다. 하지만 반쪽셀(Half cell)은 양극 활물질과 리튬금속 또는 음극 활물질과 리튬금속으로 셀이 구성된다.

② 활물질의 실제용량

전지의 실제용량은 양극 및 음극 활물질을 리튬금속과 반쪽셀*을 활용하여 확인할 수 있다. 양극 활물질로 사용되는 리튬산화물에 대한 반쪽전지 용량개념도를 다음 그림에 나타내었다. [그림 2-2] 왼쪽 그림에서와 같이, 양극에서의 용량은 처음 충전할 때 충전용량과 방전용량이 다른데 이는 리튬이 탈리되면서 결정구조가 변화하여, 다시 리튬이 삽입되더라도 초기의 결정구조로 돌아가지 않는 것에 기인한다. 즉 초기 충전된 용량보다도 작은 양이 방전되는데 이를 초기 비가역용량이라고 한다. 초기효율은 양극 활물질 종류에 따라 차이가 있으며, 활물질별로 LiCoO$_2$(95~96%), LiMn$_2$O$_4$(99~100%), LiNiO$_2$(85~88%)의 초기효율을 나타낸다.

음극 활물질의 경우에도 동일하게 리튬금속과의 반쪽셀을 활용하여 확인을 하게 되며, 음극 활물질의 초기 비가역은 대부분 음극 활물질 표면에서 전해액의 환원에 의한 SEI(Solid Electrolyte Interphase) 피막형성에 기인한다. 음극 활물질인 탄소의 결정화도 및 구조, 비표면적, 입도크기 등의 물성에 따라 다르다. 음극 활물질별로 초기효율은 Graphite(89~94%), Amorphous carbon(80~87%)을 가지고 있다.

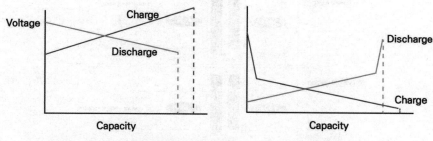

[그림 2-2] (왼쪽) 양극 활물질의 초기용량, (오른쪽) 음극 활물질의 초기용량

(2) 전지 설계

① 전지의 용량 설계

양극과 음극으로 완전셀을 구성하였을 때, 초기 비가역 용량을 고려하면 [그림 2-3]과 같이 전지 용량을 표현할 수 있다. 완전셀의 경우, 초기 충방전 후의 실제용량은 양극과 음극물질 각각의 가역용량에서 비가역용량을 제외한 용량을 제외한 부분이 된다. 전지의 용량을 계산할 때는 활물질의 이론용량으로부터 실제로 사용 가능한(활물질로부터 리튬이온의 활용 퍼센트) 가역용량을 계산하고, 최초 충방전 시 발생하는 비가역용량을 계산한 값이 전지 제품의 실제용량이 된다(전지용량 = 가역용량 − 비가역용량). 여기서 활물질에서 사용 가능한 리튬이온의 양은 양극 활물질의 조성 및 구조 등에 영향을 받는데, 일반적으로 활물질이 이론적으로 가질 수 있는 리튬 전부가 음극으로 이동하게 되면 활물질의 구조가 붕괴되어 기능을 상실하게 된다. 또한 구조붕괴 시 발열반응으로 화재의 위험이 있으므로, 활물질 내에 일정 함량의 리튬을 잔존하게 하여 구조붕괴를 억제한다. 최근에 EV용으로 적용되고 있는 NCM811 등은 NCM622 대비 리튬이온의 사용량이 증가(가역용량 증가)하였으며, 전압도 상승하게 되었다. 이런 결과로 배터리의 용량이 증가하게 되는 것이다. 최근에는 NCM계 활물질에서 Nickel 함량비가 90%까지 사용되는 High Nickel계가 검토되고 있는데, 성능 측면에서 용량 및 전압의 증가를 기대하고 있다.

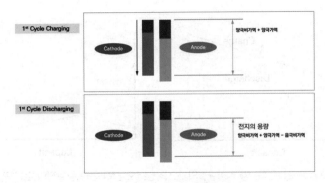

[그림 2-3] 전지의 용량

양극과 음극의 용량비 설계

전지의 용량 설계에 있어서 중요하게 고려하여야 할 사항은 양극보다 음극의 가역 용량을 더 크게 설계해야 한다는 것이다. 이것은 전지의 특성에 기인하는 것으로, 음극 용량이 양극 용량보다 적을 경우에 음극에서 리튬석출이 발생하여 전지의 안전성에 문제가 발생하게 된다. 이를 양극과 음극의 용량비라고 하며 N/P ratio로 나타낸다. 즉, Negative와 Positive의 가역용량비를 1 이상인 1.1 정도를 사용하게 된다. N/P ratio가 1 이하가 되면, 초기 특성뿐만 아니라 장기신뢰성인 수명 특성에서도 리튬석출이 진행되어 급격한 특성열화가 발생하게 되기 때문에 안전성 측면에서도 위험한 결과를 초래한다.

② 전지의 전압설계

전지의 전압은 양극과 음극의 전위차에 해당하므로, 양극 활물질의 반쪽셀과 음극 활물질의 반쪽셀 전위를 다음 그림에 나타내었다. 두 반쪽셀의 높이 차이가 완전셀의 전압에 해당하며, 충/방전 시의 전압의 거동을 이해할 수 있다. 실제 전지의 방전 그래프는 하단 우측의 형태로 전압과 용량의 거동을 보인다. 활물질의 조성, 입도, 표면처리 등 다양한 요인에 의해서 전위와 비가역 용량이 변하므로, 신규 활물질 활용 시에는 반쪽셀을 활용하여 전위/용량 거동을 확인한 후에 완전셀에 활용하여야 한다.

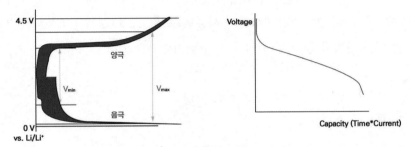

[그림 2-4] (왼쪽) 전지 전압과 전위 관계, (오른쪽) 전지의 방전 전압과 용량

양극 또는 음극 활물질에서 초기 비가역 용량이 증가할 경우에도 동일한 방법으로 V_{max} 전압과 V_{min}(Cut-Off 전압)을 설정하고 용량을 산정할 수 있다.

③ 전지설계의 구조적 이해

2차전지는 우수한 성능을 가지고 있는 반면, 안전성 측면에서는 잠재적인 문제점을 가지고 있다. 따라서 전지를 설계할 때에는 안전성을 고려한 설계를 해야 한다. 그 중 제일 중요한 부분이 활물질의 양, 활물질 코팅면적, 분리막의 면적이다. 극판 설계에 대한 기본적인 내용을 살펴보자. 앞에서 양극/음극 활물질의 비가역 용량을 확인하였으므로, 최적의 활물질의 비율을 고려한 사용량은 계산이 가능하다. 각각의 비가역 용량을 고려하여 설계값을 우선 계산한다. 실제 전지 제작공정에서는 다양한 산포가 존재할 수 있는데, 이러한 산포까지 극복할 수 있도록 감안하여 극판 설계를 진행하여야 한다. 다음은 극판 설계 시 안전성을 위해 중요하게 고려하여야 할 항목이다.

● 활물질의 양: 비가역을 고려한 용량에서 음극 활물질을 더 많이 사용
● 활물질 코팅면적: 음극 면적을 더 넓게 사용(설비공차를 고려)
● 분리막의 면적: 음극 면적보다 더 크게 사용

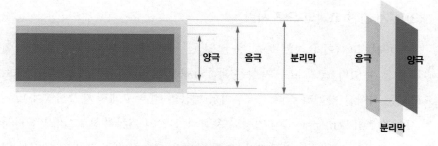

[그림 2-5] 극판 설계 진행 과정

양극/음극 비가역을 고려하여 음극 활물질의 양을 더 많게 설계하는 이유는 제작 공정에서 사용량의 산포가 발생하여 양극 활물질의 양이 더 많게 될 경우를 방지하는 것이다. 양극의 물질이 많게 되면 충전 시에 음극에 저장되지 않는 리튬이온이 발생하게 되고, 이러한 리튬은 리튬 플레이팅으로 덴드라이트를 형성하게 된다. 이렇게 형성된 리튬 덴드라이트는 점점 축적되어 크기가 증가하게 되고 결국에는 분리막을 뚫고 양극과 접촉할 가능성이 발생하게 된다. 양극/

음극이 직접 접촉하게 되면 단락이 발생하고 전자가 직접 이동하게 되어 저항으로 인한 급격한 발열 현상이 발생하게 된다. 이를 방지하려면 음극 활물질의 양을 많이 사용해야 한다. 마찬가지로 음극의 면적을 넓게 가져가는 것도 동일한 원리이다. 만약 음극과 양극의 면적이 동일하거나 음극이 양극보다 작은 면적을 적용하게 되면 아래 [그림 2-6]에서 나타낸 바와 같이, 제작 공정산포에서 양극 대향한 음극이 없는 경우가 발생하고, 이렇게 되었을 경우 충전 시에 리튬 금속이 음극 활물질로 이동하지 못하고 석출하게 된다. 이와 같은 내용을 알기 쉽게 다음 그림에 나타내었다.

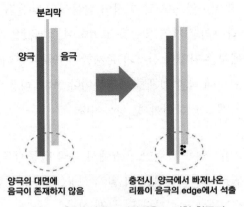

[그림 2-6] 양극/음극 비가역을 고려한 활물질

(3) 설계 관련 고객의 요구 사항

2차전지는 고객이 요청한 성능, 품질 및 원가를 만족시켜가는 수주형 산업이라고 말할 수 있다. 고객 요구 특성은 제품의 용도에 따라 다르지만, 일반적으로 요구되는 사항은 다음과 같다.* 파우치형 제품인 경우 고객의 제품사양에 맞는 셀 사이즈(Cell Dimension)에 가능한 용량과 전압의 기본특성, 그리고 장기사용 시의 신뢰성 항목까지 요구된다. 또한 용량을 표현할 때는 충방전 조건을 명기하고 이에 따른 기준의 용량을 정의한다. 사용 환경(사용 온도)에 따른 용량, 장기보관 시의 보존용량 등이 요구되기도 한다. 고객 요구 항목은 제품의 사용 목적에 따라 조정 가능하다.

*
소형전지에 요구되는 일반적인 특성이다.

〈표 2-1〉 설계 관련 고객 요구 사항

Item	Specification
Typical Capacity	~mAh(충전 C-rate, 방전 Cut-off Voltage)
Minimun Capacity	~mAh(충전 C-rate, 방전 Cut-off Voltage)
Charging Voltage	~V(충전 max Voltage 명기)
Norminal Voltage	~V(방전 C-rate 명기)
Charging Method	충전 방법 명기(CC-CV 등)
Charging Time	~hour(표준충전 기준 명기)
Discharging Cut-off Voltage	~V
Cell Weight	~g
Cell Dimension	Height, thickness, length(mm)
Cycle life	~%(Cycle 횟수별 방전용량 기준 명기)
Operating Temperature	Charge(0°~45°), Discharge(-10°~60°)
Storage Temperature	1 year, 3 months, 1 month(온도별 용량기준 명기)
......	......

(4) SEI(Solid Electroyte Interphase) 막의 이해

음극의 비가역용량은 대부분 음극 활물질 표면에 SEI 피막을 형성하는 데 사용된다고 알려져 있다. 2차전지 조립 후 최초 충전 시에 음극 활물질 표면에서 전해액에 포함되어 있는 다양한 첨가제와 전해액이 전기분해되어 표면피막을 형성하게 되는데, 균일하고 안정적인 피막을 형성하는 것이 아주 중요하다. 이렇게 형성된 피막은 전자의 이동을 제한하고, 추가적인 전해액의 전기분해를 억제하게 된다. 만약 좋은 피막이 형성되지 않으면, 지속적으로 전기분해 반응이 일어나서 전해액의 소모가 발생하게 되고 결국 수명에 좋지 않은 영향을 미치게 된다. 균일하고 안전한 막을 형성하기 위해서는 최초 충전 시에 낮은 전류를 사용하고, 전해액을 주입한 후에 전지 내부의 활물질에 고루 침전이 될 수 있도록 충분히 함침시키도록 하여야 한다.

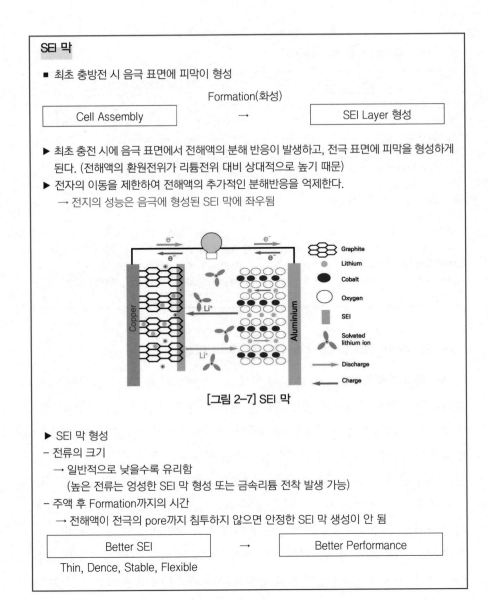

SEI 막

- 최초 충방전 시 음극 표면에 피막이 형성

Formation(화성)

| Cell Assembly | → | SEI Layer 형성 |

▶ 최초 충전 시에 음극 표면에서 전해액의 분해 반응이 발생하고, 전극 표면에 피막을 형성하게 된다. (전해액의 환원전위가 리튬전위 대비 상대적으로 높기 때문)

▶ 전자의 이동을 제한하여 전해액의 추가적인 분해반응을 억제한다.
  → 전지의 성능은 음극에 형성된 SEI 막에 좌우됨

Graphite
Lithium
Cobalt
Oxygen
SEI
Solvated lithium ion
Discharge
Charge

[그림 2-7] SEI 막

▶ SEI 막 형성
- 전류의 크기
  → 일반적으로 낮을수록 유리함
   (높은 전류는 엉성한 SEI 막 형성 또는 금속리튬 전착 발생 가능)
- 주액 후 Formation까지의 시간
  → 전해액이 전극의 pore까지 침투하지 않으면 안정한 SEI 막 생성이 안 됨

| Better SEI | → | Better Performance |

Thin, Dence, Stable, Flexible

(5) 분극(polarization)

OCV: Open Circuit Voltage

2차전지의 실제 전압은 개방회로*에서 측정한 전압값보다 낮게 나오는 현상이 있으며, 전지 내부의 저항(Ohmic) 및 전지 내부의 물질 사이에서의 전하의 이동과 관련된 분극으로 나타난다. 반대로 충전 시의 전압은 더 높게 나타나는데, 이는 내부저항, 활성화에 따르는 과전압의 형성에 기인한다. 또한 전극재료의 불순물 전극재료 및 표면에서의 리튬이온의 확산속도의 차이로 전지 내의 부위별로 리튬이온의 농도 차이에 의한 전압 차이가 나타나기 때문이기도 하다.

다음 그림에 저항의 종류에 따른 분극을 나타내었는데, Activation Polarization, Ohmic Polarization, Concentration Polarization으로 나누어진다. 방전 초기에 매우 빠른 시간에 나타나는 영역인 IR Drop 또는 Activation Polarization에 의한 영역, 전압의 변화가 느려지면서 전극 내부에서의 리튬이온의 화학적 확산(Chemical Diffusion)에 의해 나타나는 Ohmic Polarization, 마지막으로 방전의 말단에서 전압이 빠르게 감소하는 Concentration Polarization 영역에서는 주로 외부의 리튬이온의 움직임에 기인한다. 급속충전 및 고출력을 향상시키기 위해서는 이러한 세 영역에서의 저항을 줄여주는 것이 매우 중요하다.

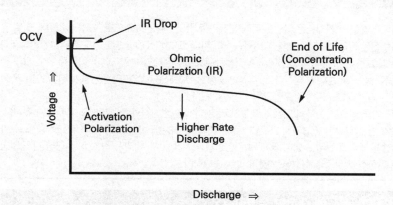

[그림 2-8] 정전류 방전 시의 저항의 구분

이온(ion)과 전해질(electrolyte)

이온은 어떤 입자가 아니라, 원자의 상태를 의미한다. 원자는 중성자, 양성자(+), 전자(-)로 이루어져 있다. 전자는 이동이 가능하므로 전자의 움직임에 따라 원자의 상태(+, -)가 변화한다. 전자를 잃어서 +전하를 띠면 양이온, 전자를 얻어서 -전하를 띠면 음이온이라고 부른다.

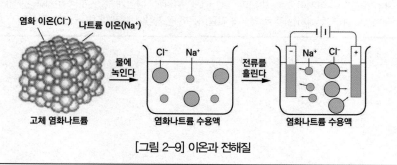

[그림 2-9] 이온과 전해질

2차전지와 이온전도

리튬이온전지가 충전될 때에는 리튬양이온(Li^+)이 양극에서 빠져서 음극으로 흐른다. 자연히 양극에 전자가 축적되어서 음극으로 흐른다. 리튬이온전지가 방전될 때는 음극에서 리튬이온이 양극으로 움직인다. 방전될 때에는 볼타 전지에서처럼 음극이 산화되면 음극의 리튬양이온(Li^+)이 탈출하여서 양극으로 간다. 음극에는 전자가 축적되고 자연히 전류가 양극으로 흐른다.

예제 SEI 막의 생성 원리 및 역할에 대하여 설명하시오.

해설

배터리의 유기 전해액은 다양한 목적의 유기물 첨가제와 전해액으로 구성되어 있다. 이들 유기물질은 전기화학적으로 분해 반응을 일으키며, 고분자물질을 만들기도 한다. 배터리 제작 후 최초 충전 시에 음극 표면에서 유기첨가제와 유기전해액이 양극에서 이동해 온 전자와 전기적 반응으로 분해가 일어나고, 재결합을 통한 고분자물질인 피막을 만들게 된다. 이렇게 생성된 피막을 SEI 막이라고 한다.

SEI 막의 역할은 전자의 이동을 제한하고, 추가적인 전해액의 전기분해를 억제하는 것이다. 만약 좋은 피막이 형성되지 않으면, 지속적으로 전기분해 반응이 일어나서 전해액의 소모가 발생하게 되고 결국 수명에 좋지 않은 영향을 미치게 된다. 따라서 최초 피막 형성 시 균일하고 안정적인 피막을 형성하는 것이 아주 중요하다.

예제 분극에 대하여 설명하시오.

해설

2차전지의 실제 전압은 개방회로에서 측정한 전압값보다 낮게 나오는 현상이 있으며, Activation Polarization, Ohmic Polarization, Concentration Polarization으로 나누어진다. 첫 번째 IR Drop 또는 Activation Polarization은 방전 초기 매우 빠른 시간의 영역에서 나타난다. 두 번째로 Ohmic Polarization이 있으며, 전극 내부에서의 리튬이온의 화학적 확산(Chemical Diffusion)에 의해 나타나는 현상으로 활물질과 전해액 등의 계면에서의 확산 차이에 기인한다. 마지막으로 방전의 말단에서 전압이 빠르게 감소하는 Concentration Polarization 영역에서는 주로 외부의 리튬이온의 움직임에 기인한다.

3. 셀/모듈/팩에 대한 이해

충방전을 통하여 에너지를 저장하고 방출하는 가장 기본이 되는 2차전지를 셀이라는 명칭으로 부른다. 셀은 2차전지의 4대소재를 포함하여 포장 용기(캔, 파우치 등)에 보관된 상태로 전기에너지를 화학에너지로 변환 가능한 소자의 역할을 할 수 있다. 셀을 제작하는 방식은 제조사에 따라 다르며, 보관 용기에 따라 원형캔, 각형캔, 파우치 형태로 구분할 수 있다. 또한 내부의 전기화학적 반응이 일어나는 젤리롤은 제작 방식에 따라 와인딩 타입과 스택 타입으로 나눌 수 있으며, 이 또한 제조사별로 차이가 있다. 자동차용 전지의 경우 셀이 여러 개 모여서 하나의 플랫폼을 구성하는 단위를 모듈이라고 하며, 여러 개의 모듈을 조합하여 자동차에 적합한 구성이 되는 것을 팩이라고 한다. 자동차의 크기, 에너지 용량이 상이할 경우 팩은 자동차에 맞도록 구성되며, 모듈의 사용 개수에 차이를 둔다. 최종제품이 되는 팩에는 BMS(Battery Management System)를 장착하여 장시간 사용 시에도 배터리 간 안정성을 확보한다. 다수의 셀을 장시간 사용하는 경우 배터리의 용량 변화가 일어나며*, 일정 시점 이후에는 각 셀별로 최대용량과 최고전압에서 차이가 발생할 수 있다. 이 경우에 최대용량의 충전 전압을 가지는 배터리(셀) 또는 초기 상태의 용량과 전압 기준으로 충전을 하게 되면, 상대적으로 용량과 전압이 저하된 배터리(셀)는 과전압이 걸리게 된다. 즉, 용량이 저하된 셀에는 과충전이 발생해 배터리 수명에 더 큰 충격을 주게 되어 배터리 안전성에 문제를 일으킬 수 있다. 이러한 안전성 문제점을 극복하기 위하여 BMS(Battery Management System)라는 전자적인 보호회로 시스템을 사용하고 있다. BMS는 장착되어 있는 팩(또는 모듈) 내의 배터리를 개별적으로 제어하기 위한 시스템인데, 배터리별로 전압을 인식하여 경시변화에 따른 전압변화를 확인하고, 충/방전 시에 배터리 개별로 과충전이 되지 않도록 제어하는 것이다. 이러한 전자적인 제어를 통하여 장시간 사용 시에 배터리의 안전성을 확보하게 된다.

하나의 셀만 사용하는 IT 기계(핸드폰 등)는 팩이라는 용어만 사용하며, 모듈이라는 용어는 사용하지 않는다. 팩에는 배터리에 필요 이상의 전류/전압이 흐르는 것을 방지하기 위한 보호회로를 장착한다. 전기자동차에 사용되는 셀-모듈-팩을 그림으로 나타내면 다음과 같다.

*
배터리 용량수명이라고 정의한다.

[그림 2-10] 전기자동차에 사용되는 셀-모듈-팩*

출처: 삼성SDI 홈페이지, LG화학 홈페
이지

핵심요약 →

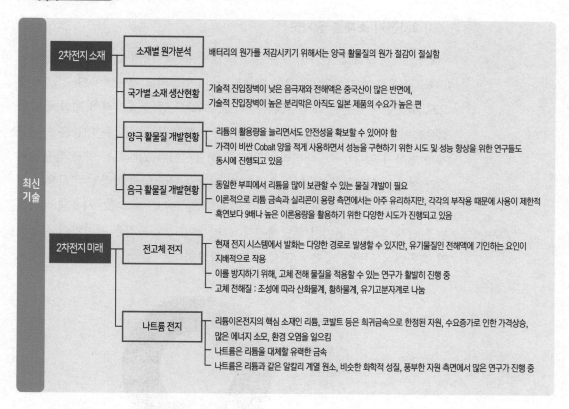

최신 기술	**2차전지 소재**	
	소재별 원가분석	배터리의 원가를 저감시키기 위해서는 양극 활물질의 원가 절감이 절실함
	국가별 소재 생산현황	기술적 진입장벽이 낮은 음극재와 전해액은 중국산이 많은 반면에, 기술적 진입장벽이 높은 분리막은 아직도 일본 제품의 수요가 높은 편
	양극 활물질 개발현황	리튬의 활용량을 늘리면서도 안전성을 확보할 수 있어야 함 가격이 비싼 Cobalt 양을 적게 사용하면서 성능을 구현하기 위한 시도 및 성능 향상을 위한 연구들도 동시에 진행되고 있음
	음극 활물질 개발현황	동일한 부피에서 리튬을 많이 보관할 수 있는 물질 개발이 필요 이론적으로 리튬 금속과 실리콘이 용량 측면에서는 아주 유리하지만, 각각의 부작용 때문에 사용이 제한적 흑연보다 9배나 높은 이론용량을 활용하기 위한 다양한 시도가 진행되고 있음
	2차전지 미래	
	전고체 전지	현재 전지 시스템에서 발화는 다양한 경로로 발생할 수 있지만, 유기물질인 전해액에 기인하는 요인이 지배적으로 작용 이를 방지하기 위해, 고체 전해 물질을 적용할 수 있는 연구가 활발히 진행 중 고체 전해질 : 조성에 따라 산화물계, 황화물계, 유기고분자계로 나눔
	나트륨 전지	리튬이온전지의 핵심 소재인 리튬, 코발트 등은 희귀금속으로 한정된 자원, 수요증가로 인한 가격상승, 많은 에너지 소모, 환경 오염을 일으킴 나트륨은 리튬을 대체할 유력한 금속 나트륨은 리튬과 같은 알칼리 계열 원소, 비슷한 화학적 성질, 풍부한 자원 측면에서 많은 연구가 진행 중

• 2차전지 소재별 개발 현황을 학습하고, 국산화 정도를 이해한다.
• 차세대 전지를 학습하고, 기술적으로 근접한 전지 기술을 이해토록 한다.

1. 2차전지 소재 연구개발

(1) 2차전지 소재별 원가분석

2차전지의 소재별 원가구성은 다음 그림에 나타낸 바와 같이 양극 활물질이 38%로 점유율이 가장 높다. 음극 활물질, 분리막 그리고 전해액이 11~13% 수준으로 비슷한 점유율을 보인다(리튬, 니켈, 코발트 등 광물가격의 변화에 따라 점유율이 수시로 변하기도 한다. 하지만 양극 활물질이 가장 큰 비중을 차지함에는 변화가 없다). 즉, 배터리의 원가를 저감시키기 위해서는 양극 활물질의 원가 절감이 절실함을 알 수 있으며, 일반적으로 LFP 양극 활물질이 사용된 배터리는 저사양/저가형 전기차에 주로 탑재되고, 3원계 양극재가 사용된 배터리는 일반형/고급형 전기차에 탑재된다. 그만큼 양극 활물질은 전기차의 성능적인 측면에서도 큰 비중을 차지할 정도로 중요하다.

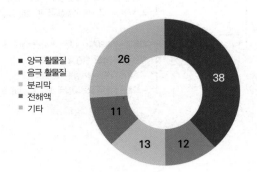

[그림 3-1] 2차전지 소재별 원가구성(단위: %)

(2) 국가별 소재 생산현황

국내 2차전지 업체에 사용되는 4대소재의 국가별 현황을 살펴보면, 한국산은 양극 활물질 74.7%, 음극 활물질 9.5%, 분리막 27.4%, 전해액 46.1%를 점유하고 있다. 한편 음극재와 전해액은 중국 제품이 50% 이상을 점유하고 있으며, 분리막은 일본 제품이 70% 정도 사용되고 있다. 상대적으로 기술적 진입장벽이 낮은 음극재와 전해액은 중국산이 많은 반면에, 기술적 진입장벽이 높은 분리막은 아직도 일본 제품의 수요가 높은 편이다. 전 세계 시장에서 한국 소재의 점유율은 분리막은 16% 수준인 반면, 전해액과 양극재는 10% 수준, 그리고 음극재는 2% 수준을 유지하고 있다. 기술적 진입 장벽이 높은 양극 활물질과 분리막을 중심으로 국내 기업체의 활발한 연구와 투자가 진행되고 있다.

하지만 최근에는 서구권의 중국 밸류 체인에 대한 견제 등으로 한국산 양극 활물질, 분리막 뿐만 아니라 한국산 음극 활물질, 전해액에 대한 연구와 투자가 활발히 진행되며 점유율을 높여가고 있다.

(3) 양극 활물질 개발현황

2차전지의 향후 가장 큰 과제는 고용량과 급속충전으로, 이를 해결하기 위해서는 소재개발이 선행되어야 한다. 2차전지의 전압과 용량을 결정하는 양극 활물질의 개발에 학계와 기업체에서 많은 노력을 기울이고 있다. 리튬의 활용량을 늘리면서도 안전성을 확보할 수 있어야 하며, 현재 많이 사용되고 있는 활물질로는 NCM(Nikel Cobalt Mangan)과 NCA(Nikel Cobalt Alumina)가 있다. 활물질의 제조 방법, 표면개질 등을 통하여 추가 향상시키고자 하는 연구가 진행되고 있다. 가격이 비싼 Cobalt 양을 적게 사용하면서 성능을 구현하기 위한 시도 및 성능 향상을 위한 연구들도 동시에 진행되고 있다.

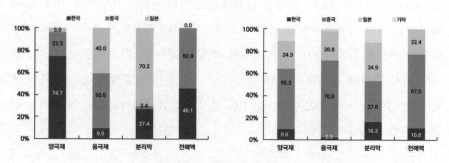

[그림 3-2] 2차전지 주요소재 국가별 점유율(왼쪽: 국내, 오른쪽: 전 세계)

(4) 음극 활물질 개발현황

음극 활물질은 양극에서 이동해 온 리튬을 보관했다가, 방전 시에 내어 보내는 역할을 하는데, 동일한 부피에서 리튬을 많이 보관할 수 있는 물질 개발이 필요하다. 리튬이 흑연 사이로 침투하면 부피 팽창이 12~20% 정도 일어나게 되기 때문에, 부피 팽창이 상대적으로 적은 물질 개발이 필요하다. 이론적으로 리튬 금속과 실리콘이 용량 측면에서는 아주 유리하지만, 각각의 부작용 때문에 사용이 제한적이다. 리튬 금속은 안전성 측면에서 불리하여 상용화에는 어려움이 있으며, 실리콘은 리튬이온이 삽입되었을 경우 300% 이상의 부피 팽창이 발생하게 되어 현실적으로 적용이 불가능하다. 실리콘의 부피팽창을 억제하기 위하여 다양한 시도가 진행되고 있으며, 일부 실리콘을 음극의 흑연과 ~5% 수준에서 혼합하여 사용하는 제품도 출시되고 있다. 흑연보다 9배나 높은 이론 용량을 활용하기 위한 다양한 시도가 진행되고 있으며, 다음은 최근에 진행되고 있는 내용에 대한 설명이다.

2. 2차전지의 다음 미래

(1) 전고체 전지

2차전지는 우수한 성능으로 모바일용, 에너지 저장용, 전기자동차용 등에서 폭넓게 활용이 가능하나, 안전성 문제를 항상 가지고 있다. 모바일용에서 발열 및 발화사고가 발생하고, 저장용 전지에서도 발화사고가 발생하고 있다. 또한 최근에는 전기 자동차에서도 발화 사고가 발생하여 제조업체에서 전기차 일부 모델에 리콜을 진행하였다. 천문학적인 리콜비용이 예상되고 있으며, 전기자동차의 시장 확대로 판매대수가 증가한 뒤 안전성 문제가 발생할 경우 업계의 존립에 큰 영향을 미칠 수 있다. 따라서 각 전지제조 업체에서는 안전한 전지를 만들기 위한 노력을 기울이고 있다.

현재의 전지 시스템에서 발화는 다양한 경로로 발생할 수 있지만, 전해액에 기인하는 요인이 지배적으로 작용하게 된다(전해액은 높은 온도에서 발화되기에 매우 좋은 연료가 된다). 외부충격 또는 전기적인 오사용 등으로 배터리에 열이 나면 유기물질인 전해액이 팽창하게 되고, 온도가 더 올라가게 되면 발화점에 도달하게 된다. 이렇게 되면 전해액에 기인한 발화 현상이 발생하게 되는데, 이를 방지하기 위하여 고체 전해 물질을 적용할 수 있는 연구가 활발히 진행 중이다. 이때 2차전지의 원리상 리튬이온이 양음극을 이동하여야 하는데 액체 전해질 대신에 고체 전해질을 사용하게 되면 리튬이온의 이동도, 즉 이온전도도가 낮다는 단점이 있다. 이온전도도를 높이기 위하여 다양한 조성의 활물질을 개발하고 있으나, 아직 제품에 적용할 수준에는 못 미치고 있다. 고체전해질은 조성에 따라 산화물계, 황하물계, 유기고분자계로 나눌 수 있다. 각각의 장단점이 명확하여 장점을 유지하면서 단점을 극복하기 위한 연구 활동이 활발히 진행 중이다. 다음 표에는 각 고체전해질의 장단점을 설명하고 있다. 이온전도도 등의 성능특성으로는 황화물계가 우세하나, 수분반응성이 높으며 이로 인하여 유독한 황화가스 발생의 위험성이 있다. 반면 산화물계는 취급에는 용이하나 특성이 부족한 상태이며 가공성 측면에서도 고온에서 처리를 해야 하는 문제점을 안고 있다. 자동차 업체에서는 전고체 전지를 적용한 프로토타입의 전기자동차 개발에 박차를 가하고 있으며, 고체전해질의 적용 결과에 많은 관심을 가지고 있다.

〈표 3-1〉 무기고체전해질과 유기고체전해질의 장단점

구분		장점	단점
무기 고체 전해질	황화물계	• 높은 리튬이온 전도도 $(10^{-2}{\sim}10^{-2}S/cm)$ • 전극/전해질 간 접촉계면 형성 용이	• 공기 중 안전성 취약(수분반응성 높음) • 공간전하층 형성에 따른 전극 전해질 계면에서의 고저항층 발생
	산화물계	• 공기 중 안전성 우수 • 비교적 높은 리튬이온 전도도 $(10^{-3}{\sim}10^{-4}S/cm)$	• 고체전해질 입계 저항이 큼 $(10^{-4}{\sim}10^{-6}S/cm)$ • 전극/전해질 간 접촉 계면형성 곤란 • 1,000℃ 이상의 높은 소결온도 • 대면적 셀 구동 곤란
유기 고체 전해질	드라이폴리머	• 전극 계면과 밀착성 우수 • Roll-to-Roll 공정 적용 용이	• 낮은 리튬이온 전도도 • 고온 환경에서만 사용 가능
	겔폴리머	• 전극 계면과 밀착성 우수 • 리튬이온 전도도 양호	• 낮은 기계적 강도로 단락 우려

전고체 전지 이후의 전지 시스템을 획기적으로 변화시키기 위한 노력이 진행 중이며, 다음 표에 차세대 전지로 연구되고 있는 전지의 구성요소와 장·단점을

설명하였다. 차세대 전지의 선두를 지키기 위하여 각 나라별로 산학연 과제로 진행 중이며, 많은 학술적인 결과가 보고되고 있다. 향후에 제품으로의 적용도 기대해 볼 수 있다.

〈표 3-2〉 차세대 전지의 구성요소 및 장·단점

구분	구성요소	장점	단점
리튬-황 전지	• 양극: 황 또는 황화합물 • 음극: 리튬 금속 • 전해질: 유기계/고체전해질	• 고용량 및 낮은 제조원가 • 기존 공정의 활용 가능	• 지속적인 충/방전시 양극재의 감소로 인한 수명 저하 • 황에 의한 제조설비의 부식
리튬-공기 전지	• 양극: 공기(산소) • 음극: 리튬 금속 • 전해질: 유기계/고체전해질	• 전지의 셀구조 단순 • 고용량 및 경량화 가능	• 고순도 산소 확보 곤란 • 산소여과장치, Blower 등 추가 장치로 부피 증가
나트륨/ 마그네슘 전지	• 양극: 금속화합물 • 음극: 나트륨/마그네슘 • 전해질: 유기계/고체전해질	• 저가화 및 고용량에 용이	• 양극재 후보 물질 적음 • 긴 충/방전 시간
전고체 전지	• 양극: 기존 또는 타 차세대전지의 양/음극 활용 가능 • 전해질: 세라믹(황화물 또는 산화물), 고분자 등	• 높은 안전성 및 고용량 가능 • 다양한 어플리케이션에 활용 가능	• 높은 계면저항 • 긴 유해 가스인 황화수소 발생 또는 낮은 저온특성

(2) 나트륨 전지

리튬이온전지의 핵심 소재인 리튬, 코발트 등은 희귀금속으로 자원이 한정되어 있는데, 수요증가로 인한 가격상승이 발생하고 있다. 지구에 극소량만 분포하는 금속물질을 채굴하기 위해서는 광산 활동이 필요하고 고순도의 희귀금속을 얻기 위해 다양한 공정을 거쳐야 한다. 이 과정에서 많은 에너지가 소모되고, 환경이 파괴되기도 한다. 또 이미 사용된 리튬 폐전지가 장기간 방치될 경우 공해물질을 뿜어낼 수도 있다. 희귀금속을 대체할 만한 물질을 찾거나 사용을 최소화하기 위한 연구가 필요하다.

물론 대체가 불가능한 부분도 있다. 현존하는 원소 중에서 가볍고 작은 크기이면서 높은 효율을 낼 수 있는 것은 리튬뿐이다. 가벼워야 하는 휴대용 기기나 자동차에서 리튬이온전지가 각광받는 이유이다. 다만 에너지저장시스템 ESS

등 휴대성이 강조되지 않는 분야에서는 대체 금속을 사용할 수 있다. 따라서 폐전지를 활용하여 환경오염을 최소화하거나 리튬을 대체할 금속을 찾는 등 해결해야 할 과제가 남아 있다.

리튬을 대체할 유력한 금속으로는 나트륨이 있다. 나트륨은 리튬과 같은 알칼리 계열의 원소이기에 비슷한 화학적 성질을 가지고 있다. 나트륨은 자연에 아주 풍부하게 존재하므로, 저가자원의 활용 측면에서 매력적이며 많은 연구가 진행되고 있다. 나트륨을 포함한 양극 활물질을 제조하여 용량과 전압 그리고 수명특성까지 연구되고 있다. 앞으로 더욱 좋은 결과가 나오기를 기대해 본다.

좋은 전지는 많은 에너지를 저장하면서도 오랫동안 사용할 수 있고, 친환경적이면서 가격이 저렴해야 한다. 이 모든 조건을 갖춘 만능전지를 개발하는 것은 힘들고 도전적인 과제이지만, 이러한 연구의 방향성을 지속적으로 추구해야 한다. 우리나라의 리튬이온전지 산업기술은 세계적인 수준이나 리튬과 같은 핵심소재는 대부분 수입에 의존하고 있다. 소재 확보 여부에 따라 우리가 가지고 있는 전지 기술의 가치 및 활용이 변동될 수도 있으며, 이는 미래 전지산업에 큰 걸림돌이 될 수 있다. 이를 대비해서 우리나라가 상시 확보 가능한 소재를 이용하는 전지 기술 개발이 계속되어야 한다.

PART₀₂ Summary

CHAPTER 01 2차전지 4대소재

2차전지를 구성하는 핵심 4대소재의 특성에 관하여 세부적으로 설명하였다. 특히, 셀 연구개발 직무를 희망하는 지원자에게 도움이 되도록 하였다.

CHAPTER 02 2차전지 셀 설계

배터리 설계에 필요한 기초항목을 배움으로써 배터리 원리를 정확히 숙지해야 한다. 배터리 연구개발/기술 직무를 희망할 경우 기초가 되는 내용으로 제시하고 있다.

CHAPTER 03 2차전지의 미래

배터리가 나아갈 방향에 관하여 서술하였으며, 배터리 기업의 전략과도 연계된다. 세부 기술적인 부분은 셀과 관련되나, 전략적인 내용은 전 직무에 필요한 항목이므로, 전반적인 이해도를 높이면 좋겠다.

관련 전공·직무 Check

관련 전공					
■ 전기 · 전자	■ 기계	■ 화학 · 화공	■ 금속 · 재료 · 신소재	■ 섬유 · 고분자	▢ 제어
▢ 건축 · 토목	▢ 환경 · 안전 · 산업	▢ 컴공 · 전산	▢ 수학 · 통계	▢ 물리	

관련 직무					
■ 연구개발	■ 생산기술	▢ 설비 · Utility	■ 공정 · 설비 설계 및 제어	▢ 공무 · 환경	■ 생산 관리
■ 품질	▢ 구매	■ 영업 · 마케팅	▢ 기획	▢ 경영 관리 · 지원	

PART 03

2차전지 공정 및 평가

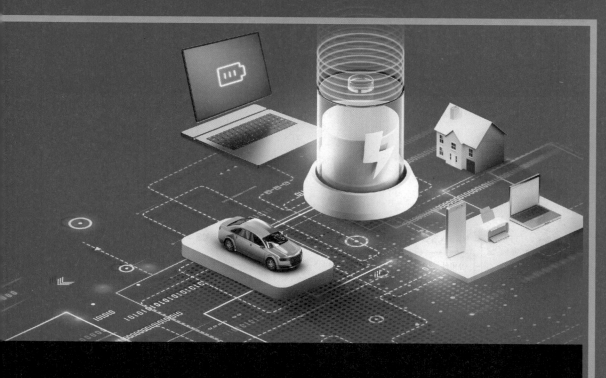

이공계 취업은 렛유인 WWW.LETUIN.COM

CHAPTER 01 2차전지 생산/제조

핵심요약 →

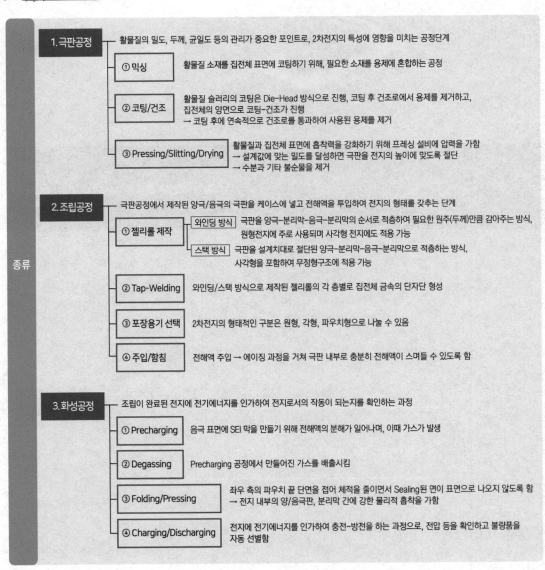

종류

1. 극판공정 — 활물질의 밀도, 두께, 균일도 등의 관리가 중요한 포인트로, 2차전지의 특성에 영향을 미치는 공정단계

- **① 믹싱** — 활물질 소재를 집전체 표면에 코팅하기 위해, 필요한 소재를 용제에 혼합하는 공정

- **② 코팅/건조** — 활물질 슬러리의 코팅은 Die-Head 방식으로 진행, 코팅 후 건조로에서 용제를 제거하고, 집전체의 양면으로 코팅-건조가 진행
  → 코팅 후에 연속적으로 건조로를 통과하여 사용된 용제를 제거

- **③ Pressing/Slitting/Drying** — 활물질과 집전체 표면에 흡착력을 강화하기 위해 프레싱 설비에 압력을 가함
  → 설계값에 맞는 밀도를 달성하면 극판을 전지의 높이에 맞도록 절단
  → 수분과 기타 불순물을 제거

2. 조립공정 — 극판공정에서 제작된 양극/음극의 극판을 케이스에 넣고 전해액을 투입하여 전지의 형태를 갖추는 단계

- **① 젤리롤 제작**
  - **와인딩 방식** — 극판을 양극-분리막-음극-분리막의 순서로 적층하여 필요한 원주(두께)만큼 감아주는 방식, 원형전지에 주로 사용되며 사각형 전지에도 적용 가능
  - **스택 방식** — 극판을 설계치대로 절단된 양극-분리막-음극-분리막으로 적층하는 방식, 사각형을 포함하여 무정형구조에 적용 가능

- **② Tap-Welding** — 와인딩/스택 방식으로 제작된 젤리롤의 각 층별로 집전체 금속의 단자단 형성

- **③ 포장용기 선택** — 2차전지의 형태적인 구분은 원형, 각형, 파우치형으로 나눌 수 있음

- **④ 주입/함침** — 전해액 주입 → 에이징 과정을 거쳐 극판 내부로 충분히 전해액이 스며들 수 있도록 함

3. 화성공정 — 조립이 완료된 전지에 전기에너지를 인가하여 전지로서의 작동이 되는지를 확인하는 과정

- **① Precharging** — 음극 표면에 SEI 막을 만들기 위해 전해액의 분해가 일어나며, 이때 가스가 발생

- **② Degassing** — Precharging 공정에서 만들어진 가스를 배출시킴

- **③ Folding/Pressing** — 좌우 측의 파우치 끝 단면을 접어 체적을 줄이면서 Sealing된 면이 표면으로 나오지 않도록 함
  → 전지 내부의 양/음극판, 분리막 간에 강한 물리적 흡착을 가함

- **④ Charging/Discharging** — 전지에 전기에너지를 인가하여 충전-방전을 하는 과정으로, 전압 등을 확인하고 불량품을 자동 선별함

- 2차전지 제조공정을 학습하고, 원형/각형/파우치형 등 형태에 따른 내용을 이해하여야 한다.
- 제조사별 셀 제조(젤리롤) 방법을 학습하고, 장단점을 이해토록 한다.

2차전지는 모바일폰 등의 IT 분야뿐만 아니라 EV시장에서도 급속하게 성장하고 있다. 국내외의 2차전지 제조업체와 더불어 설비 및 소재업체에서도 투자를 활발히 진행하고 있다.

2차전지 제조는 일반적으로 극판공정, 조립공정, 화성공정의 3단계로 구분할 수 있다. 극판공정은 양극 활물질 또는 음극 활물질을 각각의 집전체(알루미늄 호일, 구리 호일)에 코팅하여 설계에 필요한 폭으로 잘라낸(이를 Slitting이라고 한다) 이후 건조된 상태로 만드는 과정을 말하며, 2차전지에서 가장 난이도가 높은 공정 중 하나로 아주 중요한 과정이다. 조립공정은 앞에서 만들어진 극판을 설계치에 필요한 양만큼 재단하여, 보관케이스에 삽입하는 과정을 말한다. 또한 전해액을 주입하고 전해액이 내부에 골고루 분산될 수 있도록 하는 에이징 과정까지 포함된다. 조립공정에서 전지의 젤리롤을 만드는 과정에서 와인딩 방식과 스택 방식으로 나뉘게 된다. 또한 보관 케이스에 따라 원형, 각형, 그리고 파우치형으로 나눌 수 있다. 마지막으로 화성공정은 만들어진 전지에 충방전을 통하여 2차전지가 설계된 전압과 용량을 구현하는지를 확인하고, 불량을 검출하는 과정이다. 2차전지는 최초 충전 시에 음극 표면에 폴리머 막이 형성되는데, 이를 SEI(Solid Electrolyte Interface) 막이라고 하며, 초기 충전 상태 및 조건이 중요한 요소가 된다. 최종적으로 확인된 양품은 고객이 원하는 충전 상태(보통 30~60% 충전된 상태가 장기 보관하기에 가장 안정된 충전량이다. 핸드폰을 처음 샀을 때 충전된 양을 생각해보면 된다)로 출하를 하게 된다. 다음 그림에 2차전지의 공정을 간단하게 나타내었다.

*
극판공정
Mixing → Coating → Pressing →
Slitting → Drying
(양/음극 활물질을 조합 → 필요한 설
계값에 맞는 코팅 → 제품 설계에 맞도
록 Slitting → 진공건조)
* Winding/Stacking 방식에 따라 코
  팅에 차이가 있음

조립공정
Winding(or Stacking) → J/R
Press → X-ray 검사 → Pouch
Forming → 전해액 주액 →
Degassing → Sealing → Curing
* 세부 공정은 기업체의 조건에 따라
  상이함

화성공정
Aging(상온) → 충방전 → [Aging(고
온) → 충방전] → 검사 및 출하
* 세부 공정은 기업체의 조건에 따라
  상이함

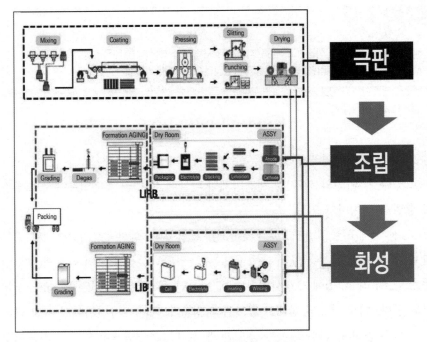

[그림 1-1] 2차전지 공정 과정*

1. 극판공정

2차전지의 극판공정은 재료의 약품조합(Mixing)-코팅(Coating)-프레싱
(Pressing)-슬리팅(Slitting)-건조(Drying)의 순서로 구분할 수 있다. 극판공
정에서는 활물질의 밀도, 두께, 균일도 등의 관리가 중요한 포인트로, 그만큼
2차전지의 특성에 영향을 미치는 중요한 공정단계이다. 각 단위공정별로 살펴
보도록 하자.

ㄱ 원료의 종류 및 기능

극판공정의 제작 공정에 들어가기 전에 극판에 사용되는 소재들의 특성을 먼
저 확인해보도록 하자. 극판공정은 양극극판과 음극극판으로 구분되며, 양극극
판에 필요한 소재로는 양극 활물질, 도전제 , 바인더 그리고 물질들을 슬러리 상
태로 만들기 위한 유기용매가 있다. 각 물질의 특성은 다음과 같다.

- 양극 활물질: 물질 내에 리튬을 포함하고 있으며, 전압인가 시 활물질의 격자로부터 리튬이온으로 발생되어 음극으로 이동하는데, 이동량에 따라 용량이 결정된다. 또한, 격자로부터 리튬이온으로 발생 시에 필요한 에너지가 전압을 결정하게 된다. 즉, 양극 활물질에서 용량과 전압이 결정되는 이유이다. 양극 활물질에는 다양한 종류가 있는데, 그중 EV용으로는 NCM, NCA, LFP의 조성물질이 주로 활용되고 있다.

- 도전제: 2차전지는 충방전 시 극판의 집전체에서 활물질 전체로의 전자의 이동이 원활해야 리튬이온 이동과 동시에 전자가 이동하게 되는데, 이때 양극 활물질 입자 간에 전자의 이동을 도와주기 위한 역할을 하게 된다. 도전제는 Carbon Black, CNT 등 탄소로 구성된 물질이 주로 쓰이고 있다.

- 바인더: 극판의 제작은 집전체 위에 활물질과 도전제 코팅방식으로 진행하게 되는데, 코팅공법을 하기 위해서는 점성이 있는 액체로 만들어야 하며, 이때 적당한 점성을 유지하기 위하여 유기바인더를 사용하게 된다. 일반적으로 PVdF(Polyvinylidene Fluoride) 등의 바인더가 일반적이다.

- 유기용매: 활물질, 도전제, 바인더를 녹일 수 있는 NMP(N-methylpyrrolidone)가 일반적으로 사용된다.

음극극판에 사용되는 물질로는 음극 활물질, 바인더/계면활성제 그리고 용제가 사용된다. 각 물질의 특성은 다음과 같다.

- 음극 활물질: 양극에서 이동한 리튬이온을 저장하는 역할을 하게 되므로, 리튬이온을 전하적으로 안정한 상태로 유지할 수 있어야 하고 단위 그램당 많은 양의 리튬이온을 함유할 수 있으면 좋으며 이는 음극 활물질의 용량이 된다. 일반적으로 음극 활물질로는 흑연이 활용되며, 흑연은 탄소가 층상형으로 배치된 구조를 가진다. 흑연은 양극 활물질과 다르게 기본적으로 도전성이 좋아(샤프심에도 전류가 흐른다) 도전제를 많이 필요로 하지 않는다.

- 바인더/계면활성제: 바인더의 용도는 양극극판과 동일하며, 일반적으로 용매로는 순수물을 사용하게 되는데, 이때 바인더는 물에 녹는 수계의 SBR(Styrene Butadiene Rubber)을 사용하며, 흑연입자 간의 바인더 특성을 향상하기 위하여 CMC(Carboxy Methyl Cellulose) 계열의 계면활성제를 사용한다. 흑연입자의 표면에 계면활성제인 CMC가 먼저 코팅되

면 수계바인더인 SBR이 흑연입자를 단단히 잡아주게 되는 원리이다.

[그림 1-2] 전극의 구성(위) 및 원료의 종류(아래)

ⓛ 믹싱공정

첫 번째 Mixing공정은 활물질 소재를 집전체(양극은 알루미늄 호일, 음극은 구리 호일) 표면에 코팅하기 위해, 필요한 소재를 용제에 혼합하는 공정이다. 활물질은 입자 간 접착력이 없으므로 접착력을 부여하기 위하여 Binder를 첨가하고, 양극 활물질은 도전적 특성을 가지지 못하므로 도전제를 추가로 첨가하여야 한다. 공정에 필요한 소재의 용량을 용제에 투입하고 믹싱 장비에서 충분히 혼합하여 코팅에 필요한 점도, 분산성을 확보한다. 이렇게 믹싱된 양극/음극 활물질 슬러리는 코팅 설비로 이송된다.

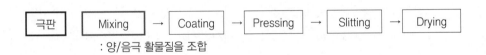
: 양/음극 활물질을 조합

[그림 1-3] Mixing공정*

양극: 용제 + Binder + 도전제 + 양극
활물질 → 균일 분산 및 유동성 확보
음극: 용제 + Binder + 음극 활물질 →
균일 분산 및 유동성 확보
* 점도, 고형분, 분산성 등 기본 물성 확보

ⓒ 코팅/건조공정

양극 활물질은 알루미늄금속 집전체, 음극 활물질은 구리금속 집전체 표면에 양면을 코팅 하게 된다. 활물질 슬러리의 코팅은 Die-Head 방식으로 진행되며, 코팅 후 건조로에서 용제를 제거하고, 집전체의 양면으로 코팅-건조가 진행된다.

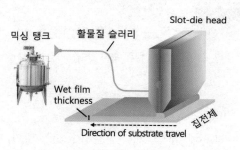

[그림 1-4] Die-Head 방식

코팅막의 균일도와 막표면 특성이 중요한 관리 항목이다. 양극막의 코팅공정에서는 슬러리액의 균일한 토출이 될 수 있도록 설비의 조정 및 점도/고형분 등을 포함한 슬러리 특성의 관리가 중요하다. 즉, 믹싱공정의 슬러리 물성이 코팅막의 특성에 영향을 미치므로 전후 공정의 특성을 비교 검토하면서 관리하여야 한다.

코팅 후에 연속적으로 건조로를 통과하여 사용된 용제를 제거하게 된다. 건조 후에 샘플링 검사를 통해서 건조 두께 및 두께 균일도를 확인하여 원하는 품질이 확보되는지 확인한다. 건조는 사용되는 물질의 종류 등에 따라 건조시간 및 온도를 조정하여 진행한다.

: 양/음극 활물질을 필요한 설계에 맞게 코팅 진행

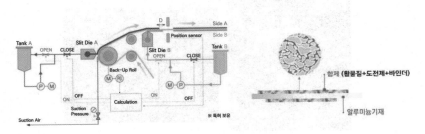

[그림 1-5] Coating공정[*]

[그림 1-6] 극판 코터^{**}

ⓔ Pressing/Slitting/Drying공정

건조된 극판은 설계치에 맞는 두께를 확보하고 활물질 간/집전체와의 흡착력을 강화하기 위하여 프레싱 설비에서 압력을 가하게 된다. 활물질과 집전체 간, 또는 활물질 입자 간에 접착력이 약하게 되면 전지의 제조공정 또는 지속적인 충방전 시 결합이 약해져 전기적인 특성을 유지할 수 없게 된다. 유기물인 바인더를 첨가하지만, pressing공정에서 물리적인 압착을 통해 결착력을 향상시키고 부피를 감소시킬 뿐만 아니라 지속사용에 따른 수명특성을 향상시킨다. 설계값에 맞는 밀도를 달성하면, 극판을 전지의 크기에 맞도록 절단하게 되는데, 이를 Slitting이라고 한다. 극판 원판을 폭 방향으로 설계치에 맞도록 절단한 후에 수분 및 기타 불순물을 제거하기 위하여 마지막 공정인 Drying공정을 거친다. 진공상태, 그리고 80℃ 수준의 적당한 온도하에 보관하여 수분 및 용제 등을 완전히 제거하는 것이 목적이다.

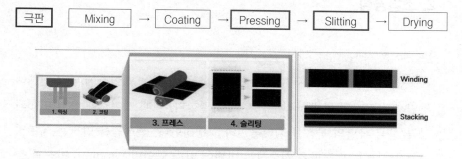

Pressing: 양/음극 활물질의 치밀도
향상, 극판과의 밀착성 향상
Slitting: 제품 설계에 맞는 사이즈로
절단(가로 방향으로 진행)

**
출처: (주)피엔티 홈페이지

[그림 1-7] Pressing공정, Slitting공정*

[그림 1-8] 프레스 공정_극판 압연기**

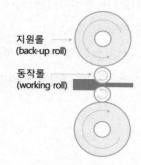

[그림 1-9] 프레스 공정_압연 공정

2. 조립공정

㉠ 젤리롤(Jelly-roll) 제작 및 구분

조립공정은 극판공정에서 제작된 양극/음극의 극판을 케이스에 넣고 전해액을 투입하여 전지의 형태를 갖추는 단계를 말한다. 이때 케이스에 삽입하게 되는 양극/음극 극판의 묶음을 젤리롤이라고 명칭한다. 젤리롤을 만드는 세부적인 과정을 살펴보면 극판을 적층하는 방법에 따라 와인딩(Winding) 방식과 스택(Stacking) 방식으로 나눌 수 있다. 이렇게 만들어진 젤리롤은 캔타입의 케이스에 넣는 방식과 pouch에 넣는 방식으로 나눌 수 있다. 케이스에 삽입 후에 전해액을 투입하는 과정인 주입공정, 그리고 함침과정을 거친 뒤에 화성공정을 진행하게 된다. 앞에서도 설명하였지만, 젤리롤은 양극/음극 극판을 배터리 설계 사이즈로 slitting 후 와인딩 방식 또는 스택 방식으로 양/음극/분리막을 적당한 두께로 적층한 묶음을 말한다.

㉡ 와인딩과 스택 방식 비교

먼저 와인딩 방식을 살펴보도록 하자. 극판을 양극-분리막-음극-분리막의 순서로 배열하여 필요한 원주(두께)만큼 감아주는 아주 간단한 방식으로, 원형 전지에 주로 사용된다. 제조업체에 따라서 사각형의 전지에 와인딩을 사용하기도 한다. 와인딩 중심의 지그를 원통형을 사용하느냐 직사각형을 사용하느냐에 따라 원통형과 사각형의 젤리롤을 만들 수 있다. 다음 그림에서 와인딩 방식에 따른 젤리롤 제작 방식을 나타내었다. 양극극판-분리막-음극극판-분리막의 4종류를 겹치게 말아주면 양/음극극판 사이에 분리막이 존재하는 형태의 젤리롤을 만들 수 있다.

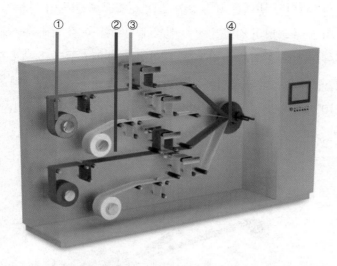

[그림 1-10] 와인딩 방식에 따른 젤리롤 제작 방식(① 양극, ② 음극, ③ 분리막(흰색), ④ 젤리롤)

이에 반해 스택 방식은 극판을 설계치대로 절단된 양극–분리막–음극–분리막으로 적층하며, 사각형을 포함하여 무정형구조에 적용 가능하다. 각 공법에 따라 장단점이 있으며, 제조업체에 따라 선택적으로 적용하여 사용된다. 스택 방식의 가장 간단한 원리는 다음의 그림과 같다.

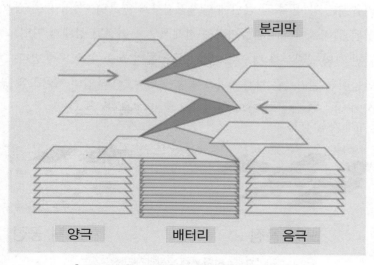

[그림 1-11] 스택 방식에 따른 젤리롤 제작 모식도

와인딩과 스택 두 가지 방식에 따른 조립공정을 간단히 요약해 보자.

● 와인딩: 와인딩 방식은 활물질이 길이 방향으로 코팅이 나누어져 있다. 나누어진 이 코팅의 길이가 전지 설계에 필요한 총 길이에 해당하며, 비코팅부에 도선으로 전자가 이동할 수 있도록 탭(Tap)을 용접으로 연결하여 준다. 양극과 음극의 극판에 동일한 방식으로 탭을 용접 부착하여 자동조립 설비에서 양극/음극/분리막을 공급하여 와인딩하여 만들어지며, 이렇게 만들어진 것이 젤리롤이다.

[그림 1-12] 와인딩 방식의 젤리롤

● 스택: 스택 방식은 노칭공정을 통해서 양/음극 각 극판을 전극의 형상에 맞도록 Slitting하고, 분리막을 지그재그 형태로 적층하여, 층간 사이에 양/음극을 넣어 전체적으로 젤리롤을 완성하는 방식이다. 스택 타입의 젤리롤에는 양/음극 각 극판에 단자연결부가 있으며, 여러 층이 겹쳐진 완성된 젤리롤에서 극판들끼리는 전체적으로 연결된 상태가 아니므로, 각 극판 간의 단자부를 탭으로 연결하여 전류가 흐를 수 있도록 한다. 이렇게 만들어진 젤리롤은 보관케이스에 넣게 되며, 캔 타입의 케이스에 넣을 것인지 파우치 타입에 넣을 것인지에 따라 구분된다.

노칭 공정

스택 공정

[그림 1-13] 스택 방식의 젤리롤

ⓒ 젤리롤의 특성 검토

2차전지 설계파트에서 설명하였듯이 양음극의 용량비율을 N/P 비라고 정의하여 음극의 용량을 10% 이내에서 양극 대비 많이 사용하게 된다. 또한 사이즈 면에서는 양극보다 음극 극판을 크게 사용하고, 분리막은 음극보다도 크게 사용하게 된다. 이는 젤리롤 제작 시에 설비의 공차한계를 감안하여 양극극판의 끝단부가 음극끝단보다 벗어나지 않도록 하기 위해서이다. 즉, 와인딩에서는 빗감김이라고 하며, 설계치 이상을 벗어나지 않도록 전수 검사를 하여 품질 관리를 한다.

ⓓ 단자형성 방법

와인딩 방식 또는 스택 방식으로 제작된 젤리롤에는 각 층별로 집전체 금속의 단자단이 만들어진다. 각 층별로 만들어진 단자부를 하나로 묶어서 양/음극 단자를 만들어 주어야 하는데, 이를 Tap-Welding 공정이라 한다. 일반적으로 레이저 또는 초음파 등을 활용하여 welding을 진행하게 된다. 아래 그림에 리드탭을 형성하는 방법을 설명하였다. 양/음극 극판에서 도출된 집전체를 묶어서 리드탭과 welding으로 연결시켜주게 된다. 이때 리드탭에는 일정 부분이 실란트 물질로 도포된 필름 형태로 되어 있는데, 이는 케이스인 파우치 필름과의 접촉 시 열로 녹여 완전밀봉을 하기 위함이다. 젤리롤의 종류에 따라 양/음극 단자가 같은 방향에 만들어질 수도 있으며 반대 방향일 수도 있다. 그러나 기본 원리는 동일하다고 이해하면 된다. 단지, 캔타입은 파우치와는 다르게 캔에 직접 접촉을 시켜야 하는 과정이 추가되며, 리드탭에 실란트 필름이 필요하지 않게 되는 것이 차이점이다.

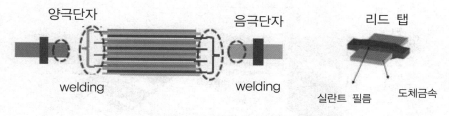

[그림 1-14] 리드탭을 형성하는 방법

ⓜ 포장용기에 따른 조립 방법

2차전지의 형태적인 구분은 원형, 각형, 파우치형으로 나눌 수 있다. 원형은 일상생활에서 많이 접하는 AAA 전지와 동일한 형상을 가지고 있으며, 상단돌출부가 양극, 하단부가 음극으로 내부 단자가 각각 극성에 맞게 용접되어 있다고 보면 된다. 각형은 4각형의 구조로 알루미늄 금속을 주로 사용하며, 캔과 캡을 외부업체에서 제작하여 반입하므로 조립공정이 상대적으로 간단하다. 반면, 알루미늄 파우치를 사용하는 경우에는 배터리 제작사에서 파우치 필름 원단을 성형하는 것부터 제작해야 하므로 상대적으로 공정수가 많다. 각형 또는 파우치형은 제조사별로 성능, 품질, 제조생산성, 원가 등을 감안하여 선택적으로 사용하고 있다.

- 캔 타입: 캔 타입인 경우 준비된 캔에 젤리롤을 삽입한 후에 어셈블리된 상부 커버와 양/음극 단자를 연결하고 조립을 진행한다. 상부 커버를 용접을 통하여 전해액을 주입 후, 양극 탭(+) 용접 및 상부커버를 밀봉한다.
- 파우치 타입: 파우치는 젤리롤이 삽입될 수 있도록 평면의 파우치를 금형으로 젤리롤 방을 만들어 준다. 만들어진 방에 젤리롤을 삽입한 후 반대편 파우치를 접어서 용접 후에 기본적인 형태를 만들어 준다. 이때 파우치의 크기를 젤리롤보다 크게 하여, Precharging 시 전해액의 분해로 발생되는 가스가 포집될 수 있는 가스 방을 만들어 준다. 가스 방은 전해액을 주입 후에 함침 및 Precharging 중에 발생되는 가스를 보관하는 곳으로, 조립 전에 배출을 하고 최종 과정에서 제거한다. 가스 방이 있는 파우치 타입을 만든 후 전해액을 투입하고, 에이징 과정을 거쳐 극판 내부로 충분히 전해액이 스며들 수 있도록 하며, 이를 함침이라고 명칭한다.

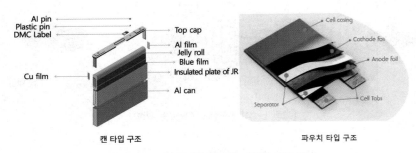

캔 타입 구조   파우치 타입 구조

[그림 1-15] 캔 타입 구조와 파우치 타입 구조

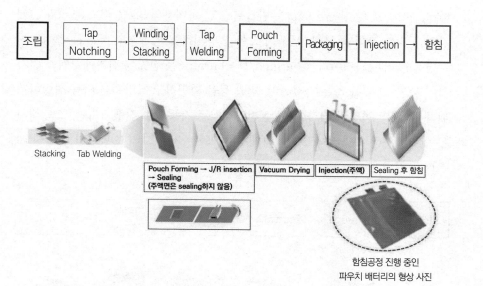

Stacking   Tab Welding

Pouch Forming → J/R insertion → Sealing (주액면은 sealing하지 않음) | Vacuum Drying | Injection(주액) | Sealing 후 함침

함침공정 진행 중인
파우치 배터리의 형상 사진

[그림 1-16] 조립공정*

*
Notching: 롤 타입의 전지 극판으로
부터 전지설계치에 맞는 사이즈로
Cutting 하는 공정
Tap: 극판의 알루미늄 또는 구리집전
체의 다단 부분
Tap Welding: Tap와 리드탭을 용접
하는 과정

**
Degassing, Folding/Pressing은 파
우치타입 제품에 적용하는 공정으로,
원형 및 캔타입 제품에는 적용하지 않
음
※ 제조사별 제품종류별 세부공정은
   상이할 수 있음

3. 화성공정**

화성공정은 조립이 완료된 전지에 전기에너지를 인가하여, 리튬을 음극으로 이동시키며 전지를 활성화 시키고, 작동이 되는지를 확인하는 과정이다. 전지의 종류(원형, 각형, 파우치형)에 따라 프로세스는 차이가 나며, 파우치의 일반적인 진행 과정을 보면, precharging-degassing-folding/pressing-charging/ discharging으로 구분된다. Precharging에서는 음극 표면에 SEI 막을 만드는 것이 중요한 역할을 하는데, SEI 막을 만들기 위해서는 전해액의 분해가 일어나며 이때 가스가 발생된다. 이렇게 만들어진 가스는 배출시켜야 하므로 degassing공정이 추가된다. SEI 막의 형성 상태는 전지의 충방전이 반복될 시 추가적인 전해액의 분해에 영향을 주므로, 음극 표면에 균일한 막을 만드는 것이 중요하다. 전지의 수명에 중요한 과정이므로 많은 회사들이 균일한 막을 만드는 공정개발에 노력을 하고 있다. 예를 들면 파우치 전지의 균일한 압착과 불순가스의 충분한 제거를 위해서 Precharging 중에 압착을 가하는 방식을 사용하기도 한다. Degassing이 완료되면 파우치 전지의 가스 방을 제거하고 좌우 측의 파우치 끝단면을 접어서 체적을 줄이면서 Sealing된 면이 표면으로 나오지 않도록 하는데, 이를

folding이라고 한다. pressing은 만들어진 전지 내부의 양/음극판, 분리막 간에 강한 물리적 흡착을 하여, 부풀어 오름을 방지하고 설계값인 두께를 조정하여 수명을 늘리는 과정이다. Charging/Discharging은 전지에 전기에너지를 인가하여 충전-방전을 하는 과정이며, 전압 등을 확인하고 불량품을 자동 선별하게 된다. 마지막 공정인 검사/출하는 전압검사는 자동으로 진행되지만, 스크래치 등 외관검사는 육안검사로 진행하게 되며, 외관 치수 그리고 필요한 안전성 테스트를 거치게 된다.

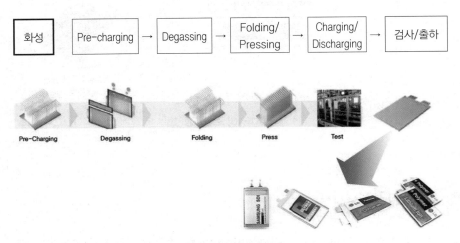

[그림 1-17] 화성공정*

*
Pre-charging: SEI 막을 형성, 최초 충전 시 발생되는 부반응 gas 발생
Degassing: 초기 충전 시 발생된 부반응 gas를 제거하는 공정
(H_2, CO, CO_2, CH_4, …)
Folding: 고객이 요구하는 외관 Spec을 맞추기 위하여 전지의 양쪽 Side를 접는 공정
Press: Cell의 평탄화 작업(두께 및 충전 시 Cell 휨 보완)

4. 2차전지의 제조 공법 비교

(1) 각 사별 전지(셀) 제조

2차전지의 충방전을 발생시키는 극판의 젤리롤 구조가 제조사별로 상이한 경우가 있다. 원통형 전지의 경우는 긴 극판을 원형으로 감은 구조인 와인딩 방식으로 제작되는 구조이나, 원통형이 아닌 구조에서는 와인딩 방식과 스택 방식이 사용되고 있다. 각 사별로 제품 구조 및 특성에 따라서 일부 혼용되고 있으나, 메인제품은 대체적으로 다음 표에 나타낸 바와 같다. 제품의 성능, 안정성 그리고 생산성 관점에서 신규라인 투자 시에는 성능 및 품질의 선택에 따라 공법의 변경도 가능할 것으로 예상된다.

〈표 1-1〉 한국 3사 전지(셀) 제품 구조

구분	삼성 SDI	LG 에너지솔루션	SK온
원형	Winding	Winding	–
각형	Stacking	Stacking*	–
폴리머	Winding	Stacking*	Stacking

LG 에너지솔루션: 자체 고유의
Stacking & Folding 방식 적용

[그림 1-18] 와인딩 방식과 스택 방식

와인딩과 스택은 구조에 따라 장, 단점이 뚜렷이 구분된다. 와인딩의 경우 극판을 따로 재단하지 않고 감을 수 있어 제조 속도를 비롯한 생산성이 좋아 가격을 저렴하게 만들기가 유리하다. 하지만 구조상의 한계로 에너지 밀도나 수명 특성이 스택 방식보다 떨어진다. 스택의 경우는 극판을 자르는 공정(노칭 공정)이 추가될 뿐만 아니라 극판을 한 장씩 쌓는 공정이 와인딩보다 오래 걸려 생산성이 떨어진다. 하지만 구조상 에너지 밀도, 수명 특성이 우수해 생산성 및 제조 비용 측면에서 불리함에도 한국의 3사는 전기차용 파우치형, 각형 배터리에 스택 방식을 적용하여 고성능 배터리를 제조하고 있다.

〈표 1-2〉 와인딩 방식과 스택 방식에 따른 생산성, 성능/품질 비교

구분	Winding	Stacking	비고
적용	원형, 각형, 폴리머	각형, 폴리머	제조사별 적용방식이 상이
생산성			
양품율(제조)	Good	Bad	공정수 증가에 의한 불량증가 가능성
제조원가	Good	Bad	투자비, 공정수 증가
Size Flexibility	Limited	Exellent	무정형 셀의 제작 가능성 차이
성능			
용량		Good	Dead-Space 최소화
출력		Good	전류의 흐름이 원활(용량이 클수록 유리)
품질			
장기수명		Good	충방전 시 부피팽창에 의한 물리적 충격 차이
안정성 측면		Good	

쉬어가는 잡학

예전에는 휴대폰에서 배터리가 분리 가능하도록 된 형태였으나, 최근에는 인베디드(매립형) 형태가 대부분이다. 교체가 가능했던 배터리는 각형이고, 인베디드용 배터리는 폴리머형(파우치형)이다. 교체형에서 인베디드 타입으로 전환된 이유가 무엇인지 알아보자. 배터리 측면에서 보면, 각형은 알루미늄 캔을 사용하므로 금형제조 시 알루미늄 캔의 알루미늄 두께를 적정량 이하로 낮출 수가 없으나, 폴리머형(파우치형)에서는 두께 조절이 용이하므로 전지의 효율이 유리한 측면이 있다. 또한 각형은 배터리의 절대 두께를 낮출 수가 없는 반면, 파우치 타입은 두께 설계에 상당히 자유도가 있으므로, 휴대폰 등의 제품 설계의 자유도가 높아진다. 예를 들어, 두께를 낮추고 가로/세로의 크기를 키우는 설계도 가능하게 되어, 휴대폰의 설계 자유도가 높아지는 것이다. 휴대폰 성능 측면에서는 교체형 배터리를 사용할 경우 커브를 열고 닫게 되므로, 방수설계 및 먼지 방지 설계가 힘들게 된다. 그러나 인베디드 형태는 배터리를 소비자가 분리할 수 없으므로 휴대폰 설계단계에서 방수/먼지 대응 설계가 가능하게 된다. 이러한 이유 등으로 휴대폰의 베터리는 교체 가능한 각형 배터리에서 인베디드(일체형) 형태로 변화되었다.

핵심요약 →

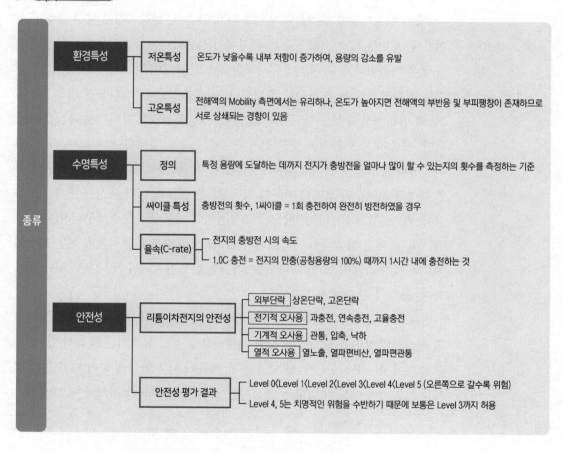

환경특성	저온특성	온도가 낮을수록 내부 저항이 증가하여, 용량의 감소를 유발	
	고온특성	전해액의 Mobility 측면에서는 유리하나, 온도가 높아지면 전해액의 부반응 및 부피팽창이 존재하므로 서로 상쇄되는 경향이 있음	

종류

환경특성
- **저온특성** : 온도가 낮을수록 내부 저항이 증가하여, 용량의 감소를 유발
- **고온특성** : 전해액의 Mobility 측면에서는 유리하나, 온도가 높아지면 전해액의 부반응 및 부피팽창이 존재하므로 서로 상쇄되는 경향이 있음

수명특성
- **정의** : 특정 용량에 도달하는 데까지 전지가 충방전을 얼마나 많이 할 수 있는지의 횟수를 측정하는 기준
- **싸이클 특성** : 충방전의 횟수, 1싸이클 = 1회 충전하여 완전히 방전하였을 경우
- **율속(C-rate)**
  - 전지의 충방전 시의 속도
  - 1.0C 충전 = 전지의 만충(공칭용량의 100%) 때까지 1시간 내에 충전하는 것

안전성
- **리튬이차전지의 안전성**
  - 외부단락 : 상온단락, 고온단락
  - 전기적 오사용 : 과충전, 연속충전, 고율충전
  - 기계적 오사용 : 관통, 압축, 낙하
  - 열적 오사용 : 열노출, 열파편비산, 열파편관통
- **안전성 평가 결과**
  - Level 0⟨Level 1⟨Level 2⟨Level 3⟨Level 4⟨Level 5 (오른쪽으로 갈수록 위험)
  - Level 4, 5는 치명적인 위험을 수반하기 때문에 보통은 Level 3까지 허용

- 2차전지의 사용 환경에 따른 용량 및 전압 특성을 이해하도록 한다.
- 2차전지의 사용 횟수에 따른 용량 변화를 학습하고, 원인에 대하여 이해한다.
- 사례로 보는 안전성의 중요성을 이해하고, 평가 방법을 학습한다.

1. 환경특성(저온/고온)

2차전지는 다양한 환경하에서 사용되고 있으며, 환경조건에 따라 특성이 상이하다. 모바일 IT 기기를 저온의 환경에서 사용한다거나, EV용 자동차를 온도가 낮은 겨울이나 추운 지역에서 사용할 경우에 용량이 감소하는 등 환경조건에 따른 리튬전지의 용량 변화가 존재한다. 저온특성은 IT 기기용인 경우 −10~20℃의 범위에서 특성을 확인하고 있으며, EV용은 −30℃ 범위까지 특성을 검증하며, 제품의 사용 환경에 따라 전지의 검증 온도도 정해진다. −20℃~60℃ 범위에서의 온도별 방전 특성을 다음 그림에 나타내었다. 25℃ 이상에서는 유사한 특성을 보여주지만, 0℃ 이하의 저온에서는 온도에 따라 특성이 변하는 것을 알 수 있다. 저온에서의 용량감소는 2차전지에 사용되는 물질로부터 이해할 수 있는데, 액체인 전해액이 저온에서의 Mobility 감소로 리튬이온의 이동 특성이 온도에 따라 급격히 변화하기 때문이다. 즉, 온도가 낮을수록 내부 저항이 증가하여, 용량의 감소를 유발한다.

반대로 고온특성은 전해액의 Mobility 측면에서는 유리하나, 온도가 높아지면 전해액의 부반응 및 부피팽창이 존재하므로 서로 상쇄되는 경향이 있어, 용량 측면에서는 유사한 결과를 보여준다. 제품의 사용 환경에 따라 재료 등의 설계를 보완하여 온도의 영향을 개선하는 것이 향후 중요한 과제가 될 것이다.

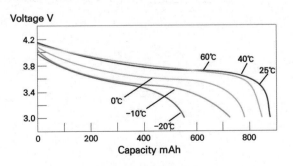

[그림 2-1] 2차전지 온도별 특성

2. 수명특성

전지의 수명특성은 특정 용량에 도달하는 데까지 전지가 충방전을 얼마나 많이 할 수 있는지의 횟수를 측정하는 기준이다. 전지의 수명은 일반적으로 싸이클 특성이라고 하며, 충/방전의 횟수를 나타낸다. 1싸이클의 의미는 1회 충전하여 완전히 방전하였을 경우를 말하여, 충전 및 방전의 기준도 별도로 정해진다. 예를 들어 급속충전 또는 급속방전을 하게 되면 용량뿐만 아니라 수명의 용량특성도 변하게 되므로, 충방전의 조건 명기도 중요한 기준이 된다.

수명특성에 영향을 미치는 인자

전지의 수명특성에 영향을 주는 인자는 전지를 구성하고 있는 주요 물질에 기인하는 것과 셀 설계에 관련된 인자로 나눌 수 있다.

전지를 구성하고 있는 핵심소재는 양극 활물질, 음극 활물질, 분리막, 전해액 등의 4대소재이며, 재료의 다양한 원인에 기인하는 수명열화 특성은 소재를 개선하여야만 수명특성이 개선된다. 설계에 기인하는 인자는 양극과 음극의 전기화학적 특성의 밸런스가 맞지 않아서 발생하는 것이 대부분이다. 양/음극 활물질 개별로는 우수한 물질이라고 하더라도, 전지를 만들 경우에 반드시 좋은 특성을 보이는 것은 아니다. 전지의 설계는 공정과 경험에 의존하는 경우가 많으며, 이는 전지의 설계가 어려운 이유 중의 하나이다. 수명은 서서히 용량이 감소하는 경우가 있는 반면에, 어느 순간에 급격한 용량 감소가 일어날 수도 있다. 서서히 발생하는 용량 감소는 일반적인 전지의 형태를 보여주지만, 급속한 감소는 리튬금속의 석출이 발생된다거나 전극 극판의 균일성이 무너지는 경우 등 특정한 원인계에 의하여 발생되는 경우가 많다.

다음 그림은 이와 같은 경우에 발생할 수 있는 수명그래프이다.

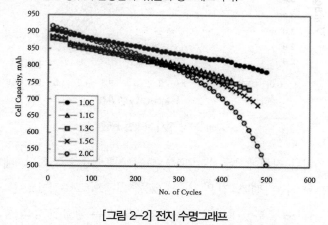

[그림 2-2] 전지 수명그래프

(1) 율속(C-rate)

율속이란 전지의 충방전 시의 속도를 말하여, 충전 또는 방전 시 방전전류의 변화를 의미한다. 충방전의 속도를 C로 표현하며, C-rate라고 한다. 예를 들어 1.0C 충전은 전지의 만충(공칭용량의 100%) 때까지 1시간 내에 충전하는 것을 말하며, 동일하게 1.0C 방전은 충전된 전체 용량을 1시간 만에 사용하는 것을 의미한다. 0.5C 방전이면 2시간 동안 100%를 사용하는 것이고, 2C 방전이면 100%의 용량을 30분 동안 모두 사용하는 것을 말한다. 소형 IT 기기용 전지에서 표준 충전은 0.2C를 기준으로 하였으나, 최근 급속충전의 필요성에 따라 1.0C 뿐만 아니라 1.5C 이상의 측정 data를 필요로 하고 있다.

또한 사용제품에 따라 급속충전 및 급속방전(고출력)이 필요한데, 소형전지 에서는 전동공구 또는 청소기용 전지 등이 이에 해당된다. 경우에 따라 10C 이 상의 출력이 요구되기도 한다. 율속별 용량을 그림으로 나타내면 다음과 같다.

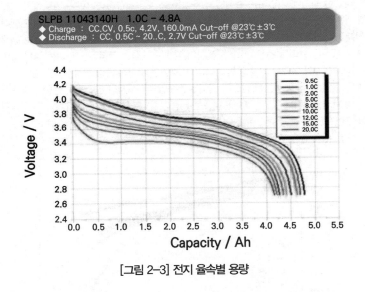

[그림 2-3] 전지 율속별 용량

또한 전기차용 전지에서는 순수 EV는 0.33C를 기준으로 하나, 배터리 용량 이 상대적으로 작은 PHEV 같은 경우 1.0C를 기준으로 측정 data를 필요로 한 다. 고율속에서도 충분한 용량을 구현하기 위해서는 활물질 등의 종류뿐만 아 니라 전지 극판 설계가 중요한 역할을 한다. 전자 및 리튬이온의 Path를 줄여줄 필요가 있으며, 극판의 두께 및 활물질의 입자형상, 표면상태 등 다양한 요인계 에 영향을 받는다.

3. 안전성(열적 특성/기계적 특성/전기적 특성)

리튬이온전지는 단위체적당 에너지의 급격한 증가를 보여 왔다. 즉, 제품에서 필요로 하는 용량 및 전압의 증가 요구가 있었으며, 이에 따른 전지의 고성능화가 진행되었다. 안전성 사고로는 1990년대에 음극에 리튬 금속을 사용한 Moli Energy에서의 폭발사고, 1995년도 Sony 공장에서의 화재사고, 1996년도 마쓰시다의 발화사고 그리고 그 후에 다수의 사고들이 있었다.

[그림 2-4] Sony 제작 배터리 리콜 발표

또한 소비자들이 사용하면서 발생한 다양한 종류의 발화사건이 있었으며, 그 중 2016년 삼성전자 핸드폰에서 발생한 사고로 인한 전 제품 리콜 및 판매중단은 엄청난 사회적 이슈화가 되었다.

이와 같이 2차전지의 안전성 사고를 경험함으로써 안전에 대한 경각심이 높아졌으며, 전지 설계 및 제조공정에서도 안전성을 제일 우선하고 있다. EV 시장의 성장과 함께 자동차용 전지의 안전성에도 경각심을 가지고 있으며, 교통사고 발생 시 배터리의 발화 또는 폭발로 이어지지 않도록 다양한 안전성 평가와 개선이 진행 중이다.

[그림 2-5] 갤럭시노트7 폭발 사태

리튬이차전지의 안전성은 크게 4종류로 나눌 수 있는데, 이는 외부단락, 전기적 오사용, 기계적 오사용, 열적 오사용이다.

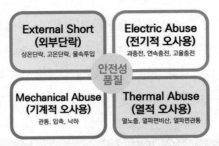

[그림 2-6] 리튬이차전지의 안전성

이러한 평가는 실사용에서 발생되는 다양한 종류의 발생가능 모드를 고려하여 국제평가 기준으로 분류하고 평가하고 있다. IEC 61960-1, IEC 61960-2, IEC 61960, IEC 62281의 국제규격과 미국의 UL(Underwriters Laboratories)에서 제정한 단체규격인 UL 1642와 UL 2054가 있다. 일본 및 한국 등에서도 각국에서 지정한 규격 및 국제규격을 사용하고 있다.

자동차용 전지(EV 및 HEV)에서도 평가법을 적용하고 있는데, USABC(US Advanced Battery Consortium)의 electrochemical storage system test procedure manual과 SAE의 시험규격인 J1798, 2288, 2464에 제시되어 있다. EV 및 HEV에 사용되는 전체의 전지에 해당되며, Cell, Module, Pack 3종류로 구분하여 시험한다.

〈표 2-1〉 EV 및 HEV 전지의 안전성 및 오용 시험

Mechanical Abuse Tests		Thermal Abuse Tests		Electrical Abuse Tests	
Tests	ECSS Level	Tests	ECSS Level	Tests	ECSS Level
Shock Tests	≥Module	Radient Heat Test	≥Cell	Short-circuit Test	≥Cell
Drop Tests	Pack	Thermal Stability Test	≥Cell	Partial Short-circuit Test	≥Module
Penetration Test	≥Cell	Compromise of Thermal Insulation	≥Module	Overcharge	≥Cell
Roll-Over Test	≥Cell	Overheat/ Thermal Test	≥Module	Overdischarge Test	≥Cell
Immersion Test	≥Module	Themal Shock Cycling	≥Cell	Extreme Cold Temperature Test	≥Cell
		Elevated Temp. Storage Test	≥Cell		

2차전지의 평가유형별 항목과 발생가능 모드는 다음과 같다. 이는 실제 사용 환경에서 발생 가능한 다양한 환경을 설정하고, 가장 유사한 평가를 진행하여 실사용 조건에서의 안전성을 확보하기 위함이다.

〈표 2-2〉 2차전지 평가유형별 항목 및 발생가능 모드

고장 Mode 구분		발생가능 Mode
전류 오용	과충전	충전기 고장
	과방전	역충전 오류
외부 단락	외부 단자 연결	와이어 등에 의한 단락
	물에 투입	물에 빠뜨림
열적 환경	열노출	고온 환경에 방치
	Hot Plate	고온철판에 방치
	고온/고습	고온/고습 환경에 방치
기계적 충돌	압축	두께를 줄이는 압착
	충돌	철봉으로 찌그러뜨림
	관통	못으로 관통 또는 반관통
	낙하	일정 높이에서 낙하

안전성 평가 결과에 대한 정의는 단계별로 나누어진다. 발생 현상에 따라 수준을 정의한 결과가 〈표 2-3〉에 제시되어 있으며, 이때 Level 4, 5는 치명적인 위험을 수반하기 때문에 보통은 Level 3까지 허용하고 있다.

〈표 2-3〉 안전성 평가 결과

Level	Level 0	Level 1	Level 2	Level 3	Level 4	Level 5
	No Change	Leak	Smoke, ~ < 200℃	Smoke, ~ > 200℃	Fire	Explosion

(1) 과충전/과방전

과충전/과방전이 발생했을 때는 안전상 치명적인 사고가 발생하기도 하는데 셀에서는 무슨 일들이 발생할까? 일단 과충전이란 제조사가 정해놓은 용량, 전압 범위보다 더 많은 전기에너지를 투입했다는 뜻이다. 이때는 보통 양극 활물질에 있던 리튬이온이 정해진 것보다 많이 빠져나와 양극 활물질 구조가 무너지며, 열이 발생하고 화재가 일어나기도 한다. 반대로 과방전은 정해놓은 용량, 전압 범위보다 더 많은 전기에너지를 방출했다는 뜻이다. 정해진 것보다 더 많은 전기에너지를 만들어내기 위해 리튬이온이 아닌 음극의 집전체로 역할을 하는 구리 포일이 석출되기도 하여 문제를 일으킬 수 있다. 이러한 과충전/과방전 평가는 일반적으로 팩 단위에서 진행한다. 과방전 평가 시에는 과방전 보호회로가 작동하는 전압 범위까지의 방전을, 과충전 평가 시에는 충전 상한 전압에서의 과충전을 진행하여 안전성 유무를 판단한다. 리크에 따른 누액, 발연, 발화, 폭발 등이 없어야 한다. 경우에 따라 셀 상태에서 특정 전압까지 평가를 진행하는 경우도 있으며, 판단 기준은 동일하게 진행한다.

(2) Impact/Nail Penetration/Crush

해당 평가들은 실제 전기차나 핸드폰 등 배터리를 사용할 때 발생할 수 있는 상황(충격, 관통, 찌그러짐 등)들을 모사한 것이다. 이와 같은 평가들은 기계적 오사용에 해당되는 항목으로, 소형 전지의 경우 다음 그림과 같이 평가가 진행되며, 판단기준은 앞서 설명한 Level 3까지 허용 된다.

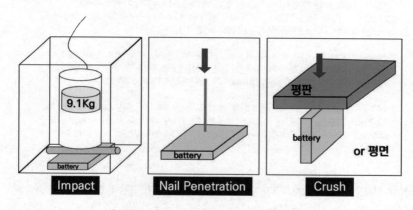

[그림 2-7] Impact/Nail Penetration/Crush

전지의 품질 평가는 검사기관에서 진행하나, 일부 대형전지 업체에서는 검사기관 승인으로 인정받아 자체적으로 평가를 진행하며, 평가결과 또한 인정된다.

배터리의 시장 불량은 어떤 유형이 있을까?

최근까지 2차전지를 사용하는 제품의 불량은 다양하게 발생되고 있는데, 명확한 원인이 나오지 않는 경우도 많이 있다. 외부의 예리한 침으로 핸드폰을 관통하여 발화까지 진행된 사례도 있으며, 핸드폰을 주머니에 넣고 있었는데 발열이 발생하였다는 사례 등도 있으나, 명확한 원인이 밝혀지지 않은 것이 대부분이다.

2017년도에 발생한 대형사건이었던 노트7 불량은 배터리 제조공정에서 발생되는 일부 불량품에 기인하는 것으로 알려졌다. 불량에 관련된 자세한 내용을 공식적으로 설명한 것은 다음과 같다. 그림을 포함한 상세한 설명은 해당 홈페이지에서 참고하기를 바란다.

갤럭시 노트7 분석 결과를 알려드립니다

2017/01/23
공유하기

삼성전자는 오늘(23일) 오전 개최된 갤럭시 노트7 프레스 컨퍼런스에서 제품의 소손 원인과 향후 재발 방지 대책을 발표했습니다. 삼성전자는 지난 수 개월간 완제품뿐 아니라 각 검증 단계와 제조·물류·보관 등 전 공정에서 총체적 조사를 실시했는데요. 갤럭시 노트7 소손 원인은 배터리 자체 결함으로 최종 분석됐습니다.

갤럭시 노트7에 탑재된 리튬 이온 배터리는 양극판과 음극판, 그리고 둘 사이의 분리막이 두루마리 형태의 일명 '젤리롤'로 말려 있고 이게 다시 파우치 안에 들어 있는 구조입니다. 문제가 발생된 배터리를 정밀 분석한 결과, 1차 리콜된 A 배터리와 2차 리콜된 B 배터리에서 서로 다른 현상이 발견됐습니다. 분석 결과는 아래 인포그래픽에서 확인하실 수 있습니다.

※해외 전문 기관들도 갤럭시 노트7에 대해 독립적 조사를 진행했습니다. 이번에 자체 조사가 실시된 기관은 △미국 안전규격과 인증 분야에서 최고 권위를 지닌 전문기관 'UL' △미국 과학기술 분야 분석 전문기관 '엑스포넌트(Exponent)' △독일에 본사를 둔 글로벌 검인증 기관 'TÜV 라인란드(TÜV Rheinland)' 등 3개입니다. 각 기관의 오늘 발표 자료는 기사 하단에서 직접 확인하실 수 있습니다

에너지저장장치에서도 발화사고가 발생하여 사회적 이슈화가 되었다. 한 해에 수십 건씩 발생하여 가동을 중단하는 사태까지 발생하였으며, 관련 공공기관의 원인 분석으로는 배터리 원인보다는 관리시스템에 더 무게를 두기도 하였다.

현재 사용되는 2차전지의 전해액은 대부분 유기 전해액을 사용하고 있으며, 증기압이 높기 때문에 사용 온도가 제한되고, 가연성을 나타낸다. 리튬이온배터리는 230℃ 정도의 온도에서는 점화원 없이도 자연발화가 가능하므로, 한 개의 배터리셀에서 발화가 되면 인접 배터리로 확산이 가능하며, 다음의 순서로 진행되어 순간적으로 급격한 화재로 확산될 수 있다.

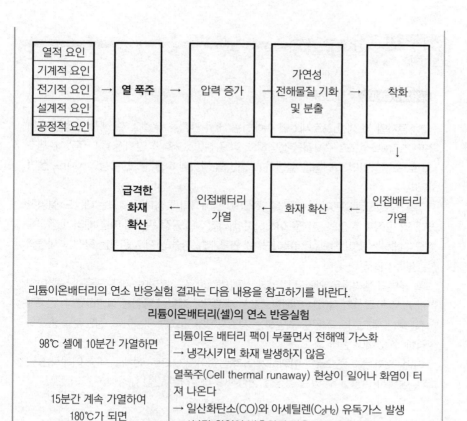

리튬이온배터리의 연소 반응실험 결과는 다음 내용을 참고하기를 바란다.

리튬이온배터리(셀)의 연소 반응실험	
98℃ 셀에 10분간 가열하면	리튬이온 배터리 팩이 부풀면서 전해액 가스화 → 냉각시키면 화재 발생하지 않음
15분간 계속 가열하여 180℃가 되면	열폭주(Cell thermal runaway) 현상이 일어나 화염이 터져 나온다 → 일산화탄소(CO)와 아세틸렌(C_2H_2) 유독가스 발생 → 1분간 화염이 방출하면 막을 소화장비는 없다 → ESS 화재는 열량이 높아 2~8시간까지 연소한다

CHAPTER 01 2차전지 생산/제조

2차전지의 셀 생산 프로세스를 이해하는 데 주안점을 두었다. 셀 생산 공정은 크게 극판–조립–화성으로 구분됨을 설명하고, 각 공정별로 세부적인 내용을 다루었다. 제조사별로 조립공법의 차이점을 설명하고, 공법의 차이에 따른 설계, 특성의 차이도 설명하였다.

각 공정별로 중요관리 항목을 설명하였으며, 배터리 특성과 연결되는 내용도 설명하였다. 각 공정과 특성의 연결을 이해하여 배터리 제조공정 관리에 따른 배터리 품질특성을 이해하는 것이 중요한 항목이다. 셀 연구개발/기술/품질 지원자는 공정과 제품의 연관성을 이해하면 좋다.

셀 내부의 젤리롤은 와인딩 방식과 스택 방식으로 구분되며, 제조 프로세스를 이해함과 동시에, 특성의 차이를 이해함으로서 제조사에 적합한 공정을 설명하였다. 연구개발 및 생산(제조)기술 직무를 희망하는 지원자에게 필요한 내용이며, 장단점을 충분히 설명할 수 있어야 한다.

이번 PART는 이론으로만 이해하기 어려운 점이 있으므로, 전체를 대충 이해하는 것보다, 정확히 설명할 수 있는 공정을 선정하여 숙달하면 면접 대응에 도움이 된다.

CHAPTER 02 2차전지 신뢰성/안전성

배터리 실사용 시 발생할 수 있는 수명, 온도별 특성, 안정성 등에 관하여 설명하였으며, 배터리의 향후 개선방향에 대한 이해를 돕고자 하였다. 배터리 전 직무에 필요한 내용으로 지원자들은 기본원리뿐만 아니라 시장에서 발생되는 문제점들을 숙지하여야 한다.

관련 전공·직무 Check

관련 전공					
■ 전기 · 전자	■ 기계	■ 화학 · 화공	■ 금속 · 재료 · 신소재	■ 섬유 · 고분자	☐ 제어
☐ 건축 · 토목	☐ 환경 · 안전 · 산업	☐ 컴공 · 전산	☐ 수학 · 통계	☐ 물리	

관련 직무					
■ 연구개발	■ 생산기술	☐ 설비 · Utility	■ 공정 · 설비 설계 및 제어	☐ 공무 · 환경	■ 생산 관리
■ 품질	☐ 구매	■ 영업 · 마케팅	☐ 기획	☐ 경영 관리 · 지원	

PART 04

2차전지 산업

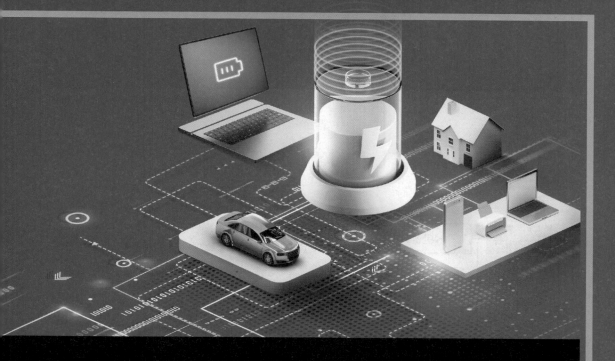

이공계 취업은 렛유인 WWW.LETUIN.COM

한권으로 끝내는 전공·직무 면접 2차전지

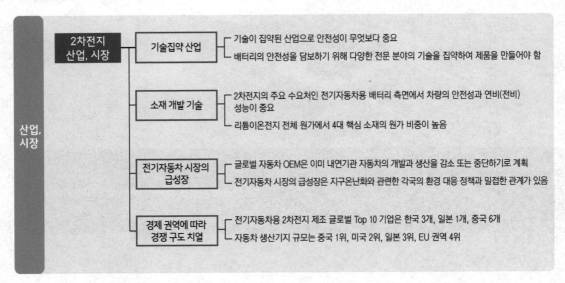

2차전지 산업, 시장	**기술집약 산업**	기술이 집약된 산업으로 안전성이 무엇보다 중요
		배터리의 안전성을 담보하기 위해 다양한 전문 분야의 기술을 집약하여 제품을 만들어야 함
	소재 개발 기술	2차전지의 주요 수요처인 전기자동차용 배터리 측면에서 차량의 안전성과 연비(전비) 성능이 중요
		리튬이온전지 전체 원가에서 4대 핵심 소재의 원가 비중이 높음
	전기자동차 시장의 급성장	글로벌 자동차 OEM은 이미 내연기관 자동차의 개발과 생산을 감소 또는 중단하기로 계획
		전기자동차 시장의 급성장은 지구온난화와 관련한 각국의 환경 대응 정책과 밀접한 관계가 있음
	경제 권역에 따라 경쟁 구도 치열	전기자동차용 2차전지 제조 글로벌 Top 10 기업은 한국 3개, 일본 1개, 중국 6개
		자동차 생산기지 규모는 중국 1위, 미국 2위, 일본 3위, EU 권역 4위

산업, 시장

1. 2차전지 시장의 특징

2019년 EV의 출하량이 급증하기 전까지 2차전지 제조사의 이익은 주로 소형 전지 사업에서 나왔다. 2차전지 제조사는 기존 수요처를 수성하거나 늘리면서 중·대형용 리튬이온전지를 개발하여 진입기에 있던 EV와 ESS 시장의 성장에 대비했다. 하지만 EV용 2차전지 개발에 투입하는 시간과 비용이 만만치 않아 전반적으로 흑자 전환이 쉽지 않았고, 게다가 EV 시장이 초창기라 투자 대비 이익을 기대하기가 어려웠다. 2차전지 산업의 대표 기업인 LG에너지솔루션, 삼성SDI, SK온 3사 중에서 선발 주자인 LG에너지솔루션과 삼성SDI는 이미 흑자 전환을 하여 이익을 내고 있지만 후발 주자인 SK온은 아직도 실적 개선이 이루어지지 않고 있다. 향후 수주 물량을 소화하여 생산 물량이 늘어나면 흑자로 전환할 것으로 예상한다.

리튬이온전지 시장의 특성은 다음과 같이 정의할 수 있다.

첫째, 기술집약적 산업이다. 배터리는 제품의 성격상 안전성이 무엇보다도 중요하다. 다른 특성으로 인해 문제가 발생하는 건 사후 대응이 가능하지만, 특히 제품의 하자로 인한 안전사고는 절대로 일어나서는 안 되기 때문이다. 배터리의 안전성을 담보하기 위해서는 화학, 물리, 전기·전자, 기계공학 등 전문 분야의 모든 기술을 집약하여 제품을 만들어야 한다.

둘째, 소재 개발 기술이다. 2차전지의 수요처는 대부분 전기자동차용 배터리이다. 이동 수단인 자동차는 차량의 안전성과 연비(전비) 성능이 가장 중요하다. 안전성은 소재 개발 단계와 배터리의 기구개발 기술로 보장할 수 있고, 배터리의 중량을 경량화하는 혁신 기술로 연비를 향상할 수 있다. 재료 측면에서는 셀(Cell)을 만드는 4대 핵심 물질인 양극재, 음극재, 전해액, 분리막이 배터리 제조원가의 60~70%까지 차지하기 때문에 원재료의 비중을 낮추기 위한 기술의 개발도 중요하다고 할 수 있다.

전기자동차용 배터리의 성능을 언급할 때 기본적으로 빠지지 않는 요소는 용량, 충전 시간, 수명이다. 이 세 가지의 특성이 EV를 구매하는 의사 결정 요인이기도 하다. 용량은 주행거리, 충전 시간은 이동성·편의성과 관련되어 있으며 수명은 자산으로서 보유 가치와 직결된다. 이와 관련한 기술 개발은 대부분 배터리 제조사가 해결해야 하는 몫이다.

글로벌 자동차 OEM은 전기자동차의 시장 경쟁력을 높이기 위해 1회 충전 시 주행거리를 늘리고자 한다. 또한 연비를 높이는 방안으로 배터리를 경량화하고자 한다. 이 문제를 해결하는 방법은 가격이 낮은 동시에 경량화가 가능한 신소재를 발굴하고, 배합·합성 기술을 개발하는 것이다. 이런 추세로 인해 배터리를 제조하는 3사 위주의 기술 개발 경쟁에 양극재, 음극재, 전해질을 공급하는 1차 협력사까지 동참하고 있다.

셋째, 전기자동차 시장의 급성장 추세이다. 매년 출하되는 전 세계 자동차 시장은 약 8,000~9,000만 대 규모인데, 전기자동차는 2023년에 이미 1,400만 대로 2022년 대비 35% 이상 성장했다. 글로벌 자동차 OEM은 이미 내연기관 자동차의 개발과 생산을 줄이거나 아예 중단하기로 경영방침을 세우고 있다.

이는 현재 대두되고 있는 지구온난화와 관련한 각국의 환경 대응 정책과 밀접한 관계가 있다. 우리나라도 공무차량은 친환경자동차만 구매하도록 방침을 정했다. EU와 같이 환경 규제가 엄격한 권역뿐만 아니라 전 세계 생산기지의 역할을 하는 중국도 전기자동차 보급을 정부 차원에서 적극적으로 추진하는 상황이다. 이 추세대로 간다면, 2030년 1억대로 예상하는 자동차 시장에서 전기자동차의 비중이 50% 이상으로 성장할 것이라는 전망이 우세하다.

한 가지 덧붙이자면 각국의 신재생에너지 사용 확대 정책에 따라 에너지저장시스템(Energy Storage System; ESS)의 보급 증가도 리튬이온전지 시장 확대에 일조하고 있다.

넷째, 경제 권역에 따라 경쟁 구도가 치열하다. 실제로 전기자동차용 2차전지를 제조하는 Top 10 기업은 한국에 3개, 일본에 1개, 나머지 6개는 중국에 있다. 하지만 제조하는 공장은 각국 본토와 해외 기지(유럽, 미국 등)에 있다. 이는 글로벌 자동차 OEM의 생산기지가 있는 지역과 밀접한 관계가 있다. 자동차 생산기지 규모는 중국이 1위, 미국이 2위, 일본이 3위, EU 권역이 4위이다. 여기서 중국, 미국, EU 권역은 전기자동차 생산 비중이 높지만, 일본은 전체 생산량은 많으나 전기자동차 부분의 실적은 낮은데, 이는 EV보다는 HEV에 집중한 결과이다.

한국 업체인 LG에너지솔루션, 삼성SDI, SK온은 각각 미국, EU권, 중국에 현지 공장을 가동하고 있다. 중국계 2차전지 업체는 미국의 인플레이션 감축법(IRA) 발표 후 판로가 막히자 유럽 현지로 진출하기 시작했다. 글로벌 시장에서 중국 업체의 약진은 곧바로 한국 기업에 위협이 되고 있다.

항상 모든 기술을 먼저 개발하고 상용화를 먼저 했던 일본은 시장 변화에 민첩하게 대응하지 못해 주도권을 한국에 빼앗겼다. 반도체, 디스플레이 산업이 그러했고, 2차전지 산업에서도 동일하게 되풀이되고 있다. 이에 일본은 정부 차원에서 배터리 산업의 경쟁력 확보를 위해 대규모 프로젝트에 재원을 지원하기로 했다.

앞서 언급한 4가지 이외에도 가격 경쟁력 확보라든지 2차전지의 신뢰성을 강화하는 등 앞으로 지속적으로 개선과 혁신을 해야 하는 과제가 적지 않다.

(1) 재생에너지와 2차전지

2045년 지구의 모습은 어떠할지 생각해 본 적이 있는가? 미래학자들이 예상하는 대표적인 내용은 지구온난화, 인간 수명 120년, 인간의 뇌와 같은 수준의 AI 등 3가지이다.

이 중 2차전지와 직접적으로 관련된 부분은 지구온난화이다. 전문가들은 현재와 같은 추세로 지구온난화가 진행된다면, 해수면이 높아져 세계의 주요 해안 도시인 중국의 상하이, 일본의 도쿄 등이 물에 잠길 것이라고 예상한다. 최근 세계 여러 곳에서 기후 변화로 인해 자연재해가 발생하여 생태계가 파괴되는 문제가 발생하고 있다. 이런 이슈는 이전부터 예견되었으나 각국의 이해관계가 얽혀 있어서 구체적인 방안이 시행되지 않고 있었다.

하지만 글로벌 차원에서 지구온난화에 대응하기 위해 파리협정(2015년), EU 탄소국경조정제도(CBAM, 2021년) 등 국제조약으로 탄소중립 정책과 관련한 구체적인 해결 방안이 시행되고 있다. 해당 조약의 목표는 이산화탄소와 같은 온실가스의 배출량을 점차 줄이고 포집하여 궁극적으로 2050년에는 탄소중립(Net-zero)을 실현한다는 것이다.

2050 탄소중립을 위해 각국은 신·재생에너지의 사용을 권장하고 있다. 신생

에너지는 기존의 화석 연료를 대체하는 수소에너지, 연료전지, 석탄액화가스화 및 중질잔사유 가스화 등 3가지가 있지만 아직은 상용화를 위해 연구와 투자가 필요하다.

재생에너지는 태양광, 태양열, 풍력, 수력, 해양, 지열, 바이오, 폐기물 등 재생이 가능한 에너지를 활용하는 방법이다. 재생에너지는 날씨와 계절에 따라 발전량이 일정하지 않기 때문에 전력을 안정적으로 공급하기 위해서는 ESS가 필요하며, 이에 적합한 장치가 2차전지이다. 2차전지 중에서도 리튬이온전지는 에너지 밀도가 높은 데다가 장기간 사용이 가능하여 재생에너지 발전소에서 생산된 전력을 저장하기에 적합하다.

2차전지는 탄소의 배출량을 줄이고 재생에너지를 효율적으로 활용하여 전력 공급의 안정성을 높일 수 있는 일거양득의 역할을 담당한다.

(2) 전기자동차 시장의 성장

테슬라는 2012년부터 전기자동차를 판매하기 시작했다. 출시 후 약 6년 동안은 판매량이 저조했으나 2017년 연간 판매량 10만 대를 넘어선 이후부터 기하급수적으로 증가하기 시작했다. 2023년에는 무려 180만 대를 판매하여 EV 제조사 중 글로벌 1위를 차지했다.

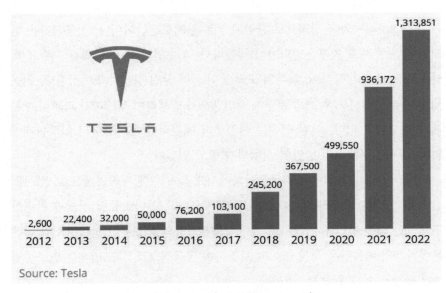

[그림 1-1] 테슬라 EV 연간 판매 실적[*]

출처: statista.com

테슬라는 일론 머스크가 창업한 회사로 불과 20년밖에 되지 않은 신생기업이다. 기존의 자동차 제조 기술이 전혀 없이 EV를 개발하고 양산화하여 대중화에 앞장선 혁신기업이다. EV와 관련해서 기존 글로벌 자동차 OEM은 HEV와 PHEV 위주로 조금씩 발만 담그고 있었다. 하지만 테슬라의 영향으로 기존의 자동차 제조사들도 EV 사업에 본격적으로 뛰어들기 시작했다. 또한 소형전지 위주로 2차전지를 제조하던 LG에너지솔루션과 삼성SDI, 신규로 진입한 SK온 등 3사가 전기자동차용 중·대형전지 개발에 박차를 가하기 시작했다.

EV는 1회 충전 후 주행거리가 얼마나 되는지를 뜻하는 전비가 중요하다. 2017년 무렵만 하더라도 전기자동차용 2차전지는 1회 충전 시 200km 내외를 주행했으나, 고밀도·고용량 배터리가 개발되어 지금은 모델에 따라 차이는 나지만 평균 400km 정도를 주행할 수 있다. 심지어 설계 용량 기준으로 600km까지 주행하는 모델도 있다.

EV는 사람이 타고 다니기 때문에 안전성, 편의성이 중요하다. 안전성은 당연히 기계적, 화학적, 전기·전자적 특성에서 보장되어야 한다. 편의성은 EV를 이용하는 소비자가 기존 내연기관 자동차보다 사용하는 데 불편이 없어야 한다. 안정성, 편의성과 관련한 EV용 리튬이온전지 인증은 다음과 같다.

〈표 1-1〉 전기자동차용 2차전지 관련 안전성 테스트 인증

인증 규격	내용
IEC 62660-1,2,3	전기차의 추진을 위한 리튬 2차전지 1. 리튬 2차전지 Cell의 성능과 수명 측정 - Cell의 용량, 출력 밀도, 에너지 밀도, 저장 수명, 사이클 수명 등 규정 2. 리튬 2차전지 Cell의 신뢰성과 안전성 측정 3. 리튬 2차 단전지 및 셀 블록의 안전 성능에 대한 시험 절차 및 합격 기준 규정
UNECE R100	전기차에 사용되는 충전식 에너지 저장장치(REESS)에 대한 국제 공인 표준 1. 진동 시험 2. 열충격 및 사이클링 시험 3. 기계적 충격시험 4. 압착 시험 5. 내연성 시험 6. 외부 단락 회로 보호 시험 7. 과충전 보호 시험 8. 과방전 보호 시험 9. 고온 보호 시험

UL2580	전기차용 배터리팩 안전기준 1. 기계적 시험 2. 전기, 전자기 간섭, 전자기 민감도 시험 3. 열적 특성 시험

앞의 시험들은 제조사가 EV용 리튬이온전지의 안전성을 확보하기 위해 셀과 배터리를 개발, 양산하면서 적용하는 국제 규격이다. 가끔 언론 보도로 전해지는 EV의 화재 사건에 관해 전문가들은 대체로 배터리의 이상이나 결함으로 발생한다고 추측한다. 화재나 폭발은 운전자와 주변에 심각한 위험을 초래하기 때문에 무엇보다도 선제적으로 해결되어야 하는 이슈이다.

편의성은 리튬이온전지 제조사보다는 EV 제조사와 충전 인프라 환경을 구축해야 하는 정부나 지자체, 관련 기업에서 주로 나서야 하는 분야이다.

여러 시장 조사 기관에 따르면 2030년 전체 신차 출하량 1억 대 중 EV의 비중이 50%가 넘어가는 시점에서는 안전성을 보장하는 기술이 더 개발될 것으로 예상한다. 또한 소비자의 편의를 위해 충전 인프라와 서비스는 현재 상황보다는 더욱 진보할 것으로 보인다. 현재 자동차 업체 중 전략적 제휴를 통해서나 자체적으로 2차전지를 공급하려는 움직임이 있기는 하지만 지금까지는 2차전지 공급자의 입지가 공고한 상황이며 당분간 이 기조는 지속될 것으로 본다. 다만 앞으로는 소비자와 직접 소통하는 EV 제조사 중심으로 산업의 생태계가 구성될 가능성도 있다.

(3) ESS용 2차전지 시장

전 세계는 지구온난화에 따른 환경 보호를 위해 신재생에너지 확대 정책과 탄소 배출 저감 정책을 강화하고 있다. 이러한 추세에 따라 ESS 시장 규모는 지속해서 성장하고 있다.

(단위: U$10억)

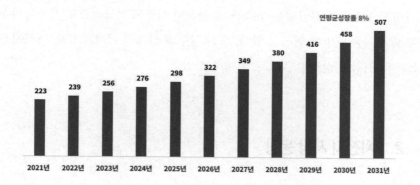

[그림 1-2] 글로벌 ESS 시장 규모*

출처: statista.com

시장 조사 기관에 따르면 ESS 시장은 금액 기준으로 2031년까지 연평균 8% 수준의 성장률을 보일 것으로 예상한다. ESS 전지의 가장 큰 시장은 미국과 중국이며, 독일, 인도, 호주 같은 나라도 성장 가능성이 높다.

〈표 1-2〉 글로벌 ESS 시장 전망**

(단위: GWh)

출처:
산업통산자원부, 2023. 10. 31 ESS 산업 발전전략 보고서

구분	2022년	2030년 예상
중국	10.9	175.1
미국	11.7	123.2
독일	4.6	29.6
인도	0.1	20.1
호주	1.8	16.0
한국	4.1	6.0

미국은 기후변화로 인한 대규모 정전 사태를 여러 차례 겪으면서 태양광 발전으로 가정용 전력을 생산하고 저장하기 위해 ESS 보급을 추진하고 있다.

중국은 전 세계의 생산기지 역할을 담당하면서 '부하이동' 용도로 ESS 장치를 확충하고 있다. 전력 수요가 낮을 때는 충전을 하고, 수요가 높은 시간대에는 ESS 전력을 사용하여 에너지 소비 비용을 절감하는 방식이다. 2026년이 되면 누적 설비 용량에서 미국을 넘어설 것으로 예상되며, 향후 전 세계에서 가장 큰

ESS 시장이 될 것이다.

우리나라는 초기 화재 사건 문제로 ESS 시장 규모가 답보 상태이다. 하지만 안정적으로 전력 공급망을 구축하고, 글로벌 시장에 적극적으로 진출하기 위해 투자와 기술 개발에 힘쓰고 있다. 또한 정부의 신재생 에너지 확대 정책에 따라 ESS의 시장이 성장할 것으로 기대하고 있다.

2. 2차전지 시장 동향

(1) 시장 규모와 예상 성장률

2차전지 시장은 2023년 현재를 기준으로 반도체나 디스플레이 시장과 비교하면 아직 그리 크지 않다. 시장 총 규모는 반도체 산업이 5,340억 달러, 디스플레이 산업은 1,165억 달러, 리튬이온전지 시장은 510억 달러를 기록했다. 하지만 2030년까지 반도체와 디스플레이 산업의 향후 성장률은 10% 내외로 전망하나, 리튬이온전지의 경우 약 30% 내외의 성장률을 기록하며 급격하게 성장할 것으로 예상한다.

다만 최근 중국 제조사의 2차전지 공급 초과, 여러 국가에서 EV 보조금 폐지 등의 요인으로 인해 2차전지 수요와 관련한 전망이 밝지 않은 상황이다. 특히 전문가들은 EV의 수요 증가세가 꺾인 상황에서 2025년까지 수요를 회복하기 어렵다고 내다보기도 한다. 이는 EV의 가격이 아직도 고가인 점, 보조금 감축, 충전 인프라 부족 등 복합적인 사유에 기반하며, 기존의 성장 예측보다는 완만하게 수요가 늘어날 것으로 예상된다.

반면에 공급에 있어서는 2차전지 각 제조사가 생산능력을 늘리고 있는 상황으로 2030년까지 예측 수요는 충분히 소화할 수 있을 것으로 보인다. 그때까지 글로벌 수요와 공급은 4~5TWh 수준의 적정한 균형을 유지할 것으로 전망하나, 생산능력을 최대화했을 경우 6.5TWh까지 공급할 수 있다. 지금은 전체 수요의 60%가 EV용 배터리이지만, 시간이 지나면서 EV용 배터리의 비중이 80% 수준까지 올라갈 것으로 예상한다.

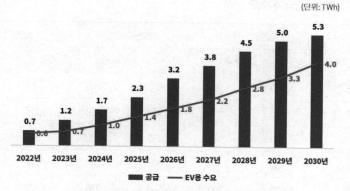

(단위: TWh)

[그림 1-3] 글로벌 리튬이온전지 수급 전망[*]

*
출처:
삼성증권, 2023. 6. 30

IT 시장의 대부분을 차지하는 소형전지는 애플리케이션의 특성상 볼륨이 크지 않아 2030년까지 시장 성장률은 한 자릿수인 약 5% 내외로 전망하고 있다. 스마트폰, 노트북, 태블릿 시장의 성장이 둔화 추세이지만, EV나 ESS에 적용되는 Non-IT 용도의 원통형 전지가 포함되어 있고, 현재 시장이 확대되고 있는 E-Mobility(전동 킥보드, 전기 자전거 등)와 웨어러블 기기 시장이 성장함에 따라 완만한 증가세가 예상된다.

(2) 글로벌 시장

2022년 기준으로 중국은 2차전지 최대 생산국으로 2차전지의 76%가 중국에서 생산되고 있다. 하지만 미국과 EU가 중국을 견제하면서 역내 자체 생산기지를 확대하고 있기 때문에 2030년 EU와 북미에서 공급이 늘고 중국의 비중은 62%까지 낮아질 것으로 본다. 도표에 넣지는 않았으나 인도의 경우 현재 18GWh의 공급능력을 확보하고 있으며, 2030년까지 145GWh 수준으로 확대 예정이다.

출처:
KISTEP, 차세대 이차전지, 2023.
11. 22

〈표 1-3〉 지역별 공급과 수요 전망* (단위: GWh)

구분	2022년		2025년		2030년	
	공급	수요	공급	수요	공급	수요
중국	1,200	399	3,650	800	4,000	2,000
EU	130	161	700	400	1,250	1,100
북미	110	91	700	200	800	700
기타	130	49	300	300	400	900
합계	1,570	700	5,350	1,700	6,450	4,700

2030년까지 EU는 전체 공급의 19%, 미국은 12% 정도로 생산 CAPA를 확보할 예정이다. EU 국가별로 살펴보면 독일이 414GWh, 헝가리 170GWh, 스웨덴 111GWh, 이탈리아 111GWh, 폴란드 107GWh 수준으로 공급 CAPA를 늘릴 것으로 예상한다. 테슬라와 유럽 진출에 적극적인 중국의 CATL과 EVE 에너지가 공급능력 확대에 기여할 것으로 보인다.

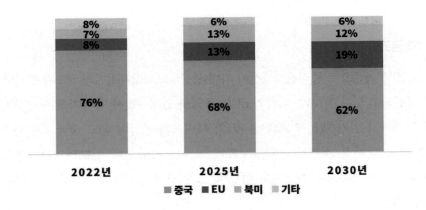

[그림 1-4] 지역별 공급 비율 전망**

출처:
KISTEP, 차세대 이차전지, 2023.
11. 22

(3) 지역별 시장

2차전지 제조사는 중국, 한국, 일본 3국의 기업이 글로벌 시장을 선도하고 있으며, 그 중 중국의 CATL이 1위이다. 중국은 자국 EV 수요를 기반으로 성장하고 있으며, 유럽에도 현지 생산 기지를 설립하기 시작하여 시장에서의 지배력을 넓히고 있다.

한국의 제조 3사는 중국 시장을 제외하고 전 세계 시장에서 약 50%의 시장점유율을 확보하고 있으나 중국의 시장 확대로 경쟁이 더 치열해질 전망이다. 일본은 파나소닉이 대표적인 제조업체로 주로 테슬라와 일본계 SUBARU, MAZUDA에 제품을 공급하고 있다.

〈표 1-4〉 2차전지 주요 업체 CAPA*

(단위: GWh)

출처:
KISTEP, 차세대 이차전지, 2023.
11. 22

구분	2022년		2025년		2030년	
	생산능력	비중(%)	생산능력	비중(%)	생산능력	비중(%)
CATL(中)	161	16.2	646	15.9	1,285	15.6
LG에너지솔루션(韓)	140	14.1	420	10.4	778	9.4
SVOLT(中)	5	0.5	378	9.3	632	7.7
CALB(中)	29	2.9	398	9.8	619	7.5
GUOXIAN(中)	35	3.5	174	4.3	523	6.3
SK온(韓)	40	4.0	177	4.4	465	5.6
BYD(中)	80	8.0	285	7.0	425	5.2
EVE(中)	57	5.7	170	4.2	422	5.1
삼성SDI(韓)	29	2.9	116	2.9	374	4.5
AESC(中)	23	2.3	120	3.0	309	3.7
Panasonic(日)	52	5.2	126	3.1	228	2.8

CHAPTER 02 전기자동차

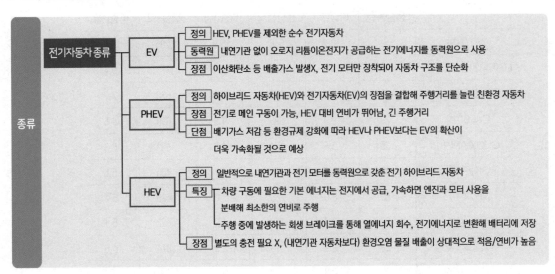

종류

전기자동차 종류

EV
- 정의: HEV, PHEV를 제외한 순수 전기자동차
- 동력원: 내연기관 없이 오로지 리튬이온전지가 공급하는 전기에너지를 동력원으로 사용
- 장점: 이산화탄소 등 배출가스 발생X, 전기 모터만 장착되어 자동차 구조를 단순화

PHEV
- 정의: 하이브리드 자동차(HEV)와 전기자동차(EV)의 장점을 결합해 주행거리를 늘린 친환경 자동차
- 장점: 전기로 메인 구동이 가능, HEV 대비 연비가 뛰어남, 긴 주행거리
- 단점: 배기가스 저감 등 환경규제 강화에 따라 HEV나 PHEV보다는 EV의 확산이 더욱 가속화될 것으로 예상

HEV
- 정의: 일반적으로 내연기관과 전기 모터를 동력원으로 갖춘 전기 하이브리드 자동차
- 특징:
  - 차량 구동에 필요한 기본 에너지는 전지에서 공급, 가속하면 엔진과 모터 사용을 분배해 최소한의 연비로 주행
  - 주행 중에 발생하는 회생 브레이크를 통해 열에너지 회수, 전기에너지로 변환해 배터리에 저장
- 장점: 별도의 충전 필요 X, (내연기관 자동차보다) 환경오염 물질 배출이 상대적으로 적음/연비가 높음

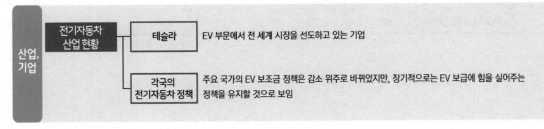

산업, 기업

전기자동차 산업 현황

테슬라
EV 부문에서 전 세계 시장을 선도하고 있는 기업

각국의 전기자동차 정책
주요 국가의 EV 보조금 정책은 감소 위주로 바뀌었지만, 장기적으로는 EV 보급에 힘을 실어주는 정책을 유지할 것으로 보임

산업과 시장을 전망할 때 대표적으로 인용하는 지표가 있다. 특히 전기·전자 산업과 관련해서 대표적으로 손꼽으면 다음과 같은 것이 있다.

- TV 연간 판매 대수
- 컴퓨터(서버 포함) 판매 대수
- 노트북 PC 판매 대수
- 스마트폰 판매 대수
- 태블릿 PC 판매 대수
- 자동차 판매 대수
- 전기자동차(EV) 판매 대수

위의 지표를 기반으로 분석할 수 있는 관련 산업과 시장은 반도체, 디스플레이, 2차전지, 자동차가 있다. 관련 수치만으로도 현황을 파악할 수 있고, 중장기 전망을 예측할 수 있는 기초자료가 된다. 2차전지 산업으로 한정하면, 시장 현황과 향후 추이를 전망할 수 있는 지표는 TV나 컴퓨터, 내연기관 자동차를 제외하고 전부이다. 특히 2차전지와 관련해서 볼 때, 소형전지는 여기에 IT 기기 관련 시장 자료를 추가하면 된다. ESS 전지의 경우 대체로 국가 단위의 정책에 따라 시장의 향방이 정해지기 때문에 각국 정부의 정책을 주목하면 시장을 전망할 수 있다.

EV용 전지의 시장 전망은 기본적으로 신차 판매 대수부터 시작하면 된다. 전기자동차의 비중은 아직 내연기관차 대비 소수에 지나지 않지만, 순수 EV 제조사인 테슬라의 약진에 기존 글로벌 자동차 OEM도 EV 개발과 생산에 뛰어들고 있는 형국이다. EV의 판매량은 2차전지 출하량과 직접적으로 관련되어 있는데, 이는 EV용 2차전지가 다른 용도의 2차전지보다 압도적으로 판매량과 판매 금액이 크기 때문이다.

2023년 기준으로 전기자동차의 판매량은 약 1,420만 대에 달한다. 2022년 대비 35%나 증가한 수치이다. 물론 여기에는 PHEV와 HEV가 포함되어 있다. PHEV와 HEV의 물량을 제외하면 순수 EV는 약 1천만 대 수준이다.

(단위: 천 대)

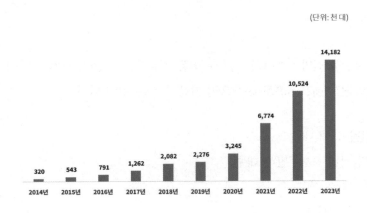

[그림 2-1] 글로벌 전기자동차 판매량*

*
출처:
EV Volumes

기업별로 보면 중국의 BYD는 PHEV 144만 대를 포함하여 전체 300만 대를 판매해서 1위를 했지만, 순수 EV로만 집계하면 여전히 테슬라가 판매량 180만 대로 글로벌 1위이다. 가장 많이 팔린 EV 제조사 상위 10개 업체 중 테슬라, 폭스바겐, 현대자동차, BMW, Stellantis를 제외하면 5개가 중국 기업이다. 중국은 생산기지이면서 동시에 내수 시장의 규모가 뒷받침되어 타 국가보다 유리한 입장에 있다.

(단위: 천 대)

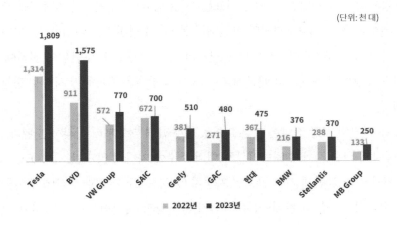

[그림 2-2] 글로벌 전기자동차 Top 10 기업**

**
출처:
EV Volumes

자동차 강국이면서 그동안 EV 개발이나 보급에서 적극적이지 않았던 일본 자동차 기업은 이제야 EV 개발에 뛰어들기 시작했다. 도요타는 렉서스 브랜드의 전기자동차 라인업을 늘리고, 2030년까지 글로벌 시장 판매량 350만 대를 목표로 세우는 등 공격적으로 시장에 진입할 계획이다. 글로벌 연간 신차 판매 대수가 약 8천만 대 수준인데 2023년 기준으로 EV의 판매량이 12.5%를 차지하여 시장점유율이 점점 올라가는 추세에 발맞추기 위해서는 불가피한 선택이다.

1. 전기자동차 개요

(1) 전기자동차 개요

지구온난화, 탄소 중립화 등 환경적인 이유로 앞으로는 친환경자동차만 운행하는 시대가 가까워지고 있다. 우리나라는 친환경자동차를 다음과 같이 법률로 정의하고 있다.

"환경친화적 자동차"란 전기자동차, 태양광자동차, 하이브리드자동차, 수소전기자동차 또는 배출가스 허용 기준이 적용되는 자동차 중 에너지소비효율, 저공해자동차의 기준, 자동차의 성능 등 기술적 세부 사항 기준에 적합한 자동차를 말한다.

– 「환경친화적 자동차의 개발 및 보급 촉진에 관한 법률」 제2조 제2호 및 「환경친화적 자동차의 개발 및 보급 촉진에 관한 법률 시행규칙」 제2조 제1항 참조

이 규정에 따라 친환경자동차의 종류를 아래와 같이 구분한다.

〈표 2–1〉 친환경자동차의 구분[*]

출처:
법제처, easylaw.go.kr

구분	내용
전기자동차	– 전기 공급원으로부터 충전 받은 전기에너지를 동력원(動力源)으로 사용하는 자동차
태양광자동차	– 태양에너지를 동력원으로 사용하는 자동차
하이브리드자동차	– 휘발유 · 경유 · 액화석유가스 · 천연가스 및 디메틸에테르와 전기에너지(전기 공급원으로부터 충전 받은 전기에너지를 포함)를 조합하여 동력원으로 사용하는 자동차

	– 하이브리드자동차 중 외부 전기 공급원으로부터 충전 받은 전기에너지로 구동 가능한 차량은 "플러그인 하이브리드자동차", 외부 전기 공급원으로부터 충전 받을 수 없는 차량은 "일반 하이브리드자동차"로 구분
수소전기자동차	– 수소를 사용하여 발생시킨 전기에너지를 동력원으로 사용하는 자동차

일반적으로 친환경자동차는 전기자동차 계열인 EV, PHEV, HEV와 연료전지로 구동하는 FCEV로 구분한다. EV는 오로지 전기로만 구동하는 타입이며, PHEV와 HEV는 하이브리드 타입으로 배터리로 구동하는 모터와 화석 연료로 구동하는 내연기관이 둘 다 장착되어 있다. 궁극적으로 EV처럼 전기로만 구동되는 타입으로 가기 전 중간단계의 형태로 보고 있지만, 최근 EV 시장 성장과 함께 동반 성장하고 있다. 전기자동차라고 할 때는 EV만 의미하지만, 시장 관련하여 통계를 낼 때는 PHEV와 HEV도 전기자동차에 포함하기도 한다. 하이브리드 타입은 글로벌 자동차 OEM에서 EV 전략의 한 방편으로 활용하고 있기 때문에 2차전지 제조 기업에서도 하이브리드 용도의 배터리 개발에 힘쓰고 있다. 각 국가 차원에서 화석 연료를 사용한 내연기관차를 완전히 배제하기 전까지는 혼용될 것으로 전망한다.

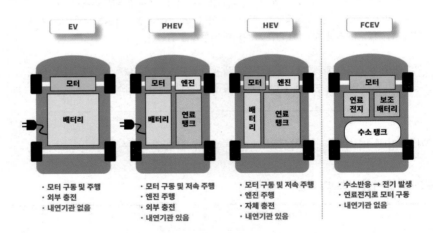

[그림 2-3] EV, PHEV, HEV, FCEV 비교

(2) 전기자동차의 구조

전기자동차는 화석 연료로 작동되는 내연기관으로부터 동력을 얻지 않고 전기로 모터를 구동하여 주행하는 자동차이다. 내연기관 자동차와는 여러 부분에서 큰 차이점이 있다.

첫째, 모터로 구동하기 때문에 연료의 폭발로 인한 소음이 없어 정속 주행이 가능하다. 둘째, 내연기관의 왕복운동을 회전운동으로 바꾸지 않아 진동도 거의 발생하지 않는다. 셋째, 모터의 회전수로 속도를 조절하고 높은 토크를 일정한 수준으로 확보할 수 있어서 변속기어 없이 주행할 수 있다.

전기자동차의 주요 부품은 다음과 같다.

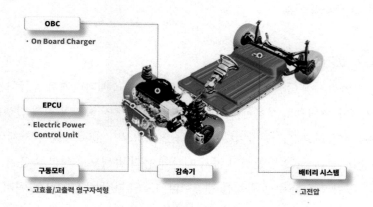

[그림 2-4] 전기자동차의 구조*

출처:
현대자동차그룹 블로그, HMG 저널

모터는 엔진의 역할을 하는 EV의 핵심 구성 요소로 배터리에 저장된 전기를 이용하여 차량을 구동하며, 주로 AC 모터를 사용한다. 구동모터는 출력과 회전력이 높아야 한다. 현대자동차 EV인 KONA의 모터는 SUV에 장착되는 2.0L 디젤 엔진의 출력(200마력 이상)과 토크가 동등한 수준이다.

감속기는 모터의 회전력을 주행에 적절한 속도와 토크로 변환해서 휠에 효율적으로 전달한다. 모터의 회전(RPM)을 감속하여 토크를 높여 차축을 회전시킨다.

배터리는 배터리 팩이라고 부른다. 외부 전원으로부터 전기를 공급받아 고전압 배터리에 저장하여 운행에 필요할 때 사용한다. EV 출시 초창기에는 1회 충전 시 주행거리가 길지 않았으나, 최근에는 배터리 기술이 발전하여 대체로 350km 이상 주행할 수 있다. 주행거리는 배터리의 에너지 밀도와 용량에 따라 결정된다.

EPCU(Electric Power Control Unit: 통합 전력 제어장치)는 인버터, LDC (Low Voltage DC-DCC Converter), VCU(Vehicle Control Unit)로 구성된다. 인버터는 배터리의 고전압 DC 전류를 고전압 AC 전류로 변환하여 모터에 공급한다. 고전압 AC 전류의 주파수와 전압을 정밀하게 제어하여 모터의 출력을 조절한다.

LDC는 컨버터로서 배터리의 300~400V 고전압을 12V의 저전압으로 변환하여 전장 시스템에 전원을 공급하며, 오디오와 각종 전자기기의 전원으로 사용한다. VCU는 차량 내 전력 제어기를 총괄하는 컨트롤 타워 역할을 한다.

OBC(On Board Charger)는 외부의 AC 전원을 DC 전원으로 변환시킨다.

(3) 전기자동차의 종류

① 순수 전기자동차(EV)

EV는 가솔린이나 디젤로 구동하는 내연기관이 없고 배터리에서 공급되는 전기에너지를 동력원으로 사용한다. 배출가스나 기타 오염 물질이 전혀 발생하지 않아 대표적인 친환경 자동차이다. 엔진과 연료탱크가 없기 때문에 차체의 구조를 단순화할 수 있으며, 엔진이 없기 때문에 동력 발생으로 인한 소음이 거의 발생하지 않아 쾌적한 주행 환경을 제공한다. EV의 가장 큰 약점으로 여겨지고 있는 주행거리는 배터리의 개발과 성능 개선으로 인해 매년 늘어나고 있다.

*
출처:
evspecifications.com

〈표 2-2〉 주요 자동차 OEM EV 성능 비교표[*]

OEM	Model	Zero 100 (초)	배터리 용량 (KWh)	최고속력 (km/h)	주행거리 (km)
Tesla	Model 3	4.4	82.1	233	576
	Model S	2.2	99.0	320	560
Hyundai	Kona	8.1	64.8	178	420
	IONIC6	5.1	77.4	185	484
Kia	EV 6	3.5	77.4	260	342
	EV 9	9.4	106	207	501
BMW	i4 M50	3.9	83.9	225	434
	i5 M60	3.8	81.2	230	455
Lexus	UX 300e	7.5	72.8	160	450
Honda	e:Ny1	7.6	68.8	160	412

위의 표에서 보는 것처럼 최근 EV는 배터리 용량이 커짐에 따라 주행거리 또한 늘어났다. 불과 3~4년 전만 하더라도 1회 충전으로 주행할 수 있는 거리는 250~300km 내외 정도였다. 글로벌 자동차 OEM이 1회 충전 시 주행거리의 확장을 요구하면서 2차전지 기업은 배터리의 에너지 밀도를 높이고 경량화를 실현하여 고객사의 스펙을 만족시켰다.

② 플러그인 하이브리드 자동차(Plug-in HEV)

플러그인 하이브리드 자동차(PHEV)는 일반 연료 엔진과 전기모터의 두 가지 구동 방식을 함께 적용하여 하이브리드 자동차(HEV)의 장점과 전기자동차(EV)의 장점을 결합해 주행거리를 늘린 효율적 친환경 자동차이다. 일반 하이브리드 자동차보다 더 큰 용량의 배터리를 탑재하여, 주행거리를 늘렸을 뿐만 아니라 주행 성능 또한 뛰어나다.

한국 시장에서는 2021년에 보조금 지원 제도가 폐지되면서 사실상 판매량이 거의 없다. 하지만 글로벌 시장에서는 어느 정도 수요가 있는 편이다. PHEV의 큰 장점은 전기로 메인 모터 구동이 가능하고 HEV 대비 연비가 뛰어나 장거리 주행이 가능하다는 점이다. 배터리는 HEV 대비 고용량으로 설계되어 있고, 외부 충전 설비를 이용하여 배터리를 충전한다. 물론 전기 주행 모드에서도 방전과 충전을 한다. EV의 경우 주행 중에 배터리가 방전되면 재충전을 하지 않으면 운행 재개가 불가하지만, PHEV는 배터리가 방전되어도 연료 엔진으로 구동할 수 있다.

[그림 2-5] 도요타 RAV4 PHEV

글로벌 시장에서 PHEV(HEV 포함) 판매량은 EV 대비 소량에 불과하여 PHEV의 점유율은 전체 신차의 2% 수준에 불과하다. 특히 전기차와 같은 세제 혜택이 주어지지 않는다면 PHEV의 판매량이 늘 것인지 줄어들 것인지 예측하기 어려운 상황이다. 또한 전문가들은 PHEV의 배터리 중량으로 인해 내연기관 주행 시 일반 차량보다 더 많은 탄소를 배출한다는 단점을 지적하기도 한다.

③ 하이브리드 자동차(HEV)

하이브리드 자동차는 2개 이상의 동력원을 가진 자동차의 통칭이다. 일반적으로 하이브리드 자동차라고 하면 내연기관과 전기모터를 동력원으로 갖춘 전기 하이브리드 자동차(Hybrid Electric Vehicle: HEV)이다. 차종에 따라 차이는 있지만, 운전 조건에 따라 저속 운전 시 전력을 이용하여 주행하기 때문에 연비가 늘어나며, 일정 속도 이상은 엔진으로 주행한다. 발전의 동력원은 주로 엔진이며, 보조적으로 2차전지와 회생 브레이크를 사용한다.

HEV는 시동 시 전기모터를 사용하며, 차량 구동에 필요한 기본 에너지는 엔진의 구동 없이 전지에서 공급한다. 가속하게 되면 엔진과 모터 사용을 적절히 분배하고, 언덕길 등 파워가 필요할 때는 모터 출력을 높여 안정적인 주행 성능을 확보한다. 또한 감속할 경우 회생 브레이크를 통해 열에너지를 회수, 전기에너지로 변환하여 배터리에 저장한다. HEV는 배터리를 엔진을 보조하는 개념으로 활용하기 때문에 용량보다는 출력이 좋은 배터리가 주로 사용되고 있다.

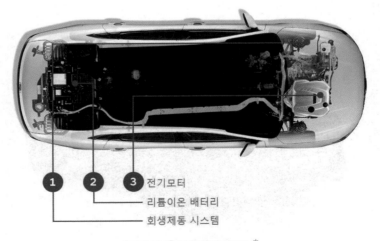

① ② ③ 전기모터
리튬이온 배터리
회생제동 시스템

[그림 2-6] 현대 그랜저 HEV*

*
출처:
현대자동차 홈페이지

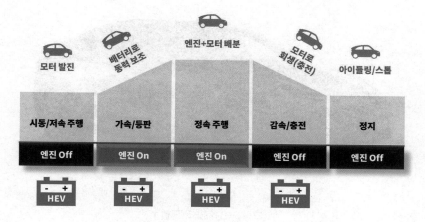

모터 발진　배터리로 동력 보조　엔진+모터 배분　모터로 회생(충전)　아이들링/스톱

시동/저속 주행　가속/등판　정속 주행　감속/충전　정지

엔진 Off　엔진 On　엔진 On　엔진 Off　엔진 Off

HEV　HEV　HEV　HEV

[그림 2-7] HEV 회생 제동

　HEV는 출발이나 가속 등 엔진 효율이 떨어질 때 모터를 사용한다. 또한, 감속 시 모터를 발전기로 작동시켜 배터리를 충전하거나(에너지 회생), 정차 시 엔진을 정지(아이들링/스톱)하여 연비를 향상시킨다. HEV는 일반 자동차보다 환경오염 물질 배출이 상대적으로 적고 일반 전기차보다 배터리 용량이 적어 부피가 작다. 운행 중 모터 동력이 발전기로 전환되어 전기를 생성, 충전하는 방식으로 별도의 배터리 외부충전이 필요없으며, 내연기관 자동차보다 연비가 높은 장점이 있다.

2. 테슬라(Tesla)

　테슬라는 전기자동차를 전문적으로 생산하는 기업이다. 미국 팔로알토에서 2003년에 설립되어 자동차 업계에서는 20년밖에 안 된 신생 업체이다. 회사명은 공학자 니콜라 테슬라의 이름에서 따왔다. 전통적인 자동차 OEM에 비해 사업경력은 짧지만, EV 부문에서는 전 세계 시장을 선도하고 있다. 사업 초기에는 계속된 적자로 사업의 존속이 어렵다는 전망도 있었으나, 모델 3의 생산이 안정되고, 판매량이 증가하면서 2020년 흑자 전환에 성공했다. 우리나라에는 2017년 모델S 90D로 판매를 시작했다.

　2023년 총 184.6만 대를 생산하여 180.8만 대를 판매했다. 판매 물량 중 모델 Y가 123만 대로 단일 차종 판매량 세계 1위를 기록했다.

[그림 2-8] 테슬라 모델 Y[*]

[*]
출처:
drive.com.au

테슬라는 EV의 보급량을 늘리기 위해 원가 절감에 집중하고 있다. 세계 곳곳에 EV, 부품, 에너지 부문별로 자체 공장을 설립하여 운영하고 있다.

[**]
출처:
Tesla.com

〈표 2-3〉 Tesla EV 생산 공장 현황[**]

구분	위치	내용
프리몬트 공장	Fremont, CA	- 테슬라 최초의 공장 - Model S, 3, X, Y 생산 - 생산 CAPA: 연 60만 대
기가팩토리 상하이	상해, 중국	- 테슬라 최초의 해외 공장(2019년 말 가동) - Model 3, Y 생산 - 생산 CAPA: 연 95만 대
기가팩토리 베를린	Grünheide, Germany	- 테슬라 최초의 유럽 공장(2022년 3월 가동) - Model Y 생산 - 배터리 생산 예정
기가팩토리 텍사스	Austin, TX	- 2022년 4월 가동 - Model Y, Cybertruck 생산 - 생산 CAPA: 연 37.5만 대

현재 EV를 생산하는 4개의 공장 이외에 멕시코 몬테레이에 기가팩토리를 설립할 것으로 알려졌으며 이는 테슬라의 세 번째 해외 공장이 된다. 규모는 텍사스에 있는 시설의 2배로 약 100억 달러를 투자할 예정이다. 당초 계획은 2025년 1분기 공장 가동을 목표로 했으나, 글로벌 경기가 호전되지 않는 상황에서 계획을 잠시 늦추고 있다.

<表 2-4> Tesla 배터리 생산 공장 현황[*]

출처:
Tesla.com

구분	위치	내용
기가팩토리 네바다	Rhino, Nevada	– 세계 최대의 에너지 생산 공장 – 리튬이온전지 Cell(2170), Module, Pack, 모터, Drive 유닛 생산 – 일본 Panasonic 지분 40%
기가팩토리 뉴욕	Buffalo, NY	– 태양광 패널 제조 – Solar Roof 개발
가토 팩토리	Fremont, CA	– 배터리 연구, Pilot 생산 시설 – 4860 배터리 Cell, Module, Pack 개발
메가팩토리 라스럽	Lathrop, CA	– ESS용 메가팩 생산

테슬라는 2008년부터 2023년 말까지 총 584.7만 대를 판매했다. 현재까지 전 세계 EV의 누적 보급량은 4천만 대로 테슬라가 전체의 15% 정도 차지하고 있다. 단일 브랜드로 압도적인 물량을 확보하고 있는 동시에 경영실적 또한 뛰어나서 기존의 자동차 OEM이 따라잡기에는 버거운 상대이다. 독보적인 EV와 배터리 기술을 보유하고 있고, CEO를 맡고 있는 일론 머스크의 혁신적인 이미지 덕분에 테슬라의 브랜드 가치를 이길만한 경쟁자가 없는 게 현실이다. 연구나 투자 규모에서도 단연 앞서고 있고, 자율주행 기술을 선도하고 있어서 향후에도 시장에서 압도적인 경쟁력으로 사업을 진행할 것으로 예상한다.

테슬라의 도전적인 혁신으로 기존 자동차 OEM들이 EV 시장으로 뛰어들면서, 소비자에게 더 나은 제품과 서비스를 제공하게 한 역할만으로도 테슬라가 끼친 영향력은 부인할 수 없다.

3. 각국의 전기자동차 정책

2023년 전 세계 시장에서의 EV 판매량은 전년도 대비 35%나 성장했다. 2024년은 글로벌 경기 회복이 더디고 주요 국가의 EV 보조금 정책이 감소 위주로 바뀌면서 성장률이 약 24%에 그칠 것으로 예상한다. 적극적으로 추진하던 내연기관차 생산, 판매 금지 시점을 연기하면서 자동차 배출가스 규제도 완화되는 분위기로 전환되어 예전부터 전망하던 증가 추세보다는 감소할 것으로 보인다.

하지만 환경 보호와 탄소 배출제로라는 거대한 명제가 분명한 이슈이기 때문에 자동차 시장이 EV 위주로 재편되는 대세가 크게 바뀔 일은 없을 것이다. 다만 경기는 살아서 움직이는 생물과 같아서 변동성으로 인한 정책이나 전략의 미세한 조정은 당연히 존재한다.

글로벌 자동차 OEM이 새로운 플랫폼을 개발하여 주행의 안정성과 조작의 편의성을 제고하고, 배터리 제조사는 배터리의 밀도와 출력을 향상하고 있으므로 EV 시장은 앞으로도 성장할 것으로 전망한다. 각국 정부의 정책 또한 큰 틀은 유지하되, 사안별로 융통성을 발휘하여 친환경 자동차, 즉 EV의 보급에 더욱 힘을 실어줄 것으로 보인다.

〈표 2–5〉 글로벌 OEM 전기자동차 보조금 지원 정책

국가	내용
한국	– 2024년 기준 5,500만 원 미만 차량 보조금 전액 지급 – 주행거리 400km 미만 차량 보조금 대폭 축소 – 배터리 밀도와 자원 순환성에 따라 차등 지급
독일	– 독일 정부 환경 보너스 3,000~4,500유로 지원금 폐지(2023년 12월 17일) – 독일 헌법재판소, 기후변화 대책기금 600억 유로 위헌 판결
프랑스	– 프랑스 정부 2023년 5월 '녹색산업법' 공표 – 보조금 지급 기준을 기존 탄소배출량에서 생산 단계부터 발생한 탄소까지 모두 포함하는 환경점수로 변경
영국	– 내연기관차 신차 판매금지 시점 2030년 → 2035년으로 연기 – EV 보조금 지급 폐지 – 2025년부터 주요 도로에 150KWh 이상의 출력이 가능한 EV 급속 충전소 설치 의무화
미국	– IRA EV 구매 보조금, 연비 규제 강화 – 캘리포니아주 추가 보조금 축소
일본	– 소형 EV, 경 EV는 국가 보조금 55만엔 지급, 지자체별 추가 보조금 지급 – 수입 EV에 지급하는 보조금 30% 삭감(자국 제조사 경쟁력 제고)

CHAPTER 01 2차전지 산업

리튬이온전지 시장의 특성을 알아 보고 지구온난화 진행에 따른 전기자동차 및 EV 용 배터리의 필요성에 대해 이해했다. 전기자동차 및 ESS 시장의 현황과 동향을 살펴 보며, 한국 배터리 제조업체가 가야 할 방향도 자연스레 알 수 있다.

CHAPTER 02 전기자동차

전기자동차는 EV, PHEV, HEV로 나뉜다. 일반적으로 순수 전기자동차인 EV만 의미 하기도 하지만, PHEV나 HEV의 전망을 누구도 예측할 수 없기 때문에 개념 정도는 알 고 있어야 한다. 전기자동차 시장은 기존 내연기관 자동차와는 다른 패턴으로 성장할 것이고, 2차전지 제조사에 큰 영향을 미치기 때문에 주의해서 관찰해야 한다. 특히 다 른 자동차 OEM보다는 테슬라의 움직임에 주목할 필요가 있다.

PART 05

2차전지 산업 취업

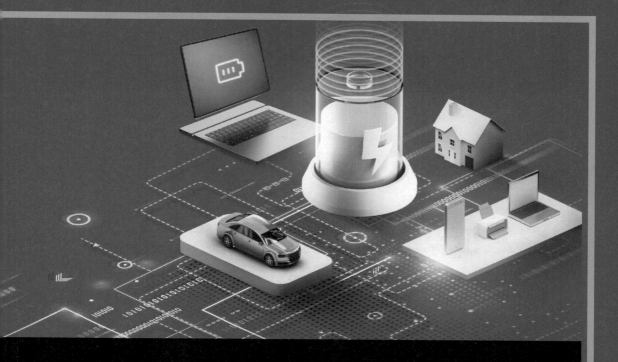

이공계 취업은 렛유인 WWW.LETUIN.COM

CHAPTER 01 기업의 직무 이해

한권으로 끝내는 전공·직무 면접 2차전지

핵심요약 →

종류		
마케팅·영업	**마케팅** 전사적인 관점에서 전략을 기획하고 기업 내부의 자원을 어떻게 배분할 것인가를 조직	
	영업 전사적인 활동의 결과로 나온 제품을 고객 접점에서 판매를 담당하는, 즉 회사의 매출을 담당하는 부서	
R&D	연구기획, 선행연구, 제품개발, 분석, 생산기술연구 등 실행	
	학사, 석·박사 지원 가능	
구매	원재료 조달업무만 담당하는 것이 아니라 구매전략 수립하여 실행	
생산	기업의 존속 이유가 되는 재화와 서비스, 즉 제품을 만들어내는 역할을 담당	
	배터리 제조 공정은 세부적인 단위공정으로 구성됨, 클린룸 환경에서 운영해야 함	
SCM	수요와 공급을 원활히 하기 위해 어떻게 전사 자원을 활용할지 전략을 수립하고 실행하는 역할	
기획	기업에서 브레인 역할을 하는 부서	
	사업기획, 기술기획, 특허기획 등 실행	
경영지원	기업의 경영을 총괄적으로 도맡아 하는 스태프 부서	
HR	각 단위 조직에서 원하는 인재를 선발하여 적재적소에 배치함으로써 기업의 성과를 최대로 유지할 수 있도록 하는 일	
공무·환경	핵심 동력이 되는 유틸리티(전기, 용수, 가스, 보일러 등)가 24시간 아무런 문제없이 가동될 수 있도록 유지·보수, 설비를 개조하거나 개선하는 역할	
품질	품질경영, 품질기획, 개발 품질, 원·부재료 품질 검수, 각 공정 품질, 제품의 품질보증, CS 업무 등으로 구분	
	검사 장비를 활용한 평가 능력, Data를 분석하여 원인을 규명할 수 있는 분석력이 필수	

모든 기업은 사업의 종류나 규모에 따라 조직을 구성한다. 대체로 부문, 사업부, 그룹, 팀, 파트 등으로 나누어 목표를 정하여 과업을 수행한다. 이때 각 구성원의 R&R(Role&Responsibility: 역할과 책임)을 정하는데 일반적으로 JD(Job Description: 직무기술서)로 명확하게 할 일을 규정한다.

　기업은 대체로 연간 경영계획과 중장기 계획을 매년 수립한다. 경영계획은 전년도 하반기인 8월에서 10월 사이에 확정하고, 이를 기반으로 3년에서 5년간의 향후 중장기 계획을 세운다. 전사의 경영목표가 먼저 정해지면 사업부별 목표를 설정하고 그 하위 조직인 마케팅, 영업, R&D, 생산, 구매, 물류, 재무, 인사 등 각 부서의 경영목표를 수립한다. 이 과정에서 중요한 일 중 하나가 차기 연도 목표 달성을 위한 인력 운용 계획이다. 팀별, 사업부별 소요 인원을 취합하여 전사 인사팀에서 신규인력을 얼마나, 어떻게 뽑을 것인지 인재 채용 전략을 수립한다.

　일반적으로 회사의 조직은 업무를 나누어 경영목표 달성을 위해 각자의 담당 업무를 수행한다. 혼자서 일하는 전문직이나 1인 기업가가 아닌 이상 부서의 업무분장에 따라 자신의 역량을 발휘하여 업무를 수행한다. 인사팀은 기업 내 모든 조직이 경영목표를 달성할 수 있도록 인재를 확보한다. 대다수 기업은 수시채용과 상시채용 제도를 운용하고 있는데, 10대 그룹 중 삼성그룹과 포스코그룹만이 공채제도를 유지하고 있다. 수시든 공채든 채용 프로세스는 서류전형, 적성평가, 면접전형으로 거의 비슷하다.

　기업의 인사팀과 실무 부서에서는 신입사원을 두 가지 사항을 기준으로 선발한다. 직무적합성과 조직적합성이다. 직무적합성은 지원자가 해당 직무에 적합한지 지식, 기술, 역량을 평가하고, 조직적합성은 지원자가 인성, 태도, 특질, 동기 등 정성적인 부분에서 조직에 적합한지를 살핀다. 이 두 가지 영역에서 우수하거나 적합해야 기업이 지원자를 최종 합격으로 판단한다.

직무적합성에서 합격 판정을 받으려면 먼저 지원하는 기업, 사업부, 직무에 관해 상세하게 파악하고 있어야 한다. 기업이 어떤 재화를 생산하고, 무슨 서비스를 제공하는 회사인지 파악해야 한다. 이에 따른 지난 3년 동안의 매출액과 영업이익 정도는 알고 있어야 한다. 또한 지원하는 직무가 속한 사업부나 팀은 어떤 일을 담당하는지도 자세하게 조사해야 한다. 기업과 사업부가 어떤 일을 수행하는지 알아야 비로소 지원하는 직무의 내용을 명확하게 파악할 수 있다. 기업은 홈페이지나 채용 사이트에 직무를 설명한 JD를 공개하고 있다. 채용 공고를 낼 때도 JD에 관한 설명을 자세하게 알려준다. 심지어 직무설명회나 현직자 인터뷰를 통해 지원자들이 직무를 잘 이해할 수 있도록 도움을 준다.

직무적합성은 지식, 기술, 역량의 세 가지를 평가한다. 지원자는 기업이 요구하는 지식, 기술, 역량이 무엇인지 이해하고 자신이 적합한 후보자인 것을 알려야 한다.

먼저 지식 부분이다. 지식은 전공지식과 전문지식으로 나뉜다. 전공지식은 직무와 100% 일치하는 경우가 많지 않다. 현실에서 활용되는 지식은 기본원리로부터 상황에 맞게 응용한 내용이 대부분이기 때문이다. 채용담당자가 후보자의 전공과 직무의 적합성을 고려하는 것은 당연하다. 이에 더하여 전문지식은 실제로 지원한 업무를 원활하게 수행하는 데 필요한 지식이다. 물론 입사 후 직무를 수행하기 위해 OJT와 실무를 진행하면서 습득할 수 있지만, 곧바로 학교를 졸업한 취업준비생은 대체로 전문지식에 있어서 취약할 수밖에 없다. 취업준비생에게는 사전에 외부교육 기관이나, 인턴십, 현직 경험으로부터 배운 내용이 전문지식이라 할 수 있다.

기술은 일을 처리하는 방법이라고 생각하면 이해하기가 쉽다. 취업준비생에게는 주로 팀 프로젝트나 실습 과제, 아르바이트를 하면서 문제를 해결한 경험 등이 기술이 될 수 있다. 기업에서 채용 면접 시, 과거의 경험을 물어보는 이유는 지원자가 무엇을 했느냐보다는 어떻게 했느냐를 통해 일머리가 있는지를 확인하기 위함이다.

역량은 업무를 완결하는 능력이다. 기업에서는 업무를 Task(과업)라고 표현한다. 과업은 목표가 있고, 목표는 반드시 납기가 정해져 있다. 직무에 따라 주요한 역량이 약간씩 다르기는 하지만, 공통으로 필요로 하는 역량은 의사소통 능력, 문제해결 능력, 창의력, 협업 능력, 자기 주도 리더십 등이 있다.

결국 직무적합성을 어필하고 채용담당자를 설득하기 위해서는 먼저 자기 객관화를 통해 지식, 기술, 역량과 관련된 소재와 내용을 정리해야 한다. 이를 바탕으로 직무를 분석하여 본인이 지원하는 직무에 적합한 논리를 개발하여 상대방을 설득해야 한다. 희망하는 직무가 무엇이고, 어떠한 목적으로 어떻게 수행하는지 알아야만 직무를 제대로 분석했다고 할 수 있다.

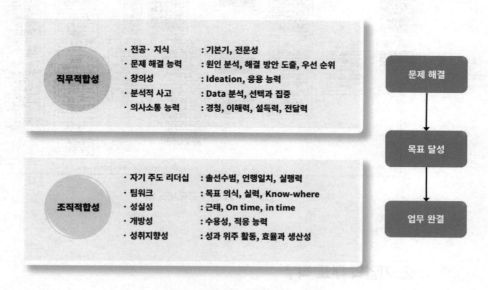

[그림 1-1] 직무적합성 및 조직적합성

1. 기업 경영 프로세스 맵

기업은 경영활동을 생산적이고 효율적인 방법으로 수행하기 위해 기업의 제품과 서비스에 맞는 프로세스를 구축한다. [그림 1-2]는 일반적인 제조업체의 업무 프로세스를 정리한 내용이다.

어느 기업이든 모든 경영활동의 시작은 마케팅에서부터 출발한다. 경영활동의 시작이라는 용어는 업무의 중요성을 의미하기보다는 계획, 전략 수립, 실행, 마감이라는 기업의 경영 사이클에서 시작 부분으로 이해하면 된다. 그림에서 보듯이 기업은 프로세스별로 업무를 나누어 유기적인 협업을 이루며 경영활동을 한다. '마케팅'에서부터 '경영 관리'까지 각 영역이 유기적으로 협업을 하여 경영목표를 달성한다. 영역별로 대표적인 업무를 기준으로 정리하였기 때문에 기업에 어떤 부서가 있고, 무슨 업무를 하는지 개괄적으로 파악할 수 있는 그림이다.

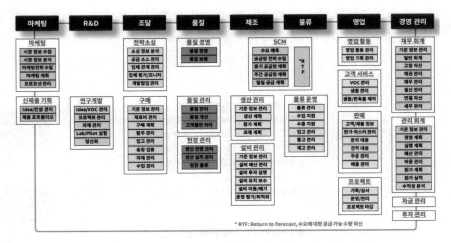

[그림 1-2] 경영 프로세스 맵

2. 기업의 대표 직무

다음은 일반적인 채용 공지에서 확인할 수 있는 업무별 직무 분류이다. 기업 경영 프로세스와 큰 차이는 없으나 직무별로 나누어 취업을 준비하면서 이해하기에 쉽게 정리했다. 뒤에 나오는 각 기업의 직무 소개와 약간씩 차이는 있을 수 있지만, 일반적인 직무를 이해하는 데 어려움은 없을 것으로 생각한다.

〈표 1-1〉 직무별 업무 내용

직무	마케팅	R&D	구매
업무	• 마케팅 • 상품기획 • B2B 영업 • B2C 영업 • 기술영업 • 영업관리	• 연구기획 • 연구 • 제품개발 • 응용개발 • 분석 • 생산기술연구	• 내자구매 • 외자구매 • 개발구매 • 양산구매(조달)
직무	생산	SCM	기획
업무	• 생산기획 • 생산관리 • 생산설비 • 생산기술 • 공정기술	• GOC • 물류 • 해외생산 • 외주생산	• 사업기획 • 기술기획 • 특허기획
직무	경영지원	HR	공무 · 환경
업무	• 경영전략 • 경영혁신 • 재무 · 경리 • 원가 • 투자 • MIS • 세무 · 법무 • IR	• 인사 · 급여 • 채용 · 교육 • 노사 · 기업문화 • 총무 • 조직활성화	• 설비유지 · 보수 • 환경안전 • Utility • ISO표준
직무	품질		
업무	• 품질경영 • 품질기획 • 원부자재품질 • 공정품질 • 품질보증 • 신뢰성평가 • Audit · 승인 • CS		

(1) 마케팅

일반적으로 마케팅하면 대부분 홍보와 광고를 생각하는 경향이 있다. 실생활과 관련하여 마케팅이라고 하면 TV 광고나 언론 매체 등을 통해 접하는 일이 잦다 보니 그렇게 여길 수도 있다. 주로 생필품이나 가전, 잡화, 패션 등 의식주와 밀접하게 관련된 B2C 산업에서 수행하는 홍보와 광고를 마케팅 영역으로 인식하는 큰 이유이다. 하지만 2차전지와 같은 공산품을 제조하는 B2B 기업이 B2C 사업을 하는 기업보다 많다. B2B 산업 영역에서 마케팅의 활동은 단순히 홍보와 광고의 영역을 벗어나 기업의 생존에 중요한 역할을 하고 있다. 물론 B2C와는 수행 업무나 활동에서도 큰 차이가 있다.

B2C 기업의 마케팅은 주로 고객 접점에서 상품을 노출하고 소비자의 구매 욕구를 자극하여 매출로 연결하는 활동에 집중되어 있어 홍보, 판촉 위주로 이루어진다. 반면에 B2B 기업의 마케팅은 마켓 센싱(Market sensing), 마켓 커뮤니케이션(Market communication), 상품기획(Product planning)의 세 가지 전문적인 분야로 나뉜다.

① 마켓 센싱

마켓 센싱은 마켓 인텔리전스(Market intelligence; MI)라고도 한다. 마켓 센싱을 한마디로 표현하면 시장에 대한 이해를 높이는 활동이다. 마켓 센싱의 업무 목표는 시장, 경쟁사, 고객에 대한 정보를 기반으로 시장을 정확하게 파악하여 마케팅 전략을 수립하는 기반을 제공하는 데 있다. 기업은 마켓 센싱 활동으로 수집한 자료를 바탕으로 시장 환경을 명확하게 분석할 수 있다. 마켓 센싱은 고객사의 VOC를 정확하게 파악하고, 제품의 경쟁력을 높일 수 있는 차별성을 유지하여 시장을 선도하는 마케팅 전략을 구사할 수 있도록 하는 분석 업무에 가깝다.

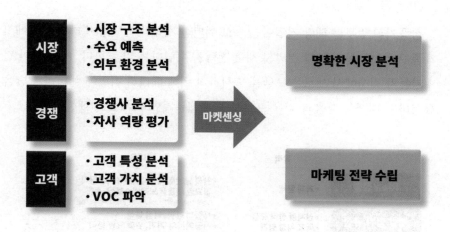

[그림 1-3] 마켓 센싱 목적

② 마켓 커뮤니케이션

마켓 커뮤니케이션은 주로 기업의 이미지를 높여서 브랜드 인지도를 올리는 활동이다. 홍보 기능을 담당하기도 하지만 마케팅 업무 영역에서 떼어내어 홍보팀이나 커뮤니케이션팀이 전문적으로 언론 매체 등을 담당하도록 별도로 운영하기도 한다. B2B 기업의 마켓 커뮤니케이션은 소셜 미디어나 블로그 등을 운영하여 기업의 이미지를 높이는 일을 담당하고, 산업 관련 전시회 참가 등을 주관하여 새로운 마케팅의 기회를 제공하는 역할을 담당한다. 또한, 해당 기업과 관련된 전후방산업의 기업을 대상으로 제품설명회나 전방산업의 주요 기업에 특화된 전시회 등을 기획하기도 한다.

[그림 1-4] 인터베터리 2024 포스터[*]

[*] 출처: interbattery.or.kr

③ 상품기획

상품기획 업무는 해당 기업이 앞으로 어떠한 제품을 개발하여 타겟 시장에서 제품 Portfolio를 운용할 것인지 제품 전략을 수립하는 일을 한다. 예를 들어 전기자동차 회사에서 새로운 모델을 출시하기 위해 배터리 기업에 배터리 개발을 요청하면 대체로 다음과 같은 프로세스로 제품개발 과제를 진행한다.

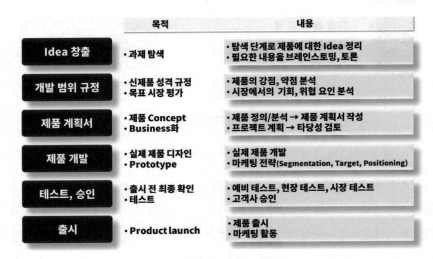

[그림 1-5] 상품기획

아이디어 도출과 Stage 1에서는 고객사의 제품사양을 검토하여 요구 성능, 에너지밀도, 효율성 등을 고려하여 과제화할 수 있는 기본 아이디어를 정리한다. 이에 따라 배터리의 개발 범위를 정하게 된다. Stage 2에서는 제품 개발을 위한 프로젝트 계획을 수립하게 된다. 여기서는 간략하게 제품을 출시할 경우 개발 후 3년간 매출과 이익 규모가 얼마나 될 것인지 1차 재무성과를 평가한다. Stage 3에서는 재무팀과의 합의에 따라 본격적으로 제품개발을 시작하게 되고, Stage 4에서 개발한 제품의 내부테스트와 고객사 테스트를 거쳐 제품 승인을 받게 된다. 이 단계에서 2차 재무성과를 통과하게 되면 Stage 5에서 출시하게 된다.

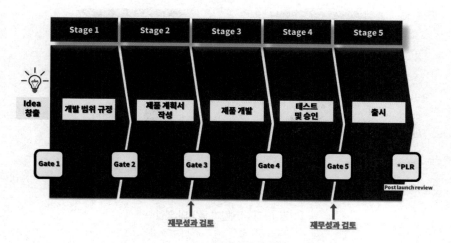

[그림 1-6] 상품기획 Gate 관리

상품기획은 기업에 따라 소속 부서가 다르기도 하다. 마케팅팀에서 담당하기도 하고 R&D팀에서 담당하기도 한다. 소재나 재료를 개발하는 기업이면 R&D팀에서 담당하고, 주로 완성품을 조립하거나 생산하는 기업이면 마케팅팀에서 담당한다. 물론 상품기획이라는 별도의 업무를 구분하지 않고 R&D팀이나 응용개발팀 같은 곳에서 담당하기도 한다. 하지만 각 팀이 독자적으로 업무를 수행하는 것이 아니라 관련 부서간 유기적인 협업을 통하여 수행된다.

(2) 영업

영업 직무는 마케팅에 포함하여 운영하는 기업도 있고, 별도로 구분하여 영업팀을 운영하는 기업도 있다. 영업팀을 마케팅의 한 부분으로 운영하든 독립부서로 운영하든 영업팀에서 하는 업무의 차이는 거의 없다. 마케팅과 영업의 역할 차이를 간단하게 비교하면 다음과 같다.

[그림 1-7] 마케팅과 영업의 역할

마케팅은 전사적인 관점에서 전략을 수립하고 기업 내부의 자원을 어떻게 배분할 것인가를 조직한다고 할 수 있다. 영업은 전사적인 활동의 결과로 나온 제품을 고객 접점에서 판매를 담당하여 회사의 매출을 책임지는 부서라고 한정할 수 있다. 이런 개념에서 영업과 마케팅을 명확하게 구분하기도 하지만 대부분의 기업에서는 동일한 조직 안에서 운영하는 경우가 많다. 마케팅과 영업을 구체적인 업무 특징으로 구분하면 다음과 같다.

〈표 1-2〉 마케팅과 영업의 차이점

마케팅	영업
- 회사가 고객이 원하는 제품을 만들도록 노력	- 회사가 만든 제품을 고객이 구매하도록 노력
- 넓은 의미의 마케팅	- 좁은 의미의 마케팅
- 고객사 Needs와 관점에서 해결	- 자사 Needs와 관점에서 해결
- 기업 외부 관점 유지	- 기업 내부 관점 유지
- Pull Marketing	- Push Marketing
- 수익 증대를 목표	- 매출액 증대를 목표
- 경쟁우위를 확인해서 명확하게 하려고 노력	- 구매하도록 설득하는 데 노력
- 제품 생산 전에 착수	- 제품이 나와야 착수
- 제품 판매 이후에도 지속	- 제품 판매로 종료
- 장기적 관점 유지	- 단기적 관점 유지

B2B 영업을 이해하기 위해서는 고객 가치사슬(Customer Value Chain)을 이해해야 한다. 예를 들면 배터리 제조업체를 중심으로 후방산업에는 제조에 필요한 원부자재 또는 장비를 공급하는 2차 협력사와 1차 협력사가 존재한다. 기

업의 고객사가 있는 전방산업에는 자동차 제조회사와 일반 소비자가 있다. 이러한 관계를 고객 가치사슬이라고 한다.

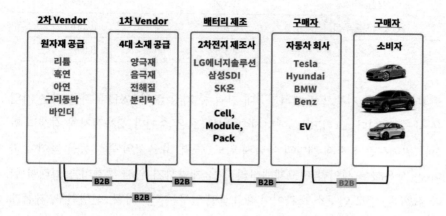

[그림 1-8] 고객 가치사슬의 예

마케팅의 관점에서 보면 가치사슬에 주목해야 한다. 영업 부서는 고객사가 되는 자동차 회사를 대상으로 영업 활동하므로 전후방산업 전반에 대해 업무역량을 집중할 필요는 없지만, 전방산업에 있는 고객사에 원활하게 대응하기 위해 후방에 있는 협력사의 내용을 파악하는 활동은 바람직하다고 할 수 있다.

(3) R&D

R&D는 Research & Development로 연구개발 업무를 의미한다. B2C, B2B 기업을 막론하고 제조업 기반의 기업이 전사적 자원을 집중하는 부서가 바로 R&D이다. 기업 평가에서 매출액과 영업이익은 중요하다. 이 두 가지 지표는 지나온 과거의 실적을 평가하지만, R&D 투자 비용은 기업의 미래를 평가하는 지표이다. R&D 관련 투자금액, 연구개발 진도, 연구개발 성과가 기업의 성패를 좌지우지하기 때문이다.

*
출처: 파이낸셜뉴스, 2024.3.17

〈표 1-3〉 배터리 제조사 R&D 투자 현황[*]   (단위: 억 원)

구분	2022년	2023년
삼성SDI	10,764	11,364
LG에너지솔루션	8,761	10,374
SK온	2,346	3,007

최근 실적을 기준으로 배터리 3대 기업 중 가장 많이 R&D 투자를 하는 기업은 삼성SDI이다. 그리고 LG에너지솔루션, SK온 순이다. 2차전지의 경쟁력 확보를 위해서는 신소재 개발과 에너지 밀도, 출력, 효율성의 특성 등을 높여야 하며 곧 상용화를 선언한 전고체배터리 등을 개발하기 위해 투자비를 늘려야 한다. R&D는 주로 연구소 소관이며 대표적인 업무는 연구기획, 선행연구, 제품개발, 분석, 생산기술연구 등이다.

〈표 1-4〉 R&D 대표 업무

직무	업무 내용
연구기획	- 연구과제 발굴 및 진도 관리 - R&D 전략 수립 - 국책 과제 관리
선행연구	- 차세대 소재, 재료, 제품 연구 - 신규 물질 개발 - 중장기 연구 과제 수행
제품개발	- 소재, 재료, 제품 상용화 - 기존 제품 개선 및 개질 - 개발 제품 양산 이관
분석	- 유무기 소재 분석 - 신규 물질 분석 - 개발 제품 내부 테스트 수행
생산기술연구	- 생산 공정 개발 및 개선 - 생산 설비 개선 및 개발

대부분 R&D 업무하면 석·박사 출신만 지원할 수 있는 것으로 여기는데, 채용 공지에 학위를 제한하는 내용이 없으면 학부 졸업생도 지원할 수 있다. 석사나 박사 학위 소지자가 필요한 분야는 지원 자격 요건으로 석사 이상이라고 별도 표기하여 채용 공고가 올라간다.

배터리의 주요 구매업체는 EV를 만드는 자동차 기업과 IT 기기를 제조하는 업체이다. IT 기기 제조업체는 새롭게 개발하는 모델이 1년에도 수십 개에 이르므로 개발 수요를 적시에 대응하기 위해서는 개발인력이 적잖게 소요된다. 반면에 EV를 생산하는 자동차 업체는 중장기 모델에 대한 배터리 개발을 배터리 제조사에 의뢰하게 되는데, 대용량인 데다가 신뢰성 평가에 장시간이 소요되기 때문에 많은 인력이 개발에 집중해야 한다. 현재 EV용 배터리의 수요가 급증하고 있어서 R&D 인력의 수요는 지속적으로 증가하고 있다.

(4) 구매

구매 직무는 기업이 생산하는 재화나 서비스를 제공하기 위해 필요한 원부재료와 공정에 필요한 재료, 생산을 위한 생산 설비, 연구를 위한 연구 장비, 분석을 위한 분석 장비 등을 구매하는 업무를 담당한다.

〈표 1-5〉 구매 직무

직무	업무 내용
내자구매	- 국내 원부재료 구매 - 국내 공급망 관리
외자구매	- 해외 원부재료 구매 - 해외 공급망 관리
개발구매	- 신규 공급망 발굴 - R&D 개발 단계 원부자재 공급망 발굴 및 관리
양산구매	- 원부자재 조달 업무 - 발주 및 납기 관리 - 공급업체 관리
설비구매	- 생산 설비 구매 - 연구, 분석 장비 구매

구매는 SCM 상에서 수요에 따른 공급을 책임지는 부서이기 때문에 중요한 역할을 담당하고 있다. 단순히 원재료 조달업무만 담당하는 것이 아니라 원가절감과 구매자금을 어떻게 운용할 것인지 구매전략을 수립해서 실행해야 한다. 구매타이밍이 늦어지면 생산과 공급에 차질이 발생하여 회사에 큰 손실이 발생할 수도 있다. 이를 방지하기 위해 회사의 구매조직은 S&OP(Sales and Operations

Planning: 판매 운영계획)를 운영하여 마케팅이나 영업의 수요에 따른 공급 계획에 맞게 원부자재를 적시에 조달한다.

(5) 생산

생산팀은 기업의 존속 이유가 되는 재화와 서비스, 즉 제품을 만들어 내는 역할을 담당한다. 다른 모든 부서의 업무가 갖춰져 있다 하더라도 판매할 제품을 만들지 않는다면 회사가 존립할 수 없기 때문이다. 물론 위탁 생산이나 아웃소싱을 통해 제품을 조달할 수 있지만, 이는 B2C 기업에서나 가능한 일이고 B2B 기업에서 권장하는 비즈니스 모델은 아니다. 다만 자체 제조경쟁력이 떨어지거나, 더 나은 위탁 생산 기업이 있는 경우 전략적 제휴를 하여 제품의 경쟁력을 확보하기도 한다.

〈표 1-6〉 생산 직무

직무	업무 내용
생산기획	– 생산 계획 수립(주간, 월간, 연간) – 생산라인 운영 계획 수립
생산관리	– 생산 원가 · 수율 관리 – MES(생산관리시스템) 및 SCM 업무 수행
생산설비	– 생산설비 운영 최적화 – 설비 설계 및 설치 – 설비 유지, 보수
생산기술	– 생산라인 구축 및 공정 최적화 – 신기술 개발
공정기술	– 최고 품질을 위한 공정 최적화 및 고도화 – 신공정 개발

생산은 엔지니어가 최고의 역량을 발휘할 수 있는 직무이다. 이해하기 쉽게 설명하자면 R&D에서 개발한 제품에 생명을 불어넣는 역할이다. 수많은 원부자재를 가공하고, 여러 생산 프로세스를 거쳐 고객이 사용할 수 있는 제품으로 만드는 일은 쉬운 일이 아니다. 특히 배터리 제조의 경우 대표적인 생산 공정을 전극 공정, 조립 공정, 화성 공정의 3단계에 팩 공정으로 나누지만, 단계별 세부 공정은 단위공정으로 구성되어 있어서 공정별 설비도 각각 필요하다. 전극 활

물질을 코팅하는 공정은 필름생산 공정과 같이 라인의 전체 길이가 긴 경우도 있다. 게다가 충·방전처럼 시간이 많이 소요되는 공정도 있다.

배터리 제조공정은 반도체나 디스플레이 공정처럼 습도와 분진이 없는 클린룸 환경에서 운영되어야 한다. 공정마다 상이하기는 하지만 드라이룸은 습도의 허용치가 1% 이하로 반도체나 디스플레이에서 허용하는 45%±5% 조건보다 더 엄격하다. 반면 분진에 대한 허용치는 약간 낮은 편이다.

〈표 1-7〉 산업별 클린룸 조건*

* 출처: hankyung.com, 신성이엔지 제공 자료

구분	배터리(드라이룸)	반도체	디스플레이
온도	23℃±2℃	23℃±0.5℃	23℃±2℃
습도	1% 이하 (-32℃ 노점온도 이하)	45%±5%	50%±10%
청정도	1ft³ 공간에 0.1μm 크기의 파티클이 1만~10만 개 이하	1ft³ 공간에 0.1μm 크기의 파티클이 1,000개 이하	1ft³ 공간에 0.1μm 크기의 파티클이 1,000개 이하

(6) SCM

SCM은 일반적으로 공급망관리(Supply chain management)로 알려져 있다. 최근 기업들은 자사의 경쟁력을 높이기 위해 SCM을 혁신하려는 노력에 집중하고 있다. 우리나라 기업 중 글로벌 기업과 세계 시장에서 경쟁하는 기업은 대부분 SCM의 혁신에 성공했다. 대표적인 기업으로는 삼성전자, 현대자동차, SK하이닉스 등이 있다. 그중 삼성전자의 DX사업부의 SCM은 제조 기업으로서는 전 세계 Top 수준이다.

SCM을 단순히 생산에 한정해서 이해하는 경우가 대부분인데, 실제로 SCM은 생산과 물류 부서로 한정되지 않는 전사 차원의 경영전략이다. 2019년 일본이 기습적으로 우리나라에 핵심 소재 수출을 규제했지만 삼성전자, SK하이닉스, LG디스플레이 등 당시 일본으로부터 주요 원부자재를 수입하던 기업들이 큰 영향을 받지 않고 단시간 내에 공급망 문제를 해결했던 이유 중의 하나가 기존부터 탄탄하게 구축해 온 SCM이 제대로 작동했기 때문이다.

SCM은 수요와 공급을 원활하게 하기 위해 어떻게 전사 자원을 활용할지 전략을 수립하고 실행하는 역할이라고 이해하면 된다. 쉽게 설명하자면 앞에서

기업 경영 프로세스 맵으로 설명한 모든 업무를 하나의 프로세스로 통합한 경영 기법이라고 할 수 있다. SCM을 GOC(Global operation center)라고 부르는데 이는 한국 내 사업장에만 국한하지 않고 전 세계에 있는 구매, 생산, 물류, 판매, 수요의 정보를 통합적으로 관리하고 실시간으로 의사를 결정하여 시장 환경 변화에 유연하게 대처하기 때문이다.

SCM은 주기적으로 S&OP(판매 운영계획) 회의를 통해 수요와 공급 계획을 수립하여 점검하고 실행한다. 글로벌 기업들은 SCM에 제품개발과 마케팅까지 연계하여 기업 경영 전략을 이미 SCM을 중심으로 운영하고 있다. 하지만 국내 기업은 삼성전자 등 일부 기업을 제외하고는 SCM이라고 하면 주로 '제조 SCM'을 의미하는 경우가 대부분이다. 제조 SCM의 프로세스는 다음 그림과 같다.

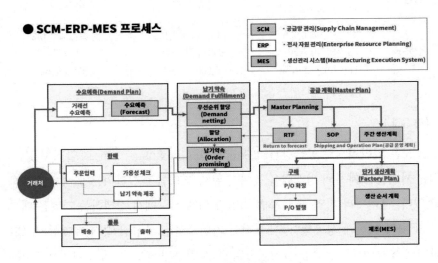

[그림 1-9] 제조 SCM의 프로세스*

*
출처: 정동곤(2017), 『스마트팩토리』, 한울

(7) 기획

기획은 기업에서 브레인 역할을 하는 부서로 이해하면 된다. 기업의 사업과 조직의 운영에 따라 기획 업무가 정의되는 내용이 차이가 있기도 하지만, 대체로 전사 경영전략을 효율적이고 전략적인 방향으로 운용하기 위해 존재한다.

기획 직무는 대표적인 스태프로서 전사 소속이나 사업부 소속으로 기획 업무를 수행한다. 사업기획은 새로운 사업 아이템을 발굴, 신규 사업의 기회를 검토한다. 현재 수행하고 있는 사업과 시너지 효과를 낼 수 있는 관련 사업을 검토하거나, 자사의 경쟁력을 강화하기 위해 다른 기업에서 진행 중인 사업권의 인수·합병을 기획하기도 한다. 글로벌 기업의 경우 잠재적인 경쟁 구도를 사전에 제압하기 위해 직접 사업과 관련이 없어도 대상 기업을 인수하기도 하나, 대체로 현 사업의 경쟁력을 강화하기 위해 인수·합병을 기획한다.

기술기획 업무는 연구소나 사업부에 별도 조직으로 운영하기도 하는데 사업과 관련된 기술전략을 수립하고 핵심역량을 확보하는 일이다. 주요 첨단 기술과 관련되어 기술, 시장, 정부의 동향과 경쟁사의 기술 등을 파악하여 기술경영전략을 수립한다.

특허기획 업무는 특허 기술을 개발하는 연구소와 밀접한 관계가 있다. 특허 검색은 일차적으로 R&D 연구원들이 제품 개발과 관련된 특허를 검색하여 특허를 회피할 수 있는 기술을 개발하기 위함이기도 하지만, 전문적인 특허 관련 해석이 필요한 경우, 특허기획팀의 도움을 받아 특허를 분석한다.

특허기획은 등록된 특허를 검색하고 분석하는 업무뿐만 아니라 R&D를 통해 새롭게 개발되는 기술이나 소재 관련하여 특허권이나 상품권 관련하여 보호가 필요할 경우 특허기획팀에서 업무를 진행한다. 회사의 규모에 따라 자체적으로 특허 관련 부서를 운영하기도 하지만 외부 특허사무소를 활용하는 경우가 대부분이다.

(8) 경영지원

경영지원은 기업의 경영을 총괄적으로 도맡아 하는 스태프 부서이다. 마케팅·영업 활동을 포함하여 제품의 출하와 세금계산서 발행까지 모든 프로세스의 업무가 마무리되면 재무, 경리부서에서는 해당 기간(월, 분기, 반기, 연간)에 발생한 매출과 원가, 대금 결제와 세금 신고 등 결산 업무를 수행한다. 그 외에 투자와 매각, 자금 조달 및 집행 등의 업무를 현업부서 등과 협의하여 전사의 살림을 담당한다.

경영전략 업무는 CEO의 스태프로서 각 사업부와 협의하여 전사 경영전략을 수립하고 회사라는 큰 배의 항해사 역할을 하여 사업의 방향성을 제시하고 건전성을 확보하여 시장 경쟁에서 우위를 확보하는 것이다.

(9) HR

기업에서 일어나는 모든 업무가 IT 기술에 의존을 하고 생산설비 등 공장에서 수행하는 모든 일이 자동화되었다고 해도 이를 기획하고 실행하는 건 사람이다. HR, 즉 인사의 업무는 각 단위 조직에서 원하는 인재를 선발하여 적재적소에 배치하여 기업의 성과를 최대로 유지할 수 있도록 하는 일이다.

기업의 경영전략을 달성하는 데 필요한 인력을 충원하고, 각 구성원이 업무 역량을 발휘할 수 있도록 역량개발을 위한 교육과 훈련을 기획하며, 급여나 복리후생과 같은 직원의 사기와 관련된 업무를 수행한다. 이미 한국의 기업들은 글로벌화되어 있어 해외에 진출해서 현지 사업장을 운영하기도 하고, 글로벌 인력들을 채용하여 한국의 R&D 거점 근무를 제공하기도 한다. 이러한 측면에서 HR의 업무 또한 글로벌 스탠더드에 기준한 Global HR을 수행하기도 한다.

HR은 크게 HRM(Human Resources Management)과 HRD(Human Resources Development)의 역할로 나누어진다. HRM은 인적 자원 관리로 전통적인 인사팀의 업무라고 생각하면 된다. 인력 운용, 채용, 급여, 성과 관리, 보상, 승진, 복리후생 등이 주 업무 영역이다. HRD는 인적 자원 개발이다. 기업의 고유의 문화와 경영 철학을 바탕으로 직원의 경력 개발(Career Develpoment Path), 직무 역량 강화, 교육 프로그램 운영, 계층별 리더십 훈련 등을 전담한다. 기업 규모에 따라 구분하여 운영하는 경우도 있고, 특별한 구분을 두지 않고 전통적인 인사팀 업무로 진행하는 경우도 있다.

(10) 공무 · 환경

공무는 생산 현장이 제대로 생산 활동을 할 수 있도록 핵심 동력이 되는 유틸리티(전기, 용수, 가스, 보일러 등)가 24시간 아무런 문제 없이 가동될 수 있도록 유지, 보수하는 업무를 담당한다. 또한, 생산설비가 원활하게 가동될 수 있도록 설비를 개조하거나 개선하는 활동을 한다. 특히 생산라인 업그레이드나 리모델링을 할 때 요구되는 성능에 맞추기 위해 각종 전기, 배관, 설비 등을 규격에 부합하도록 설계와 시공을 담당한다. 공무의 중요성은 단순히 사후처리에 있는 것이 아니라 사전에 예방정비와 점검 등을 통해 생산라인에서 발생할 수 있는 변수를 최소화 또는 Zero화하여 생산사업장이 최상의 가동상태를 유지하는 데 있다.

공장에서는 오·폐수나 배기가스 등 오염 물질이 발생한다. 특히 공정재료로 케미칼 재료를 사용하는 사업장은 공정재료를 안전하게 보관해야 하고 사용 후 오·폐수도 완벽하게 처리해야 한다. 이러한 업무를 선제적으로 처리하는 부서가 환경안전 부서이다. 환경안전 업무는 공장뿐만 아니라 사무환경 개선의 책임도 있기 때문에 직원들이 근무하는 곳이면 공장이든 빌딩 안에 있는 사무실이든 최상의 환경을 유지하도록 해야 한다. 환경안전 규제, 소방법에 따른 안전장치 등의 가이드라인을 마련해서 준수하도록 하여 직원이 안전한 환경에서 근무할 수 있는 환경을 제공하는 역할도 한다.

(11) 품질

품질부서 업무는 최근 들어 더욱 세분되어 기업의 제조 활동뿐만 아니라 R&D의 개발 단계에서부터 최종 소비자 단계까지 제품의 모든 PLC(Product Life Cycle: 제품생애주기) 전반에 걸쳐 영역이 넓어지고 있다. 품질이라고 하면 기업에서 만들어 내는 최종 제품의 품질만 생각하는 경향이 있다. 물론 제품의 품질이 중요하기는 하지만 최종 제품이 제대로 나오기 위해서는 개발 단계의 원부재료부터 철저한 품질 검수가 필요하다.

품질 업무는 기업 전반의 품질 전략을 수립하는 품질경영이나 품질기획 업무를 시작으로 개발 품질, 원부재료 품질 검수, 각 공정품질, 제품의 품질보증, CS 업무 등으로 구분된다. 이러한 업무를 수행하는 데 필요한 역량은 검사 장비를 조작할 수 있는 능력과 Data를 분석하여 원인을 규명할 수 있는 분석력이 필수이다. 또한 품질 업무는 내부적으로 관련 부서와 협의를 해야 하는 경우와 고객사의 불만을 처리하는 업무도 있기 때문에 의사소통 능력과 논리적인 설득 역량이 요구된다.

최근 IT 기기의 첨단화 및 성능의 고도화로 소재나 부품을 담당하는 기업의 품질 요구 수준은 지속해서 높아지고 있다. 특히 배터리를 제조하는 기업은 배터리의 안전성이 가장 중요하기 때문에 품질에 대한 요구사항은 더욱 엄격하다. 완제품에 대한 품질 평가 기법도 개발해야 하고, 원부재료 단계부터 품질 이상이 발생하지 않도록 체계적인 품질 관리 기법도 개발해야 한다.

CHAPTER 02 2차전지 3대 제조사의 직무

핵심요약 →

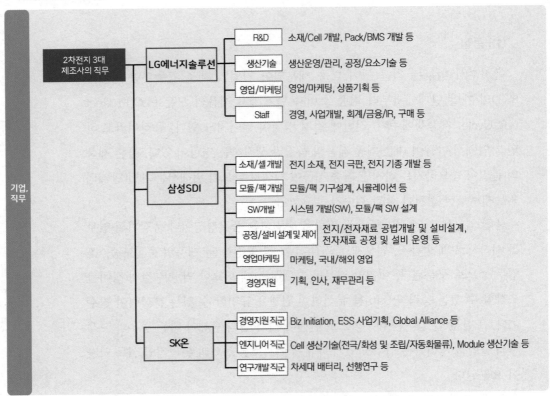

기업, 직무 — 2차전지 3대 제조사의 직무

LG에너지솔루션
- R&D : 소재/Cell 개발, Pack/BMS 개발 등
- 생산기술 : 생산운영/관리, 공정/요소기술 등
- 영업/마케팅 : 영업/마케팅, 상품기획 등
- Staff : 경영, 사업개발, 회계/금융/IR, 구매 등

삼성SDI
- 소재/셀개발 : 전지 소재, 전지 극판, 전지 기종 개발 등
- 모듈/팩개발 : 모듈/팩 기구설계, 시뮬레이션 등
- SW개발 : 시스템 개발(SW), 모듈/팩 SW 설계
- 공정/설비설계및제어 : 전지/전자재료 공법개발 및 설비설계, 전자재료 공정 및 설비 운영 등
- 영업마케팅 : 마케팅, 국내/해외 영업
- 경영지원 : 기획, 인사, 재무관리 등

SK온
- 경영지원직군 : Biz Initiation, ESS 사업기획, Global Alliance 등
- 엔지니어직군 : Cell 생산기술(전극/화성 및 조립/자동화물류), Module 생산기술 등
- 연구개발직군 : 차세대 배터리, 선행연구 등

1. LG에너지솔루션

LG에너지솔루션은 R&D, 생산기술/품질, 영업/마케팅, 스태프의 4가지 직무로 구분하여 채용한다. 신입사원 채용은 수시 모집으로 대졸 신입사원과 신입 R&D 석박사를 채용한다. 채용 공지는 매번 올라올 때마다 비슷하지만, 기업의 상황에 따라 채용하는 직무는 차이가 날 수도 있다.

LG에너지솔루션은 2020년 LG화학으로부터 분리, 독립한 이후 매년 배터리 관련 인력을 늘리고 있다. 초기에는 LG화학에서 사업부와 계열사 전환 배치 등으로 내부 인력 간의 이동이 있었으나, 꾸준히 신규와 경력 사원을 채용하여 사업에 박차를 가하고 있다.

〈표 2-1〉 LG에너지솔루션 채용 직무

구분	R&D	생산기술	영업/마케팅	Staff	
직무	– 소재/Cell 개발 – Pack/BMS 개발 – 시스템개발/ 　시뮬레이션/ 　분석 – R&D 기획 – Platform 개발 – DX – 특허관리	– 생산운영/관리 – 공정/요소기술 – 설비기술 – 생산인프라 – 품질	– 영업/마케팅 – 상품기획	– 경영전략 – 경영혁신 – 사업개발 – 회계/금융/ 　IR – 구매 – SCM(공급망/ 　물류) – 환경안전 – 업무지원	– HR(HRM) – HR(HRD) – HR(노경) – 정보보안 – 업무혁신 – 법무 – 진단 – 정책지원 – 홍보/마케팅

(1) R&D

R&D는 연구를 수행할 연구원을 채용한다. LG에너지솔루션은 R&D 직무를 '소재/Cell 개발', 'Pack/BMS 개발', '시스템개발/시뮬레이션/분석', 'R&D 기획', 'Platform 개발', 'DX', '특허관리'의 6개 세부 직무로 구분한다. R&D 직무

는 채용 시에 자동차전지사업부, 소형전지사업부, ESS전지사업부, CTO(Chief Technology Officer: 연구소) 등 사업부별로 직무가 조금씩 차이가 있기 때문에 지원자가 눈여겨볼 필요가 있다. R&D 직무 중에 지원자가 많이 몰리는 3개에 직무에 관해서만 간단하게 요약한다.

소재/Cell 개발 직무는 용도에 따라 EV, ESS, IT 기기 등을 구성하는 셀을 설계하고 개발한다. 개발은 대체로 고용량, 고성능, 장수명, 고안전성의 특성을 구현하는 것을 주목표로 한다. 전고체 배터리나 리튬메탈 배터리 등 차세대 제품을 개발하며 셀의 핵심 물질인 양극재, 음극재, 전해액, 분리막 등 신규 소재 개발도 담당한다.

소재/Cell 개발 직무는 화학, 화학공학, 에너지공학, 신소재공학, 재료공학, 고분자공학, 전기화학 등 유관 전공자 위주로 선발한다.

Pack/BMS 개발에서 Pack 개발은 배터리 모듈, 팩과 관련된 제품설계, 요소기술, 부품 개발 등의 업무를 수행하며 기계공학 전공자 위주로 모집한다. BMS 개발은 EV와 ESS에 적용하는 Battery Management System(배터리 관리 시스템)의 S/W와 H/W를 개발하고 검증하는 역할을 한다. 배터리의 성능, 상태를 정확하게 예측하고 진단하는 알고리즘을 개발하고, 고객사의 요구 수준에 부응하는 전력변환 장치를 연구, 개발한다. S/W 부문은 전기전자, 컴퓨터공학, 신호처리, 제어계측, 메카트로닉스 공학, 수학, 물리, 산업공학, 화학공학, 통계학 전공자가 모집 대상이고, H/W 부문은 주로 전자공학, 컴퓨터공학 전공자를 선호한다.

시스템개발/시뮬레이션/분석 업무 중 시스템개발은 고객사의 요청에 따라 최적의 솔루션을 제안하고 배터리의 안전성을 검증하고 분석하는 방법론을 개발한다. 시뮬레이션은 배터리의 열특성, 구조 신뢰성, 전기화학의 성능 등을 시뮬레이션 도구를 이용하여 가상으로 검증하는 업무를 수행한다. 이 업무에 적합한 전공은 기계공학이나 재료공학이다.

분석 직무는 R&D 과정이나 고객사와의 이슈 등이 발생했을 때 원인을 분석하거나 신규 분석법을 개발하는 등의 업무를 수행한다. 분석 기기를 이용하여 전지와 소재 개발 과정에서 주요한 이슈를 분석하여 근본적인 원인을 해결하는 역할을 한다. 주로 석사 학위 이상으로 선발하는 경우가 대부분이다.

〈표 2-2〉 LG에너지솔루션 R&D 직무

직무	내용
소재/Cell 개발	- 유/무기 소재 합성 및 분석, 금속/고분자 재료 물성연구 등 - 차세대 전지기술, 전지소재 및 공정기술 등
Pack/BMS 개발	- 기구설계, 구조설계, 최적설계, 공정설계 등 - 배터리 제어 알고리즘, 전지보호 회로 SW/HW 개발, 전장부품 개발 등
시스템개발/ 시뮬레이션/분석	- 배터리 시스템 요구사항 분석 및 설계, 표준 시스템 개발 및 최적화 - 유/무기분석, 형상분석, 이미지분석, 표면분석 등 - Material Informatics, 알고리즘 개발, 계산화학 등
R&D 기획	- R&D 전략, 기술협력, Open Innovation 등
Platform 개발	- App/Web 개발, 클라우드 데이터 플랫폼 개발, MLOps 플랫폼 개발, IoT 장치개발 등
DX	- 배터리 수명예측/제어, 전기화학 기반 퇴화 알고리즘 개발, 제조공정 개선, 능동지능 제어, Material Informatics 등
특허관리	- 내외 특허전략 체계수립 및 강화 - 특허소송/라이선스/계약, 특허 포트폴리오 강화 및 리스크 분석 - 디자인, 상표 출원 및 등록 등

(2) 생산기술/품질

〈표 2-3〉 LG에너지솔루션 생산기술/품질 직무

직무	내용
생산운영/관리	- 생산량/수율/가동율/설비종합효율 관리 및 개선 등 - 생산계획 수립 및 실적관리, 라인운영 최적화 관리
공정/요소기술	- 국내외 신공정 기술 개발/지원/확산 등 - 제조지능화 관련 DX 활동 등
설비기술	- 설비(전극,조립,활성화,물류,팩) 개발/증설/안정화 등 - 설비 고장예지/지능화, 자동화 기술 개발 등
생산인프라	- R에너지관리체계 구축 및 표준화 - 전기/유틸리티/공무/건설 등
품질	- 개발/양산 제품 및 고객 품질 관리/보증 - 국내외 품질 모니터링 및 개선 - 품질 전략 및 시스템 확립/실행

(3) 영업/마케팅

〈표 2-4〉 LG에너지솔루션 영업/마케팅 직무

직무	내용
영업/마케팅	- 고객사별 수주 및 개발, PM 및 양산 물동관리 - 개발 프로그램별 수익성 관리 등 - 4M Management ※영어/중국어/폴란드/독일어 등 외국어 필수
상품기획	- 상품 경쟁력 강화를 위한 전략 수립 - 지역별 시장 수요 분석 / 신시장 성장 동력 선제적 발굴 및 확산 - 고객 Needs 분석을 통한 제품 컨셉 개발 방향성 수립 등

(4) Staff

〈표 2-5〉 LG에너지솔루션 Staff 직무

직무	내용
경영전략	- 전지사업 포트폴리오 전략 및 중장기 사업전략 수립 등 - 미래전략 및 New Biz. Plan 수립 및 전략적 투자 지원 등 - 정책/시장 Market Intelligence 및 경쟁력 분석 등
경영혁신	- 혁신과제 발굴 및 추진 - 품질 최우선 문화 구축 - 고객 PainPoint 관리/해결 등
사업개발	- 거점별 J/V 추진, 고객사 전략적 제휴, 신규 협력 과제 발굴 및 Biz.모델 수립 등 - B2B / B2C 서비스 기획 및 개발
회계/금융/IR	- 재무회계, 세무, 금융 등 기업 거래 분석 및 재무 프로세스 관리 - 재무 Risk 관리 - IR 관리
구매	- 원료, 부자재, 부품 등에 대한 공급사/단가/품질/납기 관리 등
SCM(공급망/물류)	- Global SCP 공급 Target 수립, 중장기 물동 운영계획 수립 및 정밀화 - 생산/품질/구매/자재 등 물동 관련 이슈 도출/대응/Risk 관리 - 물류 기획 및 물류 최적화 등
환경안전	- 대기/수질/에너지 환경문제 개선, 안전사고 및 위험요인 사전 예방 관리 비상대응체계 구축/운영 등 - 업무상 질병예방 및 보건 법규준수를 위한 관련 기준 제도 수립/운영 - 제품 환경법규 대응, 관리체계 구축/운영 및 친환경제품 역량강화

업무지원	– 사무환경 지원, 시설 관리, 각종 비품/자산 관리 – 사업장 제반 지원(시설관리, 각종/자산 관리 등) – 예비군/민방위 관리, 조직편성, 교육훈련 등
HR(HRM)	– 인사제도 기획, 임원이사, 조직구도 설계/운영, 평가, 보상, 근태/복리후생 등 – 국가별 인사 및 주재원 관련 제도 기획/운영/li〉 – 국내외 인재확보 전략수립 및 리크루팅
HR(HRD)	– 육성 프로그램 기획/운영/관리, 조직문화 Tool 개발/진단/개선 등
HR(노경)	– 노경 Issue 관련 Planning, 노경관련 Risk 관리, 사업장 노경업무 지원 등(공인노무사 자격 소지자 우대)
정보보안	– 정보보안 전략/정책 및 Global 정보보안 거버넌스 체계 수립 – Cyber 침해/유출 대응, Compliance 요건 대응(개인정보보호, GDPR) – 사업장, IT Infra, 업무 프로세스에 대한 보안 진단 및 위험 평가
업무혁신	– 최적 Operation을 위한 프로세스 Re-Design/시스템 구축 – IT Governance 및 업무혁신 전략 수립 – 최적 IT Infra 설계 및 구축/운영 – 빅데이터 분석 및 지표 관리

법무	– 법률 이슈 관련 자문 및 계약서 검토, 법률 서비스 제공
	– 사업운영 관련 법적 리스크 선제적 대응, 손해배상(민사),
	  행정청의 처분(행정), 형사법적 이슈(형사) 등 소송 및 소송 외
	  클레임, 공정거래위원회 조사 대응 등
	– Compliance Risk 점검 및 교육, 이사회 사무국 운영,
	  공정거래 정책 수립 및 운영

진단	– 정도경영 조직문화 구축 및 홍보/교육 – 사업 성과와 업무 적정성에 대한 진단 – 부정비리 제보 조사 등
정책지원	– 정부 정책 분석을 통한 주요 사업 현안 지원 – ESG 전략 및 ESG위원회 운영 관리 – 기후변화/사회공헌/동반성장 기획 및 실행 관리
홍보/마케팅	– 기업 이념, 경영방침 전파 및 대언론 PR을 통한 기업 가치 제고 – 브랜드 전략 수립 및 광고, 디지털 커뮤니케이션 운영 – 전사 통합 마케팅 커뮤니케이션 전략 수립 및 BTL 마케팅 기획/실행

2. 삼성SDI

삼성SDI는 소재/셀 개발, 모듈/팩 개발, SW 개발, 공정/설비 설계 및 제어, 영업마케팅, 경영지원의 6가지 직무로 구분하여 채용한다. 3사 중 유일하게 수시채용이 아닌 공채제도를 운영하고 있어 지원자들의 선호도가 높은 편이다. 신입사원 채용 시 석사 이상으로 제한하는 규정이 없어서 학사 졸업자면 누구나 지원할 수 있다.

단 삼성SDI는 채용 공고 시 안내문에 각 채용 직무에 관한 지원 자격을 명시한다. 해당 직무와 연관된 모집 전공과 영어 회화(OPIc 및 토익스피킹에 한함) 최소등급을 확인해야 한다. 자세한 내용은 별도로 배포하는 직무기술서에 '필요역량'을 참고한다.

다음의 직무 구분은 홈페이지 게시된 대표 직무만 정리한 내용이다. 채용 상황에 따라 조금씩 변동이 있기도 하지만 안전 환경, 인프라, 건설 직무 등을 포함한 자세한 내용은 지원 시점에서 가장 최근의 채용 공지와 직무기술서를 참고하기를 바란다.

〈표 2-6〉 삼성SDI 채용 직무

구분	소재/셀 개발	모듈/팩 개발	SW 개발
직무	- 전지 소재개발 - 전지 극판개발 - 전지 기종개발 - 전지/전자재료 평가 및 분석 - 전자재료 소재개발	- 모듈/팩 기구설계 - 시뮬레이션 - 모듈/팩 회로설계	- 시스템 개발(SW) - 모듈/팩 SW 설계
영어	OPIc IL 또는 토익스피킹 Level 5 또는 110점 이상	OPIc IL 또는 토익스피킹 Level 5 또는 110점 이상	OPIc IL 또는 토익스피킹 Level 5 또는 110점 이상
구분	공정/설비 설계 및 제어	영업마케팅	경영지원
직무	- 전지/전자재료 공법개발 및 설비설계 - 전자재료 공정 및 설비운영 - 전지/전자재료 품질관리 - 전지 공정 및 설비 운영	- 마케팅 - 국내/해외 영업	- 기획 - 인사 - 재무관리 - 경영관리 - 구매
영어	OPIc IL 또는 토익스피킹 Level 5 또는 110점 이상	OPIc IH 또는 토익스피킹 Level 7 또는 160점 이상	OPIc IM 또는 토익스피킹 Level 6 또는 130점 이상

(1) 소재/셀 개발

〈표 2-7〉 삼성SDI 소재/셀 개발 직무

직무	내용
전지 소재개발	- 제품 성능에 따른 소재 조성 및 양산 개발 - 전지 극판 설계 및 극판 선행 기술 개발
전지 극판개발	- 전지 제품별 특성에 따른 요구 성능 도출 및 구현 - 표준 공정 개발 및 신공법 설계
전지 기종개발	- 전지 제품별 특성에 따른 요구 성능 도출 및 구현 - 표준 공정 개발 및 신공법 설계
전지/전자재료 평가 및 분석	- 전지 수명 및 안전성 비교분석, 불량 분석, 평가법 개발 - 전자재료 구조 분석 및 선행 분석법 개발 - 개발 제품 성능 및 특성 평가
전자재료 소재개발	- 반도체 공정 소재 및 부품 개발 - 디스플레이 소재 및 부품 개발 - 차세대 전자재료 제품 및 혁신 소재 개발

필요 역량	- 화학 화공, 재료 금속, 섬유 고분자, 기계, 전기전자(HW), 수학,
	  물리 등 관련 전공 역량 보유자
	- 공학적 지식에 대한 이해도가 높고, 문제해결 역량 보유자
	- 배터리 기본 원리 및 배터리 제품 관련 지식 및 역량 보유자
	- 리튬이차전지 생산 공정에 대한 이해도가 높고 데이터 통계에 대한
	  해석 능력 보유자
	- 전자재료 및 소재 단위의 선진기술에 민감하고 새로운 분야에
	  대한 발굴과 도전하는 자

(2) 모듈/팩 개발

〈표 2-8〉 삼성SDI 모듈/팩 개발 직무

직무	내용
모듈/팩 기구설계	– 전지 모듈/팩 전장부품 설계 및 Platform 개발 – 기구 및 전장 부품의 공정/공법 개발
시뮬레이션	– CAE 전문 기술을 활용한 모델링 및 시뮬레이션 – 전지 모듈/팩 구조해석 및 열/유동해석
모듈/팩 회로설계	– 전지 모듈/팩의 전기 회로 설계 및 검증 – 시스템 요구사항 분석 및 Architecture 설계, 구현 – 보호 회로 저저항 설계, 셀 밸런싱 회로 설계 등 회로 설계 및 제어기술 개발
필요 역량	– 기계, 전기전자(HW), 수학, 물리 등 관련 전공 역량 보유자 – 재료 역학, 열역학, 유체역학 등 기구 설계 및 모델링 시뮬레이션 관련 지식 보유자 – 회로 이론 및 전기 안정성 검증 등 설계 및 모델링 관련 지식 보유자 – 직무와 관련된 경험 보유자

(3) SW 개발

〈표 2-9〉 삼성SDI SW 개발 직무

직무	내용
시스템 개발(SW)	– 스마트 팩토리 구현을 위한 제조, 물류 자동화, 장비 제어 시스템개발 – 차별화 알고리즘 개발 및 시뮬레이션 활용 웹 기반 시스템 모델링개발
모듈/팩 SW 설계	– IT 및 New Apps F/W, SW 솔루션 설계 및 검증 – 차세대 전지 모듈/팩 BMS 알고리즘, 솔루션 개발 – ASW/BSW 등 SW 디자인 및 구현 – 프로그래밍 언어: C/C++/C#, JAVA, Oracle 등
필요 역량	– 전산 컴퓨터, 전기전자(SW), 기계, 산업공학, 통계(이공), 수학, 물리 등 전공 역량 보유자 – IT 신기술 및 트렌드에 민감하고 새로운 시스템 개발, 적용, 운영, 개선에 대해 도전하는 자 – 각 업무수행의 니즈와 개선점에 대해 명확히 이해하고 커뮤니케이션 역량 보유자 – 프로그래밍 언어 및 알고리즘 관련 지식을 보유하거나 새로운 언어를 습득할 수 있는 역량 보유자 – 데이터 솔루션, AI 등 관련 프로젝트 수행 등 직무와 관련된 경험 보유자

(4) 공정/설비 설계 및 제어

〈표 2-10〉 삼성SDI 공정/설비 설계 및 제어 직무

직무	내용
전지/전자재료 공법개발 및 설비설계	- 신공법/설비 설계를 통한 양산성 개선 및 품질 혁신 - 라인 생산성 향상을 위한 제조 라인 설계 및 검증 - 차세대 요소기술/설비 개발
전자재료 공정 및 설비 운영	- 반도체, 디스플레이 및 필름 소재 제조공정 설계 및 양산 품질 조건 확보 - 이상점 분석, 공법 최적화 및 신공법 개발을 통한 양산성 개선
전지/전자재료 품질관리	- 품질 및 생산성 향상을 위한 양산 조건 확보 - 품질 위험요소 관리 및 개선을 통한 제품 안전성/신뢰성 확보 - 제품 품질 기준 정립, 품질 평가 및 검증, 품질 보증/관리
전지 공정 및 설비 운영	- 전지 제조공정 설계 및 양산 품질 조건 확보 - 이상점 분석, 공법 최적화 및 신공법 설계를 통한 양산성 개선 - 라인 설비 운영 최적화 및 설비 혁신을 통한 효율성 제고
필요 역량	- 화학 화공, 재료 금속, 섬유 고분자, 기계 자동차 용접, 전기전자(HW), 수학, 물리 등 전공자 - 배터리 기본원리 및 배터리 제품 개발 관련 지식 보유자 - 공정 설계 및 제어 관련 지식 보유자 - 프로젝트, 논문, 특허, 경진대회 등 직무와 연관된 경험 보유자

(5) 영업마케팅

〈표 2-11〉 삼성SDI 영업마케팅 직무

직무	내용
마케팅	- 시장 Trend와 고객의 Needs에 맞는 제품 및 판가 전략 수립 - 신규 사업 및 신제품 기획, 제품 포트폴리오 구축 - 프로모션, 광고, 판촉, PR 등 고객 커뮤니케이션 활동
국내/해외 영업	- 고객과의 원활한 커뮤니케이션을 통한 판매 촉진으로 회사의 매출/수익 제고 - 판매계획 관리 및 분석, 실적 관리, 시스템 운영 등 - 고객/지역별 영업전략에 따른 제품 수주 활동, 가격 협상 - 거래선 및 해외법인과의 커뮤니케이션을 통한 수요/공급 관리
필요 역량	- 산업에 대한 이해도와 관심이 높고, Global 고객 및 대외 부서와 협력하는 열린 태도와 소통 능력 보유자 - 시장·유통·고객 트렌드에 대한 이해도가 높고, 시장 센싱 및 분석 역량 보유자 - 새로운 시장과 기술을 선도하고자 하는 도전정신과 열정 보유자

(6) 경영지원

〈표 2–12〉 삼성SDI 경영지원 직무

직무	내용
기획	– 전사 중장기 사업 전략, 기술 개발 전략 수립 및 투자 검토, 거점 전략 수립 – 사업 경쟁력 강화를 위한 M&A 및 Alliance, 전략적(산학/대외)협력 추진
인사	– 글로벌 인적자원 관리 및 인사 시스템 운영 – 인재 확보, 인력 양성, 평가 및 보상, 인력운영, 인사제도 기획 및 조직문화 등
재무관리	– 자금 계획 수립 및 조달, 리스크 관리 – 내부 의사결정자 및 외부 이해관계자에게 필요한 재무 정보 생성 및 관리
경영관리	– 경영 목표 수립, 사업 현안 점검 및 사업/운영 전략 수립 – 전사 Risk Management, 해외 법인 운영 관리
구매	– 전사 구매 전략에 따른 안정적 공급체계 확보 – 원자재/부품/설비 등의 전략적 구매 및 재료비, 원가 관리
필요 역량	– 산업의 이해도와 관심이 높아 유관 부서와의 원활한 커뮤니케이션 능력 보유자 – 문제해결에 요구되는 유연하고 합리적 사고 보유자 – 법규를 준수하는 공정한 마인드와 미래에 대한 열정과 도전 의지 보유자 – 관련 산업, 제품 특성, 기술 트렌드, 비즈니스 협상, SCM에 대한 높은 관심과 이해도 보유자 – 공급망관리 측면 PSI 분석 역량을 보유자

3. SK온

SK온은 주로 경영지원 직군, 비즈니스 직군, 엔지니어 직군, 연구개발 직군 등 총 4가지 직무로 구분하여 채용한다. LG에너지솔루션과 마찬가지로 수시채용으로 직원을 선발하고 있다. SK온은 2021년 SK이노베이션으로부터 별도로 분리된 이후 매년 채용 인원이 늘어나고 있다. 이는 EV용 배터리 제품의 공급량이 늘어나면서 생산 CAPA가 증가하여 엔지니어 인력이 늘어난 것으로 여겨진다. 물론 R&D 인력 또한 꾸준히 증가한 것으로 보인다. 상황에 따라 모집 직무는 상이할 수 있다.

〈표 2-13〉 SK온 채용 직무(2023년 상반기 수시채용 기준)

구분	경영지원 직군	엔지니어 직군	연구개발 직군
직무	- Biz Initiation - ESS 사업기획 - Global Alliance - 배터리 PI - 수익성혁신 - 재무 - 배터리 CR - HR - 구매 - 정보보호 - 제조관리 - 배터리 제조관리	- Cell 생산기술(전극/화성) - Cell 생산기술 (조립/자동화물류) - Module 생산기술 - Utility - 설비 개발 - 제조 SHE - 제조 기술	- 차세대 배터리 - 선행연구 - Cell 개발 - System 개발 - 선행공정 개발

(1) 경영지원 직군

〈표 2-14〉 SK온 경영지원 직군 직무

직무	내용
Biz Initiation	- 전사 차원의 경영 현안 Issue 발굴 - Benchmarking 및 Research - Solution 개발 및 실행 로드맵 수립 - Partnership 발굴 및 확보 - 과제 실행 및 변화관리
ESS 사업기획	- ESS Supply Chain 관리/운영 (외주 파트너사 관리 등) - ESS System 제품 및 물류 Cost 관리/절감 추진
Global Alliance	- 계약서의 주요 항목 작성 지원 및 파트너사와 계약서 협상 지원 - 대 정부 협상을 위한 자료 작성 지원 - 사내외 관계자의 의견 수렴 판가/원가/자본 구조 등에 대한 다양한 　시나리오 분석 수행, 진행 - 경제성 모델 및 시나리오 분석 결과를 토대로 파트너사와 협상 지원
배터리 PI	- 프로세스 개선 및 변화 관리 - 전사 기준정보 관리
수익성혁신	- 사업 수익성 분석 - 법인 투자 경제성 검토
재무	- 기획(투자사업 관리, 예산 관리, KPI 관리, Biz 이슈 발굴 및 지원) - 경영분석(원가 분석/관리/개선, 단기/중기 재무 계획, 수익성 개선) - ESG(ESG 전략/정책 수립, 리스크 및 기회 평가, Global ESG 대응 등)
배터리 CR	- 국내외 EV/Battery 이해관계자 (정부기관, 협회 등) Communication - 국내외 EV/Battery 시장 동향 정보 수집 - 국내외 EV/Battery 산업 정책/제도 Monitoring, 영향 분석 및 대응 - 국내외 Battery 사업 관련 애로 사항 지원 전략 수립 및 실행
HR	- Global HR, 국내외 우수 인재 채용, Global Training
구매	- 소재/건설/설비/용역 구매 - 재고 및 물류 관리 - 재료비 관리 - 구매 전략 수립
정보보호(해외)	- 해외 사업장 보안 기획, 관리
제조관리	- 기획/총무/검수 - 생산관리 - 물류

(2) 엔지니어 직군

〈표 2-15〉 SK온 엔지니어 직군 직무

직무	내용
Cell 생산기술 (전극/화성)	- Battery 생산 설비 제작/구축 - Battery 생산 설비/공정 양산 능력 확보 - Battery 설비/공정 개발 업무 - 신모델 양산성 검토
Cell생산기술 (조립/ 자동화물류)	- Battery 생산 설비 제작/구축 - Battery 생산 설비/공정 양산 능력 확보 - Battery 설비/공정 개발 업무 - 신모델 양산성 검토 - Battery 생산 설비 구축 지원 및 안전 관리
Module 생산기술	- Battery 생산 설비 제작/구축 - Battery 생산 설비/공정 양산 능력 확보 - Battery 설비/공정 개발 업무 - 신모델 양산성 검토
설비 개발	- 전극, 조립, 화성 설비 개발(Pouch/각형/원통형 등 Cell Type 무관) - Advanced 자동화 시스템 기구 및 제어 설계/개발 - 자동화 설비 모니터링용 요소기술, 제어기술 개발 - 자동화 기반 물류 시스템 개발 - AI/DT 기반 Vision 및 비파괴 검사기술 개발 - 레이저 응용 기술 설비 개발 - 기구, 열유동, 입자거동 Simulation
제조 기술	- 양산성 검토 - 양산 단계 기술 업무 - 제조 기술력 확보 및 수평 전개
Utility	- Utility 구축 - Utility 운영 - Utility 최적화/고도화
제조 SHE	- 안전보건 관리 - 환경관리 - 유해화학물질 및 PSM(공정 안전 관리)

(3) 연구개발 직군

〈표 2-16〉 SK온 연구개발 직군 직무

직무	내용
차세대배터리	– 황화물계, 고분자계 및 산화물계 고체 전해질 소재 개발 – Li-metal 음극 (리튬 보호층, 저장체 등) 및 Si 음극 개발 – NCM 양극 소재 및 전극 설계 (활물질 모재/코팅, 도전제, 바인더 및 전극 조성 개발) – 전고체 전지 셀 설계 및 개발 – 전지 셀 전기화학/성능/안전성 평가 – 고분자 복합계/ 황화물계 고체전지 셀 제조 및 공정 개발 – 고체전지 Pilot 생산 공정 개발 및 수율 개선, 고객 대응 샘플 개발
선행연구	– 리튬이온배터리 양극 소재 개발 – 리튬이온배터리 음극 소재 개발 – 리튬이온배터리 분리막 소재 개발 – 리튬이온배터리 조립 소재 개발
Cell개발	– 고객요구사항(RFI, RFQ) 분석 및 Spec 정의 – Cell 설계 최적화 – 고객 샘플 대응 및 양산 검증
System개발	– 고객요구사항(RFI, RFQ) 분석 및 Spec 정의 – Battery System 설계 및 부품 개발 – Battery System 평가 – Battery System 선행 연구 – Simulation – BMS System/Hardware/Software/Logic 개발 – Energy Storage System 설계 및 부품 개발
선행공정개발	– Battery 셀 및 모듈 공정 연구 – Battery 셀 자재 및 부품개발

CHAPTER 03 2차전지 3대 제조사

한권으로 끝내는 전공·직무 면접 2차전지

핵심요약 →

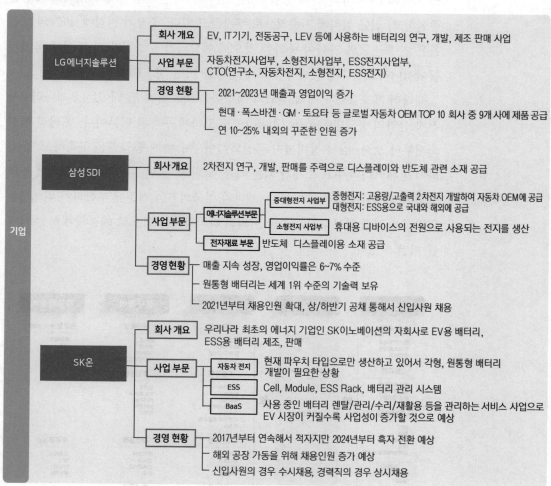

우리나라는 배터리 제조업의 종주국답게 세계 최고 수준의 기술력을 보유하고 있다. 대표적인 배터리 제조 3사인 LG에너지솔루션, 삼성SDI, SK온은 글로벌 자동차 OEM과의 전략적 협력 관계를 넓혀가면서 동시에 국내외에 공장을 증설하고, 신규 설비에 지속적으로 투자하고 있다. 중장기 관점에서 EV의 보급률은 연평균 20% 가까이 증가할 것으로 예상되기에 경기가 다소 침체 국면에 들어서더라도 3사의 경쟁력에 크게 영향을 미칠 것으로 보이지 않는다.

배터리 제조 3사가 세계 최고의 경쟁력을 확보하게 된 데에는 우리나라 2차전지 산업의 공급망(Supply Chain)이 공고하게 구축된 덕분이다. 배터리 핵심 소재부터 생산, 검사 장비까지 국산화하여 촘촘하게 공급망을 구축하고 있다. 하지만 배터리의 주요 소재가 되는 리튬, 코발트, 흑연 등은 대체로 해외에서 조달해야 해서 수입의존도가 높다. 게다가 미국의 IRA 기준에 부합하기 위해서는 원광석을 직접 확보하거나 중국 이외의 타국과의 교역으로 해결해야 하는 과제를 떠안고 있다.

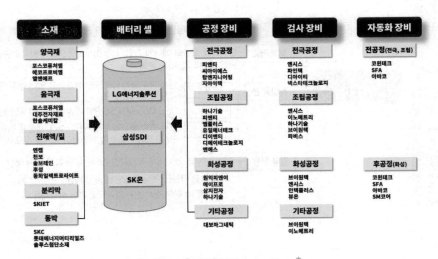

[그림 3-1] 2차전지 Supply Chain*

* 출처:
유진투자증권, 2022. 3, 재편집

그림에서 보는 바와 같이 양극재, 음극재를 국내 기업에서 공급하고 있지만, 활물질의 기본 재료가 되는 광물은 대체로 수입품이다. 전구체 또한 수입의존도가 높다. 반면에 제조에 필요한 설비와 검사 장비는 대부분 국내 기업이 공급하고 있다. 장비업체도 미국의 IRA의 영향으로 중국 장비업체보다 해외 진출에 유리한 상황이다.

1. LG에너지솔루션

(1) 연혁

LG에너지솔루션은 2020년 12월 1일 LG화학에서 분할되어 신설되었다. 모회사인 LG화학은 1947년 LG그룹의 모체 회사인 락희화학공업사로 사업을 시작했다. LG화학은 지금도 LG그룹의 대표 계열사로서 2023년 7월 미국화학학회가 발간하는 화학산업 전문지인 C&EN에서 발표하는 Global Top 50 기업에서 8위를 기록했다. LG화학이 지배회사로 있는 LG에너지솔루션의 2022년 매출 실적을 포함하여 산정한 결과이지만, 배터리 사업의 매출을 제외하여도 Top 20위권에 들어가는 일류기업이다. 창립 당시에는 생필품 위주의 플라스틱 가공제품으로 시작하여 다양한 사업 확장을 통해 현재는 석유화학, 첨단소재, 생명과학, 배터리 등 4개 사업 부문으로 구성되어 있다. 여기서 배터리는 LG에너지솔루션을 의미한다.

Global Top 50
Many of the world's largest chemical producers saw profits decline in 2022.

RANK		COMPANY	2022 CHEMICAL SALES ($ MILLIONS)	CHANGE FROM 2021	2022 CHEMICAL SALES AS % OF TOTAL SALES	SECTOR	2022 CHEMICAL OPERATING PROFIT[b] ($ MILLIONS)
2022	2021[a]						
1	1	BASF	$91,991	11.1%	100.0%	Diversified	$8,044
2	2	Sinopec	66,862	5.9	13.8	Petrochemicals	-2,119
3	3	Dow	56,902	3.5	100.0	Diversified	5,702
4	4	Sabic	48,821	12.9	92.2	Petrochemicals	6,196
5	5	ExxonMobil	47,498	12.7	11.9	Petrochemicals	7,356
6	8	Ineos	41,188	15.8	100.0	Diversified	3,813
7	6	Formosa Plastics[e]	40,231	-0.6	65.3	Petrochemicals	n/a
8	10	LG Chem[f]	40,150	21.6	100.0	Diversified	2,319
9	7	LyondellBasell Industries	39,476	1.2	78.2	Petrochemicals	4,168
10	9	PetroChina	38,314	7.9	8.0	Petrochemicals	-89

[그림 3-2] 글로벌 Top 50 화학 기업*

*
출처: C&EN, 2023. 7. 24 발표

(2) 사업 부문

LG에너지솔루션은 EV, IT기기, 전동공구, LEV(Light Electric Vehicle) 등에 사용하는 배터리를 개발, 제조, 판매하고 있다. 에너지솔루션 단일 사업부문으로 운영하고 있으며 크게 사업부 조직으로는 자동차전지사업부, 소형전지사업부, ESS전지사업부, CTO로 구성되어 있다.

〈표 3-1〉 LG에너지솔루션 사업부

구분	자동차전지	소형전지	ESS전지
용도	EV, PHEV, HEV, μ-HEV	IT 기기, 전동공구, LEV	그리드, 전력망, UPS, 가정용
제품	셀, 모듈, 팩, BMS	원통형, 파우치, 프리폼	셀, 모듈, 팩

CTO는 총 4개의 연구개발 활동으로 구분되어 있으며 각각의 수행 업무를 통해 연구조직의 특성을 파악할 수 있다. CTO는 주로 향후 주력이 될 차세대 소재와 기술을 연구하며 과제를 관리하는 기능을 수행한다. 나머지 조직은 고객사 요청에 따른 제품개발을 주업무로 하여 현안 이슈를 기술적으로 분석하고 대응하는 기능을 수행한다고 이해해도 무방하다.

〈표 3-2〉 LG에너지솔루션 CTO 조직

구분	연구소	자동차전지	소형전지	ESS전지
업무	- Cell 선행개발 - Pack/BMS, 선행개발 - 분석센터 - 기술전략	- Cell 개발 - Pack 개발 - EE/SW 개발 - System 개발 - 유럽법인 테크센터 - 폴란드법인 개발 - 미국법인 테크센터	- 원통형 개발 - 파우치형 개발 - Pack 개발 - 남경법인 개발	- Pack 개발 - System 개발

(3) 경영 성과

LG에너지솔루션은 지난 3년 동안 실적에서 보다시피 매출과 영업이익에서 꾸준히 증가하고 있다. 전체 매출의 60% 이상은 자동차전지에서 나오고 있으며, 글로벌 자동차 OEM Top 10개 사 중 9개 사에 제품을 공급하고 있다. 자동차전지의 주요 고객사는 현대, 기아, GM, 포드, 토요타, 혼다, 폭스바겐, 르노닛산, 볼보(지리자동차) 등이다.

〈표 3-3〉 사업부별 매출, 영업이익 실적 (단위: 10억 원)

구분		2021년	2022년	2023년
자동차전지	매출	10,063	14,813	21,517
소형전지	매출	5,002	8,970	9,503
ESS전지	매출	991	1,816	2,725
합계	매출	17,852	25,599	33,746
	영업이익	768	1,214	2,163

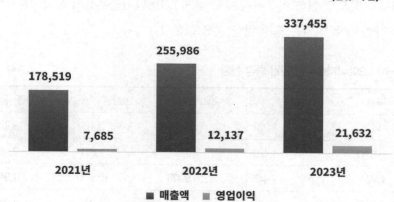

(단위: 억 원)

[그림 3-3] LG에너지솔루션 경영 성과

(4) 인원 증감 현황

LG에너지솔루션은 경영실적이 성장하면서 전체 정규직원의 숫자도 매년 증가하고 있다. 매년 12월 31일 자 기준으로 작성되었기 때문에 실제 채용과 입사일이 해를 넘겨 통계가 최종 집계되는 시차가 존재할 수 있으나, 전체적인 인원 증감의 흐름을 파악하는 데는 전혀 문제가 없다. 인원의 증감 요인은 주로 3가지로 파악한다. 증가하는 이유는 신입사원 채용, 경력사원 채용 등 두 가지로 볼 수 있고, 감소의 요인은 퇴직이다.

대거 유입되는 인원은 신입사원이고 경력사원의 비중은 알려진 바는 없으나 대체로 증가 인원의 10~25% 내외로 예상한다. 다만 LG에너지솔루션은 초기 LG화학이나 계열사 전환배치가 있어 경력사원 비중이 한때 높았다. 또한 수시 채용에 석·박사나 경력 채용의 포지션이 많기 때문에 상대적으로 R&D 직무에 신입사원으로 입사하기가 수월하지는 않아 보인다. 다만 최근 배터리 기업에서 R&D나 엔지니어가 부족하다는 목소리가 끊이지 않는 것으로 보아 입사 기회가 늘어나고 있다고 볼 수도 있다.

일반적으로 퇴직은 경기 악화 같은 외부 요인이나 경영 성과 저조, 명예퇴직 등 내부 요인으로 인해 이루어지는데, 현재 LG에너지솔루션의 상승세를 감안하면 자연 감소 인원은 크지 않을 것으로 본다.

〈표 3-4〉 LG에너지솔루션 인원 증감 현황 (단위: 명)

구분	2020년	2021년	2022년	2023년
남	6,323	8,032	9,115	9,925
여	1,120	1,441	1,804	2,019
합계	7,443	9,473	10,919	11,944
증감	–	2,030	1,446	1,025

2. 삼성SDI

(1) 연혁

삼성SDI는 삼성그룹 제조업 계열사 중 매출 규모기준으로 삼성전자, 삼성디스플레이(삼성전자 반도체 부문 자회사) 다음인 회사다. 1970년 일본 NEC와 합작으로 흑백 TV용 브라운관을 생산하기 시작했으며, 후에 삼성전관으로 사명을 바꾸고 컬러 TV용 브라운관과 모니터용 브라운관, PDP TV용 Panel을 만들었다.

삼성전자에서 한때 주력으로 삼았던 LCD 사업과 현재의 AMOLED는 애초 삼성SDI에서 시작한 사업이다. 사업의 효율성을 고려하여 그룹 차원에서 전략사업을 삼성전자에 이관했기 때문에 현재는 2차전지를 주력사업으로 하고 있다. 2014년 제일모직 전자재료사업부를 합병한 후에는 디스플레이와 반도체 관련 소재들도 공급하고 있다. 소형전지 사업에서는 LG에너지솔루션과 전 세계 1, 2위를 다투기도 했으나 2023년 실적 기준으로는 2위이다.

삼성SDI는 전통적으로 원통형 전지의 성능이나 제조 기술력에서는 경쟁사보다 앞서있다. 최근 EV 확산에 발맞춰 해외 생산법인을 설립하여 권역 시장별 공급 경쟁력을 강화하고 있다. 또한 EV용 폼펙터로 새롭게 부상한 4680 배터리를 개발하여 2025년부터 양산할 예정이며, EV용 전고체 배터리(ASB; All-Solid-State Battery)는 2027년부터 시장에 공급할 예정이다. 이 두 가지 전략제품은 타 경쟁사 대비 개발이 앞서 있어서 양산이 시작되면 시장에서 주도권을 되찾을 수 있을 것으로 전망한다.

(2) 사업 부문

삼성SDI는 에너지솔루션 부문과 전자재료 부문 2개의 부문으로 사업을 운영하고 있다. 에너지솔루션 부문은 중대형전지 사업부와 소형전지 사업부 등 2개의 사업부 체제로 운영하고 있다. 전자재료 사업은 반도체와 디스플레이용 소재를 공급한다.

중형전지 사업은 고용량, 고출력 기술 확보를 통해 2차전지를 개발하여 글로벌 자동차 OEM에 공급하고 있다. 대형전지는 ESS용으로 국내와 해외 국가에 공급하고 있다. 소형전지는 Note PC, 휴대폰, 전동공구 등 휴대용 디바이스의 전원으로 사용되는 전지를 생산한다. 특히 원통형 배터리는 세계 1위 수준의 기술력을 보유하고 있다.

〈표 3-5〉 삼성SDI 사업 부문

구분	중대형전지		소형전지	전자재료
	EV	ESS		
제품	– Cell 　• EV 　• PHEV 　• HEV 　• Hi-Cap – Module – Pack	– 전력/상업용 배터리 　플랫폼 – UPS용 배터리 – 가정/통신용 배터리	– Laptop – Tablet – Mobile Phone – Wearable Device – Power Bank – Power Tool – Garden Tool – Vacuum Cleaner – E-Bike – E-Scooter – Ignition	– 반도체소재 　• SOH 　• SOD 　• EMC – LCD소재 　• 편광판 　• Color PR – OLED소재 　• 증착소재 　• TFE

(3) 경영 성과

삼성SDI의 매출은 지속해서 성장하는 추세이다. 배터리 부문 매출 실적만 보면 2019년부터 2023년까지 연평균 성장률이 21%이다. 영업이익률은 매년 6~7%를 유지하고 있다.

〈표 3-6〉 제품군별 매출, 영업이익 실적 (단위: 10억 원)

구분		2021년	2022년	2023년
자동차전지	매출	4,407	7,628	11,107
소형전지	매출	4,929	7,663	7,000
ESS전지	매출	1,648	2,275	2,302
전자재료	매출	2,606	2,558	2,302
합계	매출	13,553	20,124	22,708
	영업이익	1,067	1,808	1,633

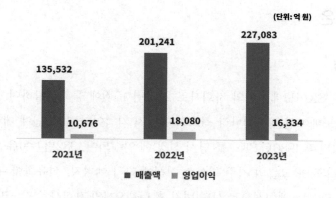

(단위: 억 원)

[그림 3-4] 삼성SDI 경영 성과

(4) 인원 증감 현황

삼성SDI는 효율적인 사업 운영을 위해 경영혁신 활동을 지속해서 추진해 왔다. EV용 배터리 사업이 탄력을 받기 시작한 2021년부터는 채용인원을 확대하면서 정규직 인원이 늘고 있다. EV 시장의 증가세가 가팔라지면서 타 경쟁사와 마찬가지로 R&D 개발과 엔지니어 인력을 확충하고 있기 때문이다.

신입사원은 상하반기 2회의 공채를 통해 선발하지만, 업계의 특성상 경력사원 채용 공고도 자주 나오고 있다. 신입사원의 경우 제조와 관련된 엔지니어를 위주로 채용한다. 사내 교육과 훈련 시스템으로 현장에서 전력화하기 때문에 갓 졸업한 취업준비생이 지원해도 큰 무리는 없다. 경력사원은 유사 직무를 수행했거나, 관련 경험이 있을 경우 입사 후 곧바로 실무에서 성과를 낼 수 있기에 기업에서는 선호하는 편이다.

채용 인원 중에는 4급(초대졸)과 5급(고졸) 신입사원도 포함되어 있다. 채용 규모는 알려진 바가 없지만, 제조와 품질 등 현장과 관련한 오퍼레이터 직무를 수행하기 때문에 채용인원이 적지는 않을 것으로 예상한다.

〈표 3-7〉 삼성SDI 인원 증감 현황*

(단위: 명)

*에너지솔루션 사업부 인원. 전자재료 인원 제외

구분	2020년	2021년	2022년	2023년
남	7,032	7,326	7,591	7,887
여	1,126	1,166	1,390	1,602
합계	8,158	8,492	8,981	9,489
증감		244	579	508

3. SK온

(1) 연혁

SK온은 SK이노베이션의 자회사로 2021년 10월에 물적분할하여 설립되었다. SK이노베이션은 우리나라 최초의 에너지 기업이다. 1962년에 대한석유공사로 설립된 후 1980년 SK그룹(당시 선경)에 인수되어 1982년 (주)유공으로 바뀌었다. 이후 SK그룹의 지주 회사화 정책에 따라 에너지, 석유화학 부문의 지주회사인 SK이노베이션으로 사명 변경 후 현재 9개의 자회사를 거느리고 있다.

배터리 사업은 2005년 HEV용 리튬이온 배터리 개발을 시작하여 2006년부터 생산을 시작했다. LG화학과 삼성SDI보다 배터리 사업에 참여한 시점이 늦어 IT용 소형전지보다는 EV용 배터리 공급 사업을 곧바로 시작했다. 최근에 ESS 시장에도 진입했으며, 북미 시장에서 LFP(리튬인산철) 배터리를 양산공급 예정이라고 발표했다.

2012년 서산공장에서 배터리 생산 라인 가동을 개시했으며 2014년 기아자동차 쏘울 EV에 제품을 공급했다. 2018년에는 헝가리에 배터리 현지 생산 공장을 설립했다. SK온은 국내 서산공장 이외 헝가리, 중국, 미국에 생산 거점을 운영 중이며, 확대할 예정이다.

〈표 3-8〉 SK온 공장 현황

구분	위치	생산능력(GWh)	가동	비고
한국	서산	5	2018년	
		5	2024년	증설
헝가리	코마롬	7.5	2020. 1Q	헝가리 1공장
		9.8	2022. 1Q	헝가리 2공장
	이반차	30	2024. 1Q	헝가리 3공장
중국	창저우	7.5	2020. 2Q	합작사(베이징전공 51:49)
	옌청	30	2021. 1Q	합작사(EVE 에너지 51:49)
	후이저우	9.8	2021. 1Q	합작사(EVE 에너지 51:49)
	옌청	30	2024. 상	자체 공장

미국	테네시	43	2025. 상	합작사(포드 50:50)
	켄터키	43	2025. 하	
		43	2026. 상	
	조지아	9.8	2022. 1Q	자체 공장(조지아 1 공장)
		11.7	2022. 4Q	자체 공장(조지아 2 공장)
		35	2025. 하	합작사(현대차그룹 50:50)

(2) 사업 부문

SK온은 사업 초기부터 EV용 배터리를 타깃으로 사업을 전개하고 있다. 하지만 LG에너지솔루션이나 삼성SDI처럼 각형이나 원통형 Cell이 아닌 파우치 타입으로만 배터리를 제조하고 있다. 리튬이온전지는 폼팩터가 다양해야 고객사의 요구에 유연하게 대응할 수 있다. SK온 자체 공급능력은 계속 늘어나고 있지만, 테슬라, 볼보, 재규어, 리비안, 루시드모터스 등 자동차 OEM들이 원통형 배터리를 사용하면서 각형이나 원통형 배터리의 개발이 시급한 상황이다.

BaaS(Battery as a Service) 사업은 사용 중인 배터리 관리와 잔량 측정, 수리, 렌탈에 이어 폐기 후 재활용, 재사용 등 생산 후 모든 관리 영역을 담당하는 서비스 사업으로 현재 상용화된 서비스는 아니다. 향후 EV가 자동차 시장에서 대세가 되면 시장 규모가 커져 사업성이 있을 것으로 예상된다.

〈표 3-9〉 SK온 사업 부문

구분	자동차전지	ESS	BaaS
제품	- EV용 배터리 - PHEV용 배터리 - HEV용 배터리	- Cell - Module - ESS Rack - 배터리 관리 시스템	- 배터리 Rental - 배터리 충전 - 배터리 진단 - 폐배터리 재활용

(3) 경영 성과

SK온도 경쟁사와 마찬가지로 매출은 지속해서 성장하고 있다. 2022년부터 본격적으로 글로벌 자동차 OEM에 배터리를 공급하기 시작하면서 시장 점유율이 급격하게 상승 중이다. SK온은 지금까지 시장 진입기로 2017년부터 연속해서 적자 실적을 기록하고는 있지만, 2024년에 흑자로 전환한다는 목표를 세웠다. 현재의 추세대로 공급량이 지속 증가하여 매출 규모가 확대된다면, 흑자로 전환할 수 있을 것으로 예상한다.

〈표 3-10〉 매출, 영업이익 실적 (단위: 10억 원)

구분	2021년	2022년	2023년
매출	1,037	7,618	12,897
영업이익	△310	△1,072	△582

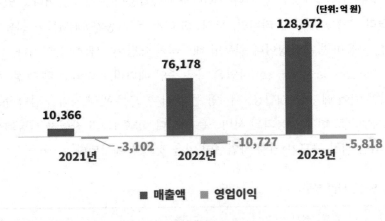

[그림 3-5] SK온 경영 성과

(4) 인원 증감 현황

SK온은 SK이노베이션 배터리 사업 부문이 분리되면서 설립된 자회사라서 기존 인원이 대거 이동했다. 물론 EV용 배터리 공급량이 급속도로 늘어나면서 제조 관련 인원을 확충한 것으로 보인다. 수시채용으로 신입과 경력사원을 뽑으면서 신규인력의 유입이 지속해서 이루어지고 있다. 특히 해외 공장의 가동이 2024년부터 2026년까지 예정되어 있는데 현지 공장을 운영할 인력을 지금부터 양성해야 해서 채용인원은 지속해서 늘어날 것으로 예상한다.

SK온은 가장 취약 부분인 각형과 원통형 배터리 개발자를 확보하기 위해 기존 경쟁사의 R&D 인력 확보를 공언할 정도로 인재 채용에 공을 들이고 있다. 또한 신설되는 공장의 가동을 위해 배터리 제조에 경험이 있는 경력자를 타깃으로 채용 공지를 내고 있다. 수시로 채용하는 신입사원과는 달리 경력사원 채용 공지는 2024년 12월 31일까지 오픈되어 있어 거의 상시채용제도를 운용한다고 생각해도 무방하다.

〈표 3-11〉 SK온 인원 증감 현황   (단위: 명)

구분	2021년	2022년	2023년
남	1,139	2,267	2,731
여	275	622	749
합계	1,414	2,889	3,480
증감		1,475	591

CHAPTER 04 2차전지 소재 기업

핵심요약 →

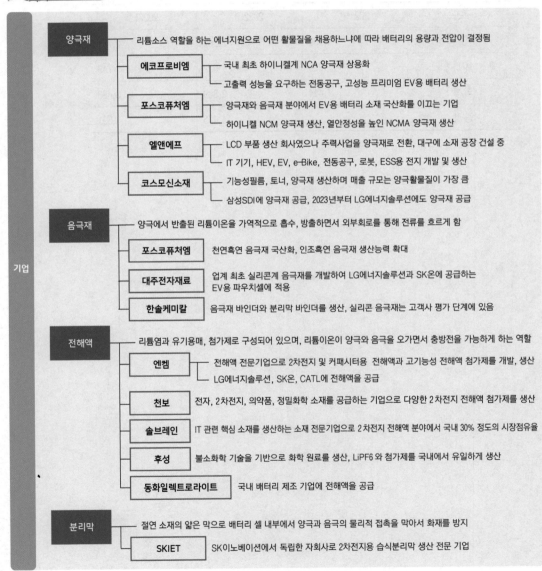

- **기업**
  - **양극재** — 리튬소스 역할을 하는 에너지원으로 어떤 활물질을 채용하느냐에 따라 배터리의 용량과 전압이 결정됨
    - **에코프로비엠**
      - 국내 최초 하이니켈계 NCA 양극재 상용화
      - 고출력 성능을 요구하는 전동공구, 고성능 프리미엄 EV용 배터리 생산
    - **포스코퓨처엠**
      - 양극재와 음극재 분야에서 EV용 배터리 소재 국산화를 이끄는 기업
      - 하이니켈 NCM 양극재 생산, 열안정성을 높인 NCMA 양극재 생산
    - **엘앤에프**
      - LCD 부품 생산 회사였으나 주력사업을 양극재로 전환, 대구에 소재 공장 건설 중
      - IT 기기, HEV, EV, e-Bike, 전동공구, 로봇, ESS용 전지 개발 및 생산
    - **코스모신소재**
      - 기능성필름, 토너, 양극재 생산하며 매출 규모는 양극활물질이 가장 큼
      - 삼성SDI에 양극재 공급, 2023년부터 LG에너지솔루션에도 양극재 공급
  - **음극재** — 양극에서 반출된 리튬이온을 가역적으로 흡수, 방출하면서 외부회로를 통해 전류를 흐르게 함
    - **포스코퓨처엠**
      - 천연흑연 음극재 국산화, 인조흑연 음극재 생산능력 확대
    - **대주전자재료**
      - 업계 최초 실리콘계 음극재를 개발하여 LG에너지솔루션과 SK온에 공급하는 EV용 파우치셀에 적용
    - **한솔케미칼**
      - 음극재 바인더와 분리막 바인더를 생산, 실리콘 음극재는 고객사 평가 단계에 있음
  - **전해액** — 리튬염과 유기용매, 첨가제로 구성되어 있으며, 리튬이온이 양극와 음극을 오가면서 충방전을 가능하게 하는 역할
    - **엔켐**
      - 전해액 전문기업으로 2차전지 및 커패시터용 전해액과 고기능성 전해액 첨가제를 개발, 생산
      - LG에너지솔루션, SK온, CATL에 전해액을 공급
    - **천보**
      - 전자, 2차전지, 의약품, 정밀화학 소재를 공급하는 기업으로 다양한 2차전지 전해액 첨가제를 생산
    - **솔브레인**
      - IT 관련 핵심 소재를 생산하는 소재 전문기업으로 2차전지 전해액 분야에서 국내 30% 정도의 시장점유율
    - **후성**
      - 불소화학 기술을 기반으로 화학 원료를 생산, LiPF6 와 첨가제를 국내에서 유일하게 생산
    - **동화일렉트로라이트**
      - 국내 배터리 제조 기업에 전해액을 공급
  - **분리막** — 절연 소재의 얇은 막으로 배터리 셀 내부에서 양극과 음극의 물리적 접촉을 막아서 화재를 방지
    - **SKIET**
      - SK이노베이션에서 독립한 자회사로 2차전지용 습식분리막 생산 전문 기업

1. 양극재 기업

양극재는 리튬이온전지의 성능을 결정하는 중요한 재료이다. 양극재는 배터리에서 양극을 구성하는 소재이며 리튬소스 역할을 하는 에너지원으로 배터리의 용량과 출력을 결정한다. 양극의 구성 물질은 알루미늄박, 활물질, 도전제, 바인더 등이 있다. 리튬산화물로 구성된 활물질에 도전제로 전도성을 높이고, 바인더로 활물질을 알루미늄박에 부착시켜 양극을 만든다.

어떤 활물질을 사용하느냐에 따라 저장되는 전자의 수가 달라지고 배터리의 용량과 전압이 결정된다. 현재 배터리에 사용되는 양극 활물질은 다음과 같이 5가지가 있다.

〈표 4-1〉 양극 활물질 종류와 특성[*]

[*]
출처:
삼성SDI

구분	LCO	NCM	NCA	LMO	LFP
		삼원계			
활물질	$LiCoO_2$ 리튬 코발트 산화물	$Li[NiCoMn]O_2$ 리튬 코발트 망간 산화물	$Li[NiCoAl]O_2$ 리튬 코발트 알루미늄 산화물	$LiMn_2O$ 리튬 망간 산화물	$LiFePO_2$ 리튬 인산철 산화물
특성	용량	용량	용량/출력	출력	안전성
적용	IT Device	EV, ESS	Non-It, EV	Non-IT, ESS	Non-IT, EV

양극 활물질은 리튬과 여러 가지 금속으로 구성되는데, 니켈은 고용량, 망간과 코발트는 안전성, 알루미늄은 출력을 향상하는 역할을 한다. 배터리의 특성은 금속의 종류와 배합 비율에 따라 각각 결정된다.

EV용 배터리에는 주로 NCM, NCA, LFP 등이 사용되고 있다. 배터리의 에너지밀도를 높이기 위해 최근에는 니켈 함량을 높인 하이니켈(High-Ni) 소재 사용 비중이 늘어나고 있다.

(1) 에코프로비엠

① 회사 개요

에코프로비엠은 2016년 5월, 양극재 사업 전문화를 위해 모기업 에코프로에서 물적분할하여 설립한 기업이다. 에코프로비엠은 양극재 제조업체 중 하이니켈계 양극소재 제품을 가장 먼저 개발하고 양산화에 성공하였다.

에코프로비엠의 주력 제품은 하이니켈 NCA와 NCM 양극재로, 각형, 원통형, 파우치형과 같은 모든 배터리 타입에 적용할 수 있다. NCA 양극재는 니켈 함량이 80% 이상으로 고에너지 밀도와 고출력이 특징이다. EV용 배터리 수요가 늘어나기 전까지는 고출력 성능이 필수인 전동공구 시장을 대상으로 판매했으나, 최근 EV용 배터리에 적용이 확대되면서 급성장했다.

특히 NCM 제품이 글로벌 자동차 OEM의 모델에 적용되면서 성장세를 타고 있으며, 니켈 함량이 90%인 NCM9반반 양극재도 공급 중이다.

회사명	설립년도	대표이사	직원현황	매출액	자산
에코프로비엠	**2016년 5월**	**주재환, 최문호**	**1,344명**	**5조3,576억 원**	**3조3,742억 원**
			'23년 3월 기준	'22년 연간 연결 기준	'22년 연간 연결 기준

사업영역

양극활물질 전구체

[그림 4-1] 에코프로비엠 홈페이지

② 사업 내용

〈표 4-2〉 에코프로비엠 사업 내용

구분	주요 내용
NCA	– 타 소재 대비 출력과 에너지 밀도가 높음 – 고출력 성능을 요구하는 전동공구, 고성능 프리미엄 EV용 배터리 – 국내 최초 하이니켈계 NCA 양극재 상용화(`08년)
NCM	– 층상계 구조의 전이금속 층에 니켈, 코발트, 망간이 일정한 비율로 구성 – EV, ESS 등 중대형전지를 중심으로 가장 많이 사용 – 세계 최초로 EV용 전용 소재인 *CSG(Advaced NCM811) 제품 상용화(`16년) – 니켈 함량 90% 이상 제품 양산 개시(`21년) *CSG(Core Shell Gradient): 전극을 구성하는 NCM 소재의 구조적 안정성을 개선한 농도구배형 하이니켈계 양극소재로 EV용 Pouch Cell에 적용

③ 경영 성과

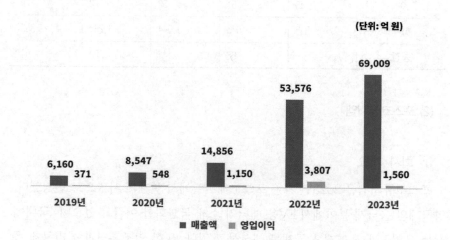

[그림 4-2] 에코프로비엠 경영 성과

④ 인원 증감 현황

에코프로비엠은 배터리 제조 기업의 EV용 배터리 출하량이 늘어나면서 채용 인력이 매년 늘어나는 추세이다. 사업 규모와 공장의 생산능력이 증가하면 엔지니어와 오퍼레이터의 수요가 증가할 수밖에 없는 구조이다. 또한 글로벌 자동차 OEM의 배터리 요구 사양에 따라 배터리를 개발하고 설계하는 R&D 인력도 동반해서 늘어나기 때문에 이에 대응하는 인력을 늘리는 추세이다.

에코프로비엠은 신입사원 채용 공고가 드물다. 채용 시장에 잘 올라오지도 않을뿐더러 가끔 뜨는 채용 공고는 주로 경력사원 위주로 채용한다. 특히 2023년도에는 신입사원 채용 공지가 없어서 경력사원을 상시 채용하는 것으로 보인다.

〈표 4-3〉 에코프로비엠 인원 증감 현황 (단위: 명)

구분	2019년	2020년	2021년	2022년	2023년
남	790	852	992	1,192	1,276
여	45	51	52	72	79
합계	835	903	1,044	1,264	1,355
증감	–	68	141	220	91

(2) 포스코퓨처엠

① 회사 개요

포스코퓨처엠은 2023년 기존 포스코케미칼에서 현재의 사명으로 변경했다. 양극재와 음극재 분야에서 EV용 배터리 소재 국산화를 이끌고 있으며, 국내에서는 유일하게 흑연계 음극재를 생산하고 있다. 또한 인조흑연과 실리콘계 음극재 개발 및 투자를 지속하고 있다. 포스코퓨처엠은 EV의 수요가 급증할 것에 대비해 과감하고 신속하게 생산능력을 확대하여 양극재나 음극재 대량생산 체제를 갖추어 업계에서 경쟁력을 확보하고 있다.

주요 공급처는 LG에너지솔루션, 삼성SDI, SK온 등 국내 배터리 제조 3사이다. 해외 거점도 확보하여 중국에 현지 합작 공장(연산 5천 톤)을 운영하고 있으며, 향후 북미 시장에서 현지 생산 공장을 설립하여 사업영역을 확대할 예정이다.

이차전지소재　　첨단화학소재　　산업기초소재

[그림 4-3] 포스코퓨처엠 홈페이지

② 사업 내용(양극재)

EV용 배터리에 하이니켈 NCM(니켈, 코발트, 망간) 양극재를 생산하고 있으며 열안정성을 높인 NCMA 양극재도 생산하고 있다. 포스코퓨처엠은 전기차 시장의 성장에 따라 글로벌 양산 능력을 더욱 확대하여 2030년까지 양극재 생산능력을 글로벌 1위인 연 100만 톤으로 확대할 예정이다.

〈표 4-4〉 포스코퓨처엠 양극재 사업 내용*

출처:
포스코퓨처엠 홈페이지

구분		특성	용도
양극재	NCM-6x	– 하이니켈 양극재(니켈 60%, 코발트, 망간 조성) – 고용량, 안정성, 충방전 시 가스 발생 최소	– EV
	NCM-8x	– 하이니켈 양극재(니켈 80%, 코발트, 망간 조성) – 고용량, 열안정성, 낮은 저항성	– EV – IT 디바이스(휴대폰, 태블릿, 노트북 등) – 전동기계
	NCMA	– 하이니켈 양극재(니켈 80%, 코발트, 망간 조성/알루미늄 첨가) – 고용량, 낮은 저항성, NCM-8x 대비 높은 열안정성	– EV – 전동기계

③ 경영 성과

2021년까지는 기존 내화물 사업이 매출의 60%를 담당했으나 2022년부터 에너지 소재사업(양극재, 음극재)이 전체 매출의 60%로 역전되었다. 내화물 사업 매출액은 큰 변화 없이 1조 3천억 원 수준을 유지하고 있고, 2차전지 관련 사업 매출은 2023년 전체 매출의 70%까지 비중이 올라갔다. 영업이익은 2023년 하반기 리튬, 니켈 등 양극재의 주요 원재료 가격의 하락이 판매가와 연동하여 매출 신장 대비 많이 낮아졌다. 향후 하이니켈 양극재의 생산성이 향상되고 판매량이 늘어나면 점차 회복될 것으로 예상된다.

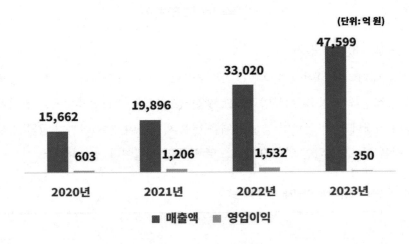

[그림 4-4] 포스코퓨처엠 경영 성과

④ 인원 증감 현황

포스코퓨처엠은 배터리 제조 3사와 마찬가지로 공격적으로 채용인원을 늘리고 있다. 포스코퓨처엠은 10대 그룹 중 삼성그룹과 마찬가지로 신입사원을 공채제도로 뽑는다. 물론 경력사원도 채용하지만, 이는 수시채용 방식으로 선발한다. 인원은 많지 않으리라고 예상하지만, 채용 연계형 인턴사원 제도도 있으니 취업준비생들이 관심을 가져볼 만한 기업이다.

경영실적에서 보듯이 매출이 늘어나는 것은 생산량이 늘어 공장 가동률이 올라가는 것이고, 이에 따라 엔지니어와 오퍼레이터 인력이 더 많이 필요하다는 의미로 해석해도 무방하다. 포스코퓨처엠의 성장세에 맞춰 채용인원은 계속 늘어날 전망이다.

〈표 4-5〉 포스코퓨처엠 인원 증감 현황

(단위: 명)

구분	2019년	2020년	2021년	2022년	2023년
남	1,486	1,526	1,619	1,824	2,378
여	86	90	108	127	164
합계	1,572	1,616	1,727	1,951	2,542
증감	-	44	111	224	591

(3) 엘앤에프

① 회사 개요

엘앤에프(L&F)는 원래 LCD 디스플레이 관련 부품을 생산하는 기업으로 설립되었다. 한국 디스플레이 패널 메이커와 TV 메이커가 사업의 일관화와 LCD 사업의 중국 이전으로 기존의 사업영역이 축소되면서 자회사인 엘앤에프신소재를 흡수합병하면서 주력사업을 양극재로 전환하였다.

엘앤에프는 배터리 종합소재 회사로 거듭나기 위해 대구시와 'Power-Full' 투자협약을 맺었다. 협약을 통해 내년도 완공을 목표로 양극재, LFP용 양극재, 차세대 음극재 등 총 연간생산량 31만 톤 규모의 소재 공장을 설립할 예정이다.

[그림 4-5] 엘앤에프 홈페이지

② 사업 내용

L&F는 IT 기기용 배터리, HEV, EV, e-Bike, 전동공구, Robot, ESS 등의 에너지원인 고에너지 밀도/고출력 전지용 신규 양극 활물질 사업을 위해 국내·외 전지업체들과 공동개발을 추진하여, 일부는 공급을 하고 있다.

출처:
엘앤에프 홈페이지, 삼성증권

<표 4-6> 엘앤에프 고객사별 매출 비중*

구분	2023년 실적	2025년 목표
LG에너지솔루션	80%	50%
SK온	15%	20%
기타(글로벌 EV 업체)	5%	30%

③ 경영 성과

엘앤에프는 매출이 매년 급성장하고 있다. 영업이익도 증가세였지만 2023년은 적자를 기록했다. 적자의 요인은 2023년도 리튬 가격 폭락에, 대규모 재고자산평가손실과 EV 수요 둔화에 따른 배터리 제조사의 주문량 감소 때문이다. 재무제표 주석에 나온 내용에 따르면 '재고자산 평가충당금**'이 2,503억 원에 달했다. 이 실적이 고스란히 매출원가 실적에 반영되었기 때문에 결과적으로 영업이익 실적이 적자로 돌아섰다.

재고자산 평가충당금: 재고자산의 미래 판매 가치가 제조원가(취득원가)보다 낮을 때, 해당 재고자산의 가치를 차감하기 위해 사용하는 계정

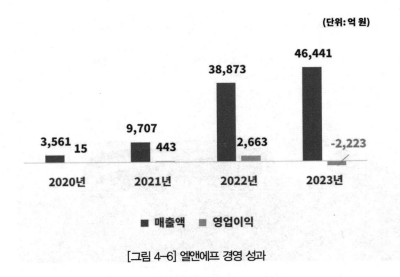

(단위: 억 원)

■ 매출액 ■ 영업이익

2020년: 3,561 / 15
2021년: 9,707 / 443
2022년: 38,873 / 2,663
2023년: 46,441 / -2,223

[그림 4-6] 엘앤에프 경영 성과

④ 인원 증감 현황

엘앤에프 또한 타 양극재 기업과 마찬가지로 지속해서 인력이 증가하고 있다. 2023년의 경영실적이 악화하는 상황에서도 인력은 꾸준히 늘어났다. 수시채용 방식으로 신입사원과 경력사원을 병행해서 채용하는데 2023년에는 상하반기 1회씩 전체 직무를 대상으로 채용 공지를 냈고, 4월에 품질 부분만 별도로 신입과 경력사원을 추가로 모집했다.

〈표 4-7〉 엘앤에프 인원 증감 현황 (단위: 명)

구분	2019년	2020년	2021년	2022년	2023년
남	520	594	940	1,373	1,636
여	59	57	81	109	146
합계	576	651	1,021	1,482	1,782
증감	–	75	370	461	300

(4) 코스모신소재

① 회사 개요

코스모신소재의 전신은 새한미디어이다. 2010년 12월 코스모그룹 계열사로 편입되었고 2011년 코스모화학에 인수되어 코스모신소재로 사명을 변경하였다. 코스모신소재는 기능성필름, 토너, 양극재를 생산한다. 제품별 매출 규모로는 양극 활물질이 79%로 가장 크며, 기능성 필름인 MLCC 이형필름이 대표적인 제품이다. 최근에는 자동차 전장용 MLCC 및 OLED, 광학용, 반도체 공정용 등에 사용되는 이형필름, 점착필름 등의 기능성필름 등을 생산하고 있다.

코스모신소재는 그동안 삼성SDI에 소형전지용 양극재만 공급하다 2020년부터 EV용 양극재를 본격적으로 공급하기 시작했다. 삼성SDI를 위주로 양극재를 공급하다가 2023년부터는 LG에너지솔루션에도 공급하고 있다.

[그림 4-7] 코스모신소재 홈페이지

② 사업 내용

＊
출처:
코스모신소재 홈페이지

〈표 4-8〉 코스모신소재 사업 내용＊

구분	특성	비중
양극 활물질	- LiCoO$_2$(LCO) • IT 기기용 배터리에 사용되는 고밀도, 고전압 제품 • 고에너지 밀도 및 장수명, 동일 부피 고밀도 구현 • Major 수요처에 10년 이상 공급, 축적된 기술력 입증(최첨단 IT Device에 적용 중) - LiNiMnCoO$_2$(NCM) • 삼원계(Ni+Co+Mn) 소재로 Nickel 함량에 따라 고용량 구현 • 소형, 중대형 배터리용 High-Ni 양극 활물질 제조 기술 보유 • High-Ni계 양극 활물질의 고안정성 소재	79.5%
기능성필름	- MLCC Green Sheet Casting용 - OLED용 Releasing Film - 공정 Carrier용(PLP, LTCC)/PSA 공정 Liner용	17.1%
토너	- 흑백 프린터/복사기용 토너 - 컬러 프린터/복사기용 토너	3.4%

③ 경영 성과

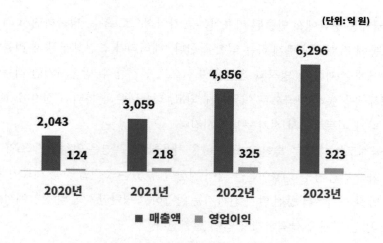

[그림 4-8] 코스모신소재 경영 성과

④ 인원 증감 현황

코스모신소재는 사업 규모가 타 양극재 기업 대비 크지 않다. 그러다 보니 전체 인원은 비교적 많지 않지만 채용인원은 일정 수준을 유지하고 있는 모양새다. 코스모신소재는 현재 제1공장과 제2공장을 가동하고 있으며, 제2공장을 증설하고 제3공장을 신설하면 생산능력이 현재 연산 3만 톤에서 10만 톤으로 증가한다. 제3공장이 완공된 직후 곧바로 증설할 계획도 있으므로 채용인원은 지속적으로 늘어날 것으로 예상된다.

〈표 4-9〉 코스모신소재 인원 증감 현황

(단위: 명)

구분	2019년	2020년	2021년	2022년	2023년
남	274	272	309	351	372
여	14	17	17	15	22
합계	288	289	326	366	394
증감	–	1	37	40	28

2. 음극재 기업

음극재는 양극에서 반출된 리튬이온을 가역적으로 흡수, 방출하면서 외부회로를 통해 전류를 흐르게 하는 역할을 한다. 배터리가 충전상태일 때 리튬이온은 음극에 존재한다. 양극과 음극을 도선으로 연결한 후 방전시키면 리튬이온은 전해액을 통해 양극으로 이동하게 되고, 리튬이온과 분리된 전자(e−)는 도선을 따라 이동하면서 전기를 발생시킨다.

음극재로는 대부분 흑연(Graphite)을 사용한다. 흑연은 안정된 구조와 낮은 전자 화학 반응성 등 리튬이온을 많이 저장할 수 있는 조건을 갖춘 재료이다. 흑연은 방전 초기부터 방전 말기 전까지는 완만하고 평탄한 수준의 전압에서 방전하고, 방전 말기에 급격하게 전압이 떨어진다.

흑연은 천연흑연과 인조흑연으로 구분한다. 흑연을 2차전지용 음극재로 사용하기 위해서는 순도가 99.5% 이상이어야 한다. 순도를 향상하기 위해서 천연흑연을 선광, 화학 처리하여 불순물을 제거하는 공정을 거친 후 구상화 처리하고 피치 코팅을 한다.

인조흑연은 출발 물질이 천연 광물이 아닌 석유, 콜타르, 코크스 같은 탄소 전구체를 이용하여 2,800℃ 이상의 고온으로 가열하여 생성된 흑연이다. 흑연에서는 전압 변화가 적기 때문에 배터리 전압에서 배터리 용량을 알 수 없지만, 방전 말기까지 안정적으로 높은 전압을 유지하는 게 장점이다.

일본 소니가 리튬이온전지를 초기에 생산할 때는 흑연이 아닌 고분자를 소성해서 만든 하드 카본(Hard Carbon)을 사용하였다. 카본은 우수한 출력 특성으로 인해 EV용 음극재로서 떠오르고 있다. 하드 카본은 전압을 측정하여 전지의 용량을 정확하게 알 수 있지만, 배터리 전압이 안정되지 않는 단점이 있다.

그 외의 음극재로는 산화물 복합계인 LTO가 대표적이며, 금속 복합계는 Sn−Co−C 등이 있다. 흑연을 사용하는 음극의 경우 용량 증가를 위해 Si 및 SiOx 기반 화합물을 흑연과 함께 일부 혼합하여 전극을 제조하기도 한다.

<표 4-10> 음극재 비교*

* 출처: SNE 리서치

구분	천연흑연	인조흑연	저결정탄소 (소프트 카본, 하드 카본)	실리콘계
원료	천연흑연	Pitch/Cokes	Pitch/Cokes, 열경화성수지	SiOx, Si 탄소복합계
용량 (mAh/g)	350~370	270~360	200~300	1,000~1,700
출력	하	중	상	중
수명	상	상	중	하
장점	고용량	고수명	고출력	고용량
제조사	포스코퓨처엠	포스코퓨처엠	애경유화	대주전자재료

(1) 포스코퓨처엠

① 회사 개요

포스코퓨처엠은 양극재 기업에서도 설명했듯이 2023년 기존 포스코케미칼에서 현재의 사명으로 변경했으며, 양극재와 음극재 분야에서 EV용 배터리 소재 국산화를 이끌고 있다. 국내에서는 유일하게 흑연계 음극재를 생산하고, 인조흑연과 실리콘계 음극재의 개발과 투자를 지속하고 있다. 포스코퓨처엠은 EV의 수요가 급증할 것에 대비해 과감하고 신속하게 생산능력을 확대하여 양극재와 음극재 대량생산 체제를 갖추어 업계에서 경쟁력을 확보하고 있다.

포스코케미칼은 2011년 천연흑연 음극재를 국산화하였다. 인조흑연 음극재는 얼마 전까지 국내에서 공급하는 기업이 없어서 주로 일본, 중국 업체가 공급을 주도했다. 포스코퓨처엠은 2021년 12월에 연산 8천 톤 음극재 1단계 공장을 세워 양산 공급하기 시작했고, 2023년 하반기에 2단계 공장을 증설하여 총 1만 8천 톤으로 생산능력을 확대했다. 이는 60kWh 기준 EV 약 47만 대에 공급할 수 있는 규모이다. 인조흑연 음극재는 원료와 공정 특성으로 인해 천연흑연 제품 대비 내부 구조가 일정하고 안정적이다. 덕분에 수명이 길고, 급속 충전에 유리하다.

주요 공급처는 LG에너지솔루션, 삼성SDI, SK온 등 국내 배터리 제조 3사이다. 해외 거점도 확보하여 중국에 현지 합작 공장(연산 5천 톤)을 운영하고 있으며, 향후 북미 시장에서 현지 생산 공장을 설립하여 사업영역을 확대할 예정이다.

② 사업 내용(음극재)

*
출처:
포스코퓨처엠 홈페이지

〈표 4-11〉 포스코퓨처엠 음극재 사업 내용*

구분		내용	용도
음극재	천연흑연 음극재	– 천연흑연을 원료로 제조 – 높은 전도율, 고출력, 장수명	– EV – IT 디바이스 – 전동기계 – ESS
	인조흑연 음극재	– 코크스를 원료로 제조 – 입자 형상 제어 및 표면처리를 통한 고출력, 장수명	– EV
	실리콘 음극재	– 실리콘을 원료로 제조 – 에너지 밀도 증대 – 사업화 추진 중	– EV
	리튬메탈 음극재	– 리튬금속을 원료로 제조 – 에너지 밀도 증대 – 차세대 소재로 연구개발 중	– EV – 전고체 배터리

③ 경영 성과

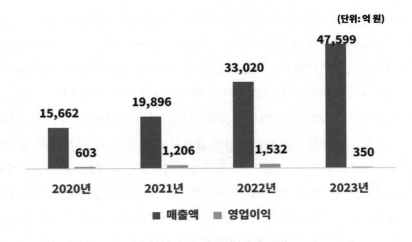

[그림 4-9] 포스코퓨처엠 경영 성과

④ 인원 증감 현황

양극재 기업에서 설명했듯이 포스코퓨처엠은 배터리 제조 3사와 마찬가지로 공격적으로 채용인원을 늘리고 있다. 포스코퓨처엠은 10대 그룹 중 삼성그룹과 마찬가지로 신입사원을 공채제도로 뽑는다. 물론 경력사원도 채용하지만, 이는 수시채용 방식으로 선발한다. 인원은 많지 않으리라고 예상하지만, 채용 연계형 인턴사원 제도도 있으니 취업준비생들이 관심을 가져볼 만한 기업이다.

경영실적에서 보듯이 매출이 늘어나는 것은 생산량이 늘어 공장 가동률이 올라가는 것이고, 이에 따라 엔지니어와 오퍼레이터 인력이 더 많이 필요하다는 의미로 해석해도 무방하다. 포스코퓨처엠의 성장세에 맞춰 채용인원은 계속 늘어날 전망이다.

〈표 4-12〉 포스코퓨처엠 인원 증감 현황
(단위: 명)

구분	2019년	2020년	2021년	2022년	2023년
남	1,486	1,526	1,619	1,824	2,378
여	86	90	108	127	164
합계	1,572	1,616	1,727	1,951	2,542
증감	–	44	111	224	591

(2) 대주전자재료

① 회사 개요

대주전자재료는 업계 최초로 실리콘계 음극재를 개발하여 생산하고 있다. EV용 파우치셀에 적용되어 2019년부터 LG에너지솔루션에 양산공급을 하고 있으며, SK온에도 공급 예정이다. 또한, 전동공구용 원통형 배터리의 음극재로 공급하고 있다. 실리콘계 음극재는 탄소계 음극재 대비 에너지밀도를 향상하여 급속 충전에 유리하기 때문에 배터리 제조업체에서는 3세대 배터리 음극재로 개발하고 있다.

실리콘계 음극재는 실리콘 산화물을 사용하는데 이는 배터리 수명을 늘려줄 소재로 평가되고 있다. 기존 흑연 소재 음극재를 실리콘계 음극재로 대체하면 EV 배터리 성능이 향상된다. 약 5% 수준의 실리콘 소재를 첨가하면 에너지밀도를 기존 대비 20~30% 높일 수 있고, 충전 시간을 30% 이상 단축할 수 있는 배터리 설계가 가능하다.

　대주전자재료는 연산 3천 톤인 생산능력을 2025년까지 연산 2만 톤 규모로 확대할 예정이다. 참고로 시장조사기관인 SNE리서치는 실리콘 음극재 시장이 2023년 1만 톤에서 2025년 3만 9천 톤, 2030년 15만 7천 톤, 2035년 28만 5천 톤으로 늘어날 것으로 예측했다.

[그림 4-10] 대주전자재료 홈페이지

② 사업 내용

출처:
대주전자재료 홈페이지

〈표 4-13〉 대주전자재료 사업 내용*

구분	내용	용도	비중
실리콘 음극재	– 탄소계 음극 활물질의 용량(350mAh/g) 대비 고용량(1,300~1,700mAh/g) 실리콘계 음극 활물질	EV, ESS, IT 기기	12.7%
전도성 페이스트	– IT 모바일, 디스플레이, 자동차에 사용되는 전자 부품용 전극 재료	전자 부품, 바이오 부품	44.6%
태양전지 전극 재료	– Silver 분말 – Silver 플레이크 – Ag, AgPd, Pd, Pt, Ru 등 귀금속 분말	태양전지 전/후면 전극 재료	10.3%
형광체 재료	– 형광 분말 – 형광 변환 플레이트	LED용 Powder, PIG(형광체 글래스)	13.7%
고분자 재료	– 전기, 전자 부품의 소체를 코팅하여 외부 환경으로부터 보호하는 재료	전기, 전자 부품의 절연체	11.3%
기타 제품	– 금속 분말 등		7.4%

③ 경영 성과

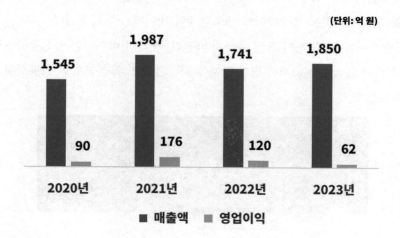

[그림 4-11] 대주전자재료 경영 성과

④ 인원 증감 현황

〈표 4-14〉 대주전자재료 인원 증감 현황　　　　　　　　　　　　　　　(단위: 명)

구분	2019년	2020년	2021년	2022년	2023년
남	127	152	148	165	289
여	11	15	28	16	45
합계	138	167	176	181	334
증감	-	29	9	5	153

(3) 한솔케미칼

① 회사 개요

한솔케미칼은 정밀화학 제품 위주로 사업을 개시했다. 사업의 영역은 크게 석유화학, 정밀화학, 디스플레이, 반도체 등이 있다. 2차전지 관련 사업은 2015년 음극재 바인더를 개발하면서 시작했다. 음극재는 활물질, 도전제, 바인더 등으로 구성된다. 활물질은 리튬이온을 받아들이고 내보내는 물질이고, 도전제는 전기전도성을 높이는 물질이다. 바인더는 이러한 작업이 안정적으로 이뤄질 수 있도록 음극재를 고정하는 역할을 한다. 한솔케미칼은 바인더를 상용화하자마자 2016년 배터리용 특수테이프 제조업체인 테이팩스를 인수했다.

한솔케미칼은 2차전지 관련 음극재 바인더, 분리막 바인더를 양산공급 중이며, 실리콘 음극재는 고객사 평가 단계에 있는 것으로 알려졌고 곧 상용화할 것으로 보인다.

[그림 4-12] 한솔케미칼 홈페이지

② 사업 내용

* 출처: 한솔케미칼 홈페이지

〈표 4-15〉 한솔케미칼 사업 내용*

구분	내용	용도	비중
2차전지/디스플레이 제품	– 실리콘 음극재 – 음극 바인더, 분리막 바인더, CNT 분산제 – QD, UV Ink, 기능성 수지	EV, ESS, IT 기기, 디스플레이 등	41.6%
정밀화학 제품	– 과산화수소, 차아황산소다, 과산화벤조일 – 중공유기안료	반도체용, 제지용	36.1%
제지/환경 제품	– 고분자응집제, 유기응결제 – 보류제, 정착제 – SB Latex, NB Latex	제지용	16.9%
기타	– 가성소다 – 용역 등		5.4%

③ 경영 성과

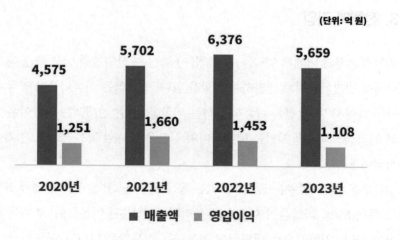

(단위: 억 원)

[그림 4-13] 한솔케미칼 경영 성과

④ 인원 증감 현황

경영실적 상으로는 영업이익이 높고 사업구조가 견실하다고 판단된다. 다만 기존 사업의 매출은 큰 변동이 없거나 조금씩 떨어지는 추세인 데 반해 2차전지 관련 제품은 꾸준히 매출이 증가하는 모양새이다. 마찬가지로 기존 사업 관련 R&D나 엔지니어 직군에서 인원이 늘어나기보다는 새로운 사업인 2차전지 분야에서 신규나 경력사원이 유입되는 것으로 보인다.

〈표 4-16〉 한솔케미칼 인원 증감 현황 (단위: 명)

구분	2019년	2020년	2021년	2022년	2023년
남	407	408	452	478	535
여	46	48	76	80	91
합계	453	456	528	558	626
증감	–	3	72	30	68

3. 전해액 기업

리튬이온전지 내에서 양극(+)과 음극(−) 물질은 '산화환원 반응'을 통해 화학 에너지를 전기에너지로 변환하는 역할을 한다. 전해액은 리튬이온이 양극과 음극을 오가면서 충·방전을 가능하게 하는 역할을 한다. 전해액은 리튬이온을 빠르고 안정적으로 이동시키는 매개체이며 성분은 리튬염과 유기용매, 첨가제로 구성되어 있다.

리튬염은 리튬이온이 이동할 수 있는 통로 역할을 한다. 용매에 쉽게 용해되거나 해리(解離: 화합물이 이온으로 분리되는 현상)된 이온들이 잘 이동할 수 있어야 한다. 일반적으로 배터리에 적용하는 리튬염은 $LiPF_6$(리튬·인산·불소로 구성)로 이온 이동도, 용해도, 화학적 안정성이 다른 염에 비해 우수한 특성이 있다. 염을 용해하는 액체와 유기용매는 리튬염을 잘 용해하여 리튬이 원활하게 이동할 수 있도록 해야 한다. 유기용매는 이온 화합물을 잘 분리할 수 있도록 리튬염에 대한 용해도가 커야 하고, 리튬이 원활하게 이동하도록 점도는 낮아야 한다. 주의해야 할 것은 리튬은 수분을 만나면 급격한 반응을 일으키기 때문에 전해액의 용매는 물과 반응하지 않는 소재를 사용한다.

첨가제는 배터리의 특정한 성능을 개선하기 위해 소량으로 첨가되는 물질을 의미한다. 전해액에서 차지하는 함량은 절대적으로 적지만 수명개선, 고온 특성 개선, 저항 감소 등의 전해액 전체 시스템에서 핵심적인 역할을 한다. 첨가제는 양극용과 음극용으로 나뉘는데 양극 보호 첨가제는 열화를 억제하면서 발열을 개선하고 과충전을 방지한다. 음극용 첨가제는 수명을 증가하고 배터리 용량을 유지하는 기능을 담당한다.

2020년 삼성SDI가 전고체 배터리 관련 기술을 발표하면서 배터리 제조업체와 글로벌 자동차 OEM을 중심으로 전고체 배터리 연구가 활발하게 이루어지고 있다. EV용 전지는 아직 액체 상태의 전해액을 사용한다. 전고체 배터리는 고체 상태의 전해질로 바꾸기 때문에 고체 전해질이 분리막의 역할을 하여 분리막이 따로 필요하지 않다. 분리막이 필요 없다는 의미는 배터리의 안전성이 크게 개선된다는 의미이다. 액체 전해질은 온도 변화로 인한 배터리의 팽창, 외부 충격에 의한 누액 등 배터리 손상 시 화재로 인한 폭발의 위험성이 따른다. 반면 전고체 배터리에서는 배터리 내에서 유일한 액체인 전해액을 고체로 바꾸면서 소재 모두 불연성 고체가 되어 화재, 폭발 위험성이 크게 낮아질 것으로 기대한다.

〈표 4-17〉 EV 배터리용 전해질 첨가제[*]

*
출처:
배터리 인사이드, LG에너지솔루션

구분	특징
LiFSI(F)	- 고출력, 부식 방지 및 수명 연장 - 저온에서 방전 억제
LiPO$_2$F$_2$(P)	- 배터리 수명 연장 및 고출력, 충전 시간 단축 - 고온에서 안정적인 작동
LiDFOP(D)	- 배터리 수명 연장, 고출력, 충전 시간 단축 - 고온 안정성
LiBOB(B)	- 상온 및 저온 저출력 증대 - 순간 출력 향상

(1) 엔켐

① 회사 개요

엔켐은 전해액 전문기업으로 2차 전지 및 커패시터용 전해액과 고기능성 전해액 첨가제를 개발, 생산하고 있다. 주요 공급 기업은 LG에너지솔루션, SK온이며, 중국의 CATL에도 전해액을 공급하여 품질의 우수성을 인정받았다. EV용 중대형 전지에 사용되는 고성능 전해액과 고용량 커패시터인 EDLC에 사용되는 고전압 전해액뿐만 아니라 고기능성 첨가제, 바인더 솔루션, 전자 재료용화학 원료 등도 공급하고 있다.

국내에는 연산 2만 5천 톤의 생산능력을 보유하고 있고, 미국과 폴란드, 중국등지에 현지 공장을 설립하여 공급 중이다. 엔켐은 전 세계에 총 6개 공장을 가동 중이며 추가로 헝가리, 인도네시아 등에 생산 거점 확보를 진행 중이다. 전체증설이 이뤄지면 현재 연산 42만 톤 규모에서 연산 80만 톤 수준으로 확대될 전망이다.

전해액 사업

[그림 4-14] 엔켐 홈페이지

② 사업 내용

＊출처: 엔켐 홈페이지

〈표 4-18〉 엔켐 사업 내용＊

구분	생산 제품/내용	비중
전해액	- IT용 전해액: 원통형, 각형, 폴리머용 전해액 - EV용 전해액: 고용량/고출력/일반용 전해액 - ESS용 전해액: 고안전성/일반용 전해액 - 양극용 전해액: 고전압 LCO/NCM(622, 811)용 전해액, Mn/LiFePO₄용 전해액 - 음극용 전해액: 인조흑연/천연흑연/Si용 전해액, Hard 카본 /Soft 카본용 전해액 - EDLC용 전해액: 일반/고전압용 전해액	95.8%
NMP(메틸피롤리돈) 재생 사업	- 배터리 양극재 제조 공정 용매인 NMP를 사용 후 폐 NMP 회수 - 수분 및 불순물 제거 후 순도를 높여 재사용	4.2%

③ 경영 성과

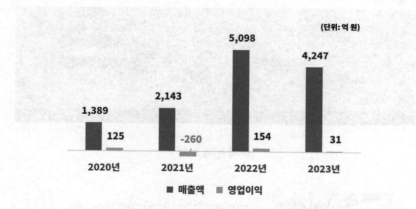

[그림 4-15] 엔켐 경영 성과

④ 인원 증감 현황

헝가리, 인도네시아 등에서 진행 중인 해외 사업장 증설이 완료되면 인력 수요는 지속적으로 증가할 것으로 예상된다.

〈표4-19〉 엔켐 인원 증감 현황

(단위: 명)

구분	2022년	2023년
인원	304	395
증감	–	91

(2) 천보

① 회사 개요

천보는 전자소재(LCD 식각액 첨가제, OLED 소재, 반도체 공정소재 등), 2차
전지 소재(전해질, 전해액 첨가제), 의약품 소재(의약품 중간체), 정밀화학 소재
를 공급하는 기업이다.

2차전지 분야만 살펴보면 SN, DPN 및 AN 등 다양한 2차전지 전해액 첨가제
를 생산하고 있다. 2016년 말에는 중대형 2차전지용 전해질인 LiFSI를 세계 최
초로 상용화하여 양산 공급하기 시작했다. 2018년부터 2022년까지 꾸준히
LiFSI, LiPO$_2$F$_2$, LiBOB, LiDFOP 공장을 증설했다. LiPO$_2$F$_2$는 원가 절감형 신
규공법을 적용한 공장을 증설하였으며, LiFSI, FEC, VC는 현재 공장을 건설하
고 있다.

[그림 4-16] 천보 홈페이지

② 사업 내용

＊
출처:
천보 홈페이지

〈표 4-20〉 천보 사업 내용＊

구분	제품	비중
이차전지 소재	전해액 첨가제	63.0%
전자 소재	LCD 식각액 첨가제	25.2%
의약품 소재	의약품 중간체	2.5%
정밀화학 소재	유리 강화제	3.0%
기타	용매제 등	6.3%

③ 경영 성과

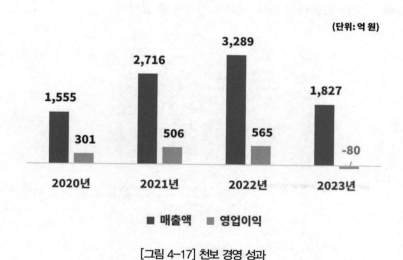

[그림 4-17] 천보 경영 성과

④ 인원 증감 현황

〈표 4-21〉 천보 인원 증감 현황   (단위: 명)

구분	2019년	2020년	2021년	2022년	2023년
남	108	112	112	116	130
여	15	15	16	15	13
합계	123	127	128	131	143
증감	–	4	1	3	12

(3) 솔브레인

① 회사 개요

솔브레인은 반도체, 디스플레이, 2차전지 등 IT 관련 핵심 소재를 생산하는 소재 전문기업이다. 삼성전자, SK하이닉스, 삼성디스플레이, LG디스플레이 등에 공정재료를 공급하고 있고, LG에너지솔루션, 삼성SDI, SK온에는 2차전지용 전해액을 공급하고 있다.

2차전지 전해액 분야에서는 국내의 약 30% 정도의 시장점유율을 차지하고 있다. 현재 소형전지 재료의 안정적인 공급과 EV용 전해액 개발로 2차전지 산업의 경쟁력을 높이는 데 기여하고 있다. 삼성SDI나 SK온 등 대기업의 해외 현지 공장 진출과 맞물려서 해외 공장을 가동하고 있다.

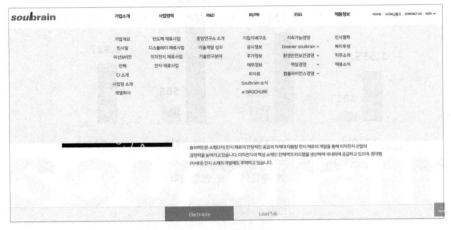

[그림 4-18] 솔브레인 홈페이지

② 사업 내용

＊
출처:
솔브레인 홈페이지

〈표 4-22〉 솔브레인 사업 내용＊

구분	제품	용도	비중
2차전지 소재	2차전지 전해액	– 2차전지 제조공정용 화학 소재 – 2차전지 전극 단자(Lead Tab)	16%
반도체 소재	HF/BOE, CMP Slurry, Precursor	– 반도체 제조공정용 화학 소재/장치 등	75%
디스플레이 소재	Etchant, Thin Glass, 유기재료	– 디스플레이 제조공정용 화학 소재 – Thin Glass 등의 모바일 관련 제품	9%

③ 경영 성과

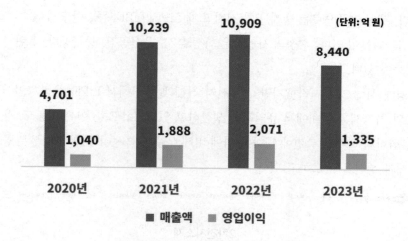

[그림 4-19] 솔브레인 경영 성과

④ 인원 증감 현황

솔브레인은 2023년도에 인원이 약 77명 감소한 것으로 나왔다. 이는 솔브레인의 주요 사업인 반도체 부문에서 기인한 것으로 보인다. 반도체 경기가 하락할 때 주요 공급처의 감산과 재고 조정이 겹치는 경우 협력사도 마찬가지로 가동을 중단하거나 감산하는 경우가 있어, 이에 따른 인력 구조의 변동성을 반영한 결과로 보인다.

구분	2020년	2021년	2022년	2023년
남	889	1,017	1,116	1,032
여	84	91	90	97
합계	973	1,108	1,206	1,032
증감	–	135	98	−77

(4) 후성

① 회사 개요

후성은 불소화학 기술과 고도화된 공정 노하우를 기반으로 화학 원료를 제조한다. 생산 제품으로는 냉매, 2차 전지 소재($LiPF_6$, $LiBF_4$ 등), 반도체 특수가스, 무기불화물이 있다. 후성의 사업장은 화성 본사, 울산공장, 중국공장, 폴란드공장 등이 있다.

냉매 사업으로 시작했지만, 2차전지 전해액 관련해서 $LiPF_6$(육불화인산리튬)와 첨가제를 국내에서 유일하게 생산하고 있다. $LiPF_6$는 이온 이동도, 용해도, 화학적 안정성 측면에서 다른 염에 비해 우수한 특성이 있으며 대부분 중국업체가 생산을 주도하고 있다.

[그림 4-20] 후성 홈페이지

② 사업 내용

＊
출처:
후성 홈페이지

〈표 4-24〉 후성 사업 내용＊

구분	제품	용도	비중
기초화합물	2차전지 소재, 반도체용 특수가스, 냉매가스 등	– 2차전지 전해질, 첨가제 – 반도체용 에칭 및 증착 가스 – 가전/산업용 냉매 등	65.9%
화공 기기	열교환기, 저장탱크 등	– 화학, 플랜트 사업 등	34.1%

③ 경영 성과

　2020~2022년은 흑자를 기록하다가 2023년에는 적자로 돌아섰다. 반도체와 2차전지 산업의 경기 둔화와 맞물려 전해질 생산 공장의 가동을 중단했기 때문이다. 또한 전방산업인 배터리 제조사와 전해액 제조사의 부진과 재고 조정 등으로 인해 매출 물량이 감소했다. 중국 공장은 1개월 동안 가동을 중단했고, 국내 공장은 4개월을 중단한 후 재가동에 돌입했다.

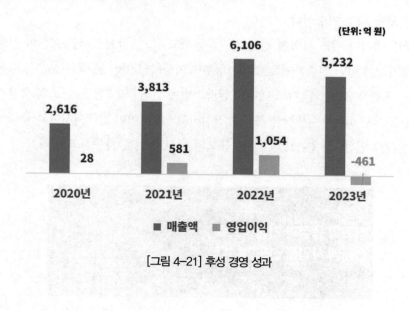

[그림 4-21] 후성 경영 성과

④ 인원 증감 현황

〈표 4-25〉 후성 인원 증감 현황   (단위: 명)

구분	2019년	2020년	2021년	2022년	2023년
남	343	329	341	341	354
여	20	20	21	25	27
합계	363	349	362	366	381
증감	–	-14	13	4	15

(5) 동화일렉트로라이트

① 회사 개요

동화일렉트로라이트는 파낙스이텍을 동화기업이 2019년 7월에 인수하여 2020년 4월에 신규 법인명으로 바꾸었다. 파낙스이텍은 육성화학이 2007년에 제일모직(현 삼성SDI 전자재료부문)의 전해액 사업을 인수하여 2009년에 설립한 전해액 제조 기업이다.

국내 배터리 제조 기업에 전해액을 공급하고 있고, 삼성SDI와 SK온이 진출한 헝가리에 동반 진출하여 2022년 4월부터 가동(연간 2만 톤 생산능력)을 시작했다. 또한 2023년 6월 미국 테네시 클락스빌에 연산 8만 6천 톤 규모의 생산기지를 2024년 4분기 시생산을 목표로 건설하고 있다. 이미 말레이시아와 중국에서는 각각 연산 1만 톤, 1만 3천 톤 규모의 생산 라인을 가동하고 있다.

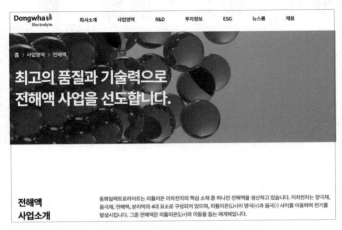

[그림 4-22] 동화일렉트로라이트 홈페이지

② 사업 내용

출처:
동화일렉트로라이트 홈페이지

〈표 4-26〉 동화일렉트로라이트 사업 내용*

구분	생산 제품/사업 내용
전해액	- 고출력: 저저항/고이온도전도성 전해액 - 장수명: 전극계면층 안정화 전해액 - 고용량: 고전압/산화 분해 억제 전해액/실리콘 음극용 전해액 - 고신뢰: 고온 분해 및 가스 발생 억제 전해액/폴리머 전해액 - 고안정성: 난연성/과충전 억제 전해액
NMP(메틸피롤리돈) 재생 사업	- 리튬이차전지 제조 후 사용이 끝난 NMP(양극재 바인더 용매)를 고순도 화하여 재사용이 가능하게 만드는 사업 - 헝가리 소쉬쿠트에 전해액 및 NMP 리사이클 공장을 건설

③ 경영 성과

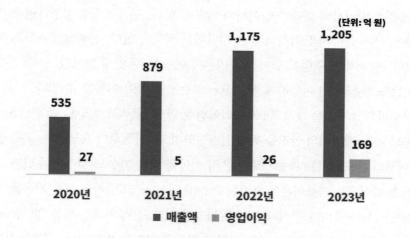

[그림 4-23] 동화일렉트로라이트 경영 성과

④ 인원 증감 현황

〈표 4-27〉 동화일렉트로라이트 인원 증감 현황 (단위: 명)

구분	2021년	2022년	2023년
남	51	54	58
여	10	9	16
합계	61	63	74
증감	-	2	11

4. 분리막 기업

분리막은 절연 소재로 구성된 얇은 막으로 배터리 Cell 내부에서 양극과 음극의 접촉을 방지하여 화재가 일어나지 않도록 한다. 구체적으로 설명하면 분리막은 양극과 음극의 물리적 접촉을 차단하는 역할을 한다. 분리막에는 Pore라고 부르는 미세한 구멍이 있어 리튬이온이 이동할 수 있게 되어있다. 즉 전자(-e)는 도선을 통해 이동하게 하고 Pore로는 이온만이 이동할 수 있다.

분리막의 소재로는 대체로 PE(폴리에틸렌)와 PP(폴리프로필렌) 박막 필름이 사용되는데, 배터리의 안전을 위해 전기절연성, 열 안정성이 요구된다. 또한 일정 이상의 온도에서는 자동으로 이온의 이동을 막는 기능도 갖추어야 한다.

제조 방식에는 리튬이온이 오가는 Pore(0.01~1㎛ 크기)라고 하는 기공을 어떻게 만드느냐에 따라 건식과 습식 두 가지가 있다. 건식 제조는 필름 원단을 당겨 PP나 PE 결정의 계면 사이를 벌려서 기공을 만드는 방식이다. 제조공정이 쉽지만, 기공의 크기가 불균일하게 형성되고 기계적 강도가 약한 단점이 있다. 반면에 습식 방식은 PE에 기름을 섞고 여러 첨가제를 넣어 고온과 고압으로 반죽해 필름을 뽑아내는 방식이다. 이후 분리막을 냉각하여 성형할 때 PE와 기름의 상분리가 일어나는데, 용매로 기름을 추출하면 그 자리에 기공이 형성된다. 기공이 균일하게 형성되지만, 공정이 복잡하고 제조원가가 높은 단점이 있다.

이전에는 분리막으로 원단 필름 소재 하나만 사용했으나, 배터리의 고에너지밀도화, 고출력화 등으로 내부 온도가 상승하여 고성능 분리막 수요가 증가하고 있다. 분리막의 성능을 강화하기 위해 분리막의 표면을 코팅하여 안전성을 높이는 방법이 있는데, 분리막 원단 필름에 고내열 바인더와 무기물(주로 세라믹 입자)을 코팅해 원단의 수축을 억제하고 내열도를 높이는 방식이다.

대표적인 분리막 업체는 SK아이이테크놀로지(SKIET)와 더블유씨피(WCP)가 있다. SKIET는 LG에너지솔루션과 SK온에, WCP는 주로 삼성SDI에 분리막을 공급하고 있다.

현재 분리막 사업은 EV용 배터리 수요 증가세에 따라 성장하고 있다. 다만 배터리 제조 3사에서 EV용 전고체배터리를 개발하고 상용화하는 계획을 세웠기 때문에 향후 전고체배터리가 시장에서 대세로 자리 잡는 시점에서 분리막의 수요는 줄어들 것으로 예상된다.

(1) SK아이이테크놀로지(SKIET)

① 회사 개요

SKIET는 2019년 4월에 SK이노베이션에서 독립하여 자회사로 설립되었으며, 2차전지용 습식분리막을 주력사업으로 삼고 있다. 조만간 생산능력과 판매량에서 전 세계 1위인 일본의 아사히카세이(Asahi Kasei)를 제치고 1위를 달성할 것으로 예상된다. 충청북도 청주와 증평, 중국 창저우와 폴란드 실롱스크에 생산 설비를 보유하고 있다. 미국의 IRA에 따라 중국산 분리막 대신 북미 시장의 수요에 대응해야 하는 상황으로 북미에 생산 거점 계획도 검토 중이다. 2023년 기준으로 총생산능력은 15.3억㎡이다.

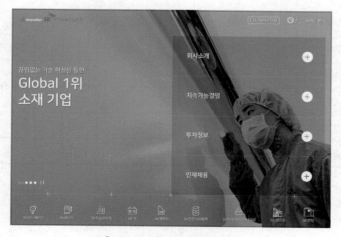

[그림 4-24] SKIET 홈페이지

② 사업 내용

〈표 4-28〉 SKIET 사업 내용

구분	생산 제품/사업 내용	비중
LiBS	- 2차전지용 분리막	99.93%
신규 사업	- 신규 사업	0.07%

③ 경영 성과

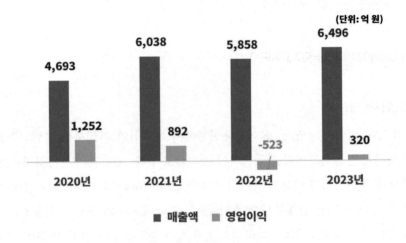

[그림 4-25] SKIET 경영 성과

④ 인원 증감

〈표 4-29〉 SKIET 인원 증감 현황 (단위: 명)

구분	2021년	2022년	2023년
남	216	240	248
여	43	50	56
합계	259	290	304
증감	-	31	14

CHAPTER 01 기업의 직무 이해

요즘은 기업들이 신입사원을 채용할 때 직무를 세분화해서 공고를 낸다. 사실 각 직무는 기업의 경영 프로세스 맵 안에 포함되어 있다. 다만 직무의 명칭을 기업마다 대동소이하게 가져가지만 각 기업의 성격에 맞게 특화된 업무도 있다. 이공계 출신 취업준비생은 전공과 관심사, 본인의 성향, 장점 등을 고려하여 기업과 직무를 선택해야 한다. 엔지니어 직무가 적합한지, 아니면 연구나 개발 업무에서 역량을 잘 발휘할 수 있는지를 고려해야 한다. 인문계 출신 취업준비생은 문과 출신이라 과학과 기술은 잘 모른다고 손을 놓고 있어도 안 된다. 직무가 마케팅이나 영업이라 할지라도 지원하는 기업의 제품이 어떤 재료와 설비를 이용하여 만들어지는지 관심을 두고 연구해야 한다. 여기에 나오는 내용은 기본적인 문해력만 있으면 인문계, 이공계 구분 없이 충분히 이해할 수 있는 내용이다.

CHAPTER 02 2차전지 3대 제조사의 직무

LG에너지솔루션, 삼성SDI, SK온의 주요 직무를 파악할 수 있다.

CHAPTER 03 2차전지 3대 제조사

LG에너지솔루션, 삼성SDI, SK온의 사업 내용과 경영 성과로 회사의 내용을 파악할 수 있다. 특히 자동차 생산기지가 집중된 유럽, 중국, 미국의 지출 현황도 파악할 수 있다.

CHAPTER 04 2차전지 소재 기업

핵심 소재인 양극재, 음극재, 전해액, 분리막 업체를 정리해 놓았다. 각 기업의 생산 능력과 3대 2차전지 기업과의 협력관계를 알 수 있다. 기업마다 2차전지 사업을 바라보는 사업 전략을 엿볼 수 있다.

한권으로 끝내는
전공·직무 면접 2차전지

PART 06

2차전지 면접 기출문제

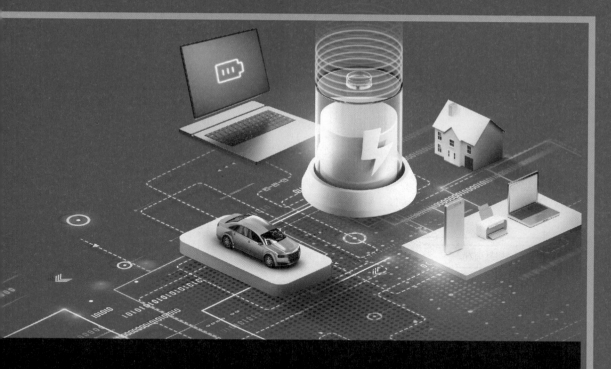

이공계 취업은 렛유인 WWW.LETUIN.COM

핵심요약 →

면접 기출 문제	음극 활물질	인조흑연이 침상형인데 2차전지의 출력효율과 무슨 관계인가?
	충방전 메커니즘	2차전지 작동원리에 대해 설명하시오.
	전지활용 및 특성	전기자동차용 배터리와 ESS용 배터리의 차이점은 무엇인가?
	전지특성	좋은 배터리란 무엇인가?
	음극 활물질, 충방전 메커니즘	배터리에서 음극은 정확히 무슨 역할을 하고 무엇이 중요한가?
	구성물질	전지의 구성물질에 대해 설명하시오. (분리막의 원리 및 역할)
	제조공정	배터리의 제조공정을 순서대로 나열하고 설명하시오.
	전지소재	배터리 셀 파우치의 필름을 개발할 때 중요한 인자 3가지 이상을 설명하시오.
	전지일반	1차전지와 2차전지의 차이점은 무엇인가?
	제조공정	배터리 제조공정에서 일어날 수 있는 문제에 관하여 설명하시오.
	조립공정	젤리롤 제조법 중 와인딩 공법과 스택 공법의 차이점은 무엇인가?
	급속충전	급속충전을 위해서 양극, 음극, 전해액, 분리막은 어떤 조건이 필요한가?
	전고체전지	전고체전지와 리튬이온전지의 차이를 설명하시오.
	기업일반1	삼성SDI에서는 어떤 제품을 생산하는가?
	기업일반2	전기차 시장에서 SK온의 전략을 설명하시오.
	산업특성	2차전지 산업의 특성에 대해 설명하시오.
	직무구분	생산, 제조, 설비 기술의 차이점에 대해 설명하시오.

필요 전공/직무 (화학, 소재, 화공/연구개발, 기술 분야)

• 2차전지의 구동 원리를 이해하기 위해서는 구성하고 있는 물질의 특성을 이해하고 있어야 한다.

• 일반적으로 음극으로 사용되는 흑연의 종류 및 특성을 알고 있어야 하는 난이도가 있는 질문이다.

실제 면접 질문

난이도 ★★★★   중요도 ★★★

• 인조흑연이 침상형인데 2차전지의 출력효율과 무슨 관계인가?

1. 질문 의도 및 답변 전략

면접관의 질문 의도

• 음극으로 사용되는 흑연의 종류(인조흑연, 천연흑연)를 알고 있는가?

• 천연흑연과 인조흑연의 차이점은?

• 출력의 정의와 메커니즘을 이해하고 있는가?

면접자의 답변 전략

• 흑연의 종류를 간단히 설명하고, 형성되는 과정을 설명한다.

• 천연흑연과 인조흑연의 구조적인 차이점을 설명한다.

• 출력의 정의를 간단히 설명하고, 인조흑연이 출력에 유리한 이유를 설명한다.

⊕ 더 자세하게 말하는 답변 전략

• 천연흑연과 인조흑연의 장단점을 설명할 수 있으면 Best

• 설명의 마지막에 향후 대책으로 음극의 용량을 높이기 위하여 진행 중인 실리콘계열 설명

2. 머릿속으로 그리는 답변 흐름과 핵심 내용

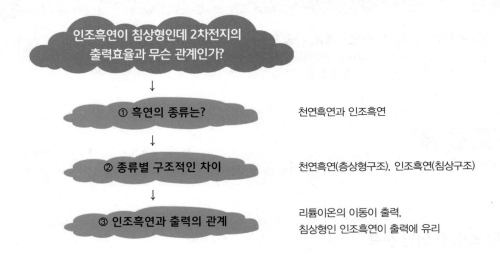

인조흑연이 침상형인데 2차전지의
출력효율과 무슨 관계인가?

↓

① 흑연의 종류는?   천연흑연과 인조흑연

↓

② 종류별 구조적인 차이   천연흑연(층상형구조), 인조흑연(침상구조)

↓

③ 인조흑연과 출력의 관계   리튬이온의 이동이 출력,
침상형인 인조흑연이 출력에 유리

3. 모범답안

2차전지의 음극은 높은 리튬이온 저장용량과 낮은 전압, 낮은 가격까지를 요구특성으로 하고 있으며, 현재는 흑연이 일반적으로 사용되고 있다. 흑연에는 자연에서 나무 등의 탄소화합물들이 수많은 시간 동안 저장되어서 만들어진 천연흑연과 인공적으로 만든 인조흑연이 존재한다. 천연흑연은 층상형구조로 이루어져 있는 반면에 인조흑연은 침상형의 구조를 가지고있다. 층상형은 양 끝단부로 리튬이온이 출입하게 되므로 입구가 2개 밖에 없지만, 침상형구조는 입구가 많으므로 단시간에 많은 리튬이온이 들어가고 나올 수 있다. 이러한 단위시간당리튬이온의 이동이 출력이므로 침상형인 인조흑연이 출력에 유리하다. 최근에는 용량 측면에서 유리한 실리콘계 물질을 첨가하여 적용하고 있다.

4. 나만의 답안 작성해보기

02 충방전 메커니즘

필요 전공/직무 (화학, 소재, 화공/연구개발, 기술 분야)

• 2차전지를 지원한다면 반드시 이해해야 하는 기본적인 내용으로, 연관된 화학적 메커니즘에 관한 질문이 있을 수 있다.

실제 면접 질문

난이도 ★★★   중요도 ★★★★★

• 2차전지 작동원리에 대해 설명하시오.

---

1. 질문 의도 및 답변 전략

면접관의 질문 의도

• 2차전지에 관한 기본적인 지식이 있는가?

• 충방전에 대한 화학적인 작용을 이해하고 있는가?

• 전지에 사용되는 중요소재(4대소재)를 이해하고 있는가?

면접자의 답변 전략

• 2차전지 4대소재의 종류를 설명한다.

• 4대소재의 각 기능을 설명한다.

• 충전과 방전에 관한 화학적인 메커니즘을 설명한다.

➕ 더 자세하게 말하는 답변 전략

• 2차전지의 단점(급속충전/출력과 용량, 안전성) 설명

• 성능 문제를 극복하기 위한 노력 설명

• 안전성 문제를 극복하기 위한 노력 설명

2. 머릿속으로 그리는 답변 흐름과 핵심 내용

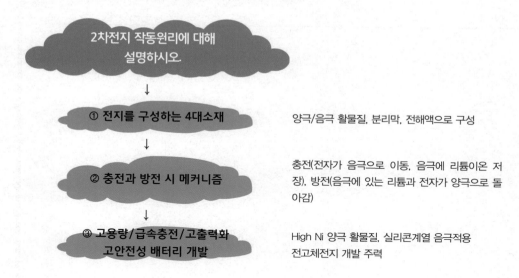

2차전지 작동원리에 대해
설명하시오

↓

① 전지를 구성하는 4대소재 — 양극/음극 활물질, 분리막, 전해액으로 구성

↓

② 충전과 방전 시 메커니즘 — 충전(전자가 음극으로 이동, 음극에 리튬이온 저장), 방전(음극에 있는 리튬과 전자가 양극으로 돌아감)

↓

③ 고용량/급속충전/고출력화 고안전성 배터리 개발 — High Ni 양극 활물질, 실리콘계열 음극적용 전고체전지 개발 주력

3. 모범답안

2차전지를 구성하는 4대물질은 양극 활물질, 음극 활물질, 전해액, 분리막이다. 양극 활물질은 리튬이온의 발생원으로서 용량 및 전압을 결정하는 물질이며, 음극 활물질은 양극에서 나온 리튬이온을 저장하는 역할을 한다. 전해액은 리튬이온이 양극에서 음극 또는 그 반대로 이동할 수 있는 매개체가 되며, 분리막은 용어 그대로 양음극을 분리하는 역할을 한다.

배터리에 전기에너지를 가하게 되면 양극에 있는 리튬이온과 전자가 음극으로 이동하게 되며, 음극 활물질에 리튬이온이 저장된다. 이를 충전이라고 하며, 반대인 방전은 음극에 저장되어 있는 리튬과 전자가 양극 활물질로 돌아가는 과정이며 이때 전류가 발생하게 된다. 양극과 음극의 전위차를 전압이라고 하며, 이동에 참여하는 리튬이온의 양(=이온의 전하량)을 배터리의 용량이라고 한다.

현재까지 High Nickel 및 실리콘이 적용된 배터리 시스템에서는 높은 용량 및 출력과 함께 수반되는 급속한 열화, 발화 등의 신뢰성, 안전성 문제의 많은 부분이 개선되었다. 하지만 더 우수한 제품을 위해 Ultra High Nickel계 양극, 실리콘계 음극의 더 높은 함량 등이 검토되고 있다. 이와 함께 더 난이도 높은 신뢰성, 안전성 문제를 해결하기 위해 많은 엔지니어들이 노력하고 있다. 안전성을 근본적으로 개선하는 것이 전고체 전지로 알려져 있으며 많은 분야에서 본격적인 상업화를 위해 준비하고 있다.

4. 나만의 답안 작성해보기

03 전지활용 및 특성

필요 전공/직무 (화학, 소재, 화공, 전기, 전자/연구개발, 기술 분야, 품질)
• 배터리의 활용 용도에 따른 배터리 특성을 이해하고 있어야 한다.

실제 면접 질문

난이도 ★★★　　중요도 ★★★

• 전기자동차용 배터리와 ESS용 배터리의 차이점은 무엇인가?

1. 질문 의도 및 답변 전략

면접관의 질문 의도

• 배터리의 활용 용도를 이해하고 있는가?
• 활용 분야의 목적에 따라 배터리의 필요 특성을 이해하고 있는가?
• 혼용하여 사용하기 위해서는 어떤 분야에 더 개선이 필요한가?

면접자의 답변 전략

• ESS용 배터리에 필요한 성능 설명
• 전기자동차용 배터리에 필요한 성능 설명
• 전기자동차용 배터리와 ESS용 배터리 차이점을 요약 설명

➕ 더 자세하게 말하는 답변 전략

• ESS용 배터리의 활용 분야(신재생용, 가정용 등) 설명
• 자동차 성능의 차이점에 따른 배터리 특성관계 유추(승용차, SUV, 스포츠카 등)
• 기술적인 측면이 극복될 경우 두 배터리를 혼용하면 원가절감되는 이유를 설명

2. 머릿속으로 그리는 답변 흐름과 핵심 내용

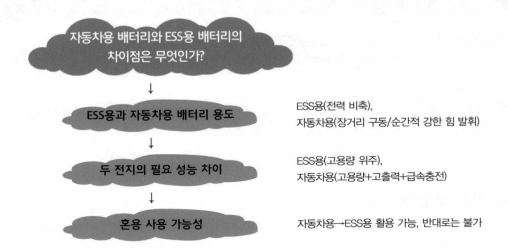

자동차용 배터리와 ESS용 배터리의
차이점은 무엇인가?

↓

ESS용과 자동차용 배터리 용도

ESS용(전력 비축),
자동차용(장거리 구동/순간적 강한 힘 발휘)

↓

두 전지의 필요 성능 차이

ESS용(고용량 위주),
자동차용(고용량+고출력+급속충전)

↓

혼용 사용 가능성

자동차용→ESS용 활용 가능, 반대로는 불가

3. 모범답안

먼저 ESS와 자동차의 용도 측면에서 보자. 자동차용 배터리는 자동차가 먼 거리를 달려야 할 뿐만 아니라 다양한 환경에서 운영되기 위하여 순간적으로 강한 힘을 발휘하여야 할 경우가 있다. 반면에 ESS용 배터리는 친환경 발전 또는 산업/가정에서 전력을 비축하는 데 활용이 되는 것으로, 전기에너지를 사용할 시에 대부분 안정적인 전류를 공급하게 된다.

배터리 측면에서 보게 되면, 자동차용 배터리는 장거리를 가기 위한 고용량, 그리고 순간가속 또는 짧은 충전속도 등에 따른 급속충전과 고출력의 특성이 필요하다. 반면에 ESS용은 자동차용 배터리와는 다르게 급속충전이나 고출력의 요구가 상대적으로 적으며, 20년 이상 초장기간 사용을 필요로 하여 고용량, 고수명의 배터리를 요구한다. 즉, ESS용은 고용량+고수명 위주, 자동차용은 고용량+고출력+급속충전이라는 다양한 성능이 필요하다.

일반적으로 자동차용으로 특화된 배터리는 ESS용에 활용 가능하나, 반대로 ESS의 저장능력에 특화된 배터리는 자동차용에 활용은 곤란할 수도 있다. 최근에는 장기간 사용으로 열화되어 용량, 출력이 떨어져 더 이상 자동차용으로 사용이 힘든 배터리를 ESS용으로 재사용하는 기술이 본격적으로 개발되고 있다.

4. 나만의 답안 작성해보기

기출 KEYWORD 04 전지특성

필요 전공/직무 (화학, 소재, 화공, 전기, 전자/연구개발, 기술 분야, 품질)

• 배터리의 원리를 이해하고, 현재 배터리의 단점들을 알고 있어야 한다. 단점의 보완대책도 알아야 한다.

실제 면접 질문

난이도 ★★★★   중요도 ★★★

• 좋은 배터리란 무엇인가?

---

1. 질문 의도 및 답변 전략

면접관의 질문 의도

• 배터리의 기본특성 및 활용 용도를 이해하고 있는가?

• 배터리를 구성하고 있는 물질의 특성을 이해하는가?

• 향후 어떤 부분을 개선해야 하는가?

면접자의 답변 전략

• 배터리의 활용 분야 설명(IT 분야, 자동차 분야, 신재생 등의 에너지 저장장치 등)

• 자동차 분야에서의 배터리 요구 성능 및 안전성 설명

• 현재 배터리의 문제점을 설명하고, 개선 내용을 설명

⊕ 더 자세하게 말하는 답변 전략

• 배터리를 구성하는 내용 설명(4대소재)

• 배터리의 활용 용도 설명(활용 분야별 특성을 설명: 용량, 급속충전, 고출력 등)

• 문제점을 개선하기 위한 내용 설명

2. 머릿속으로 그리는 답변 흐름과 핵심 내용

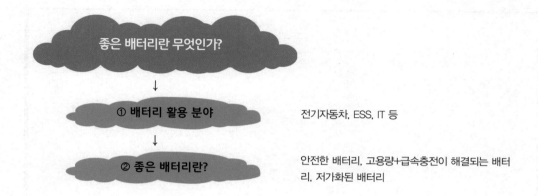

좋은 배터리란 무엇인가?

↓

① 배터리 활용 분야   전기자동차, ESS, IT 등

↓

② 좋은 배터리란?   안전한 배터리, 고용량+급속충전이 해결되는 배터리, 저가화된 배터리

3. 모범답안

현재 우리의 생활환경에서 배터리가 사용되지 않는 곳이 없을 정도로, 너무나 생활에 밀접한 물건이 되었다. 핸드폰, 노트북, 전동공구, 스쿠터, 전기자동차 등 다양한 분야에서 활용되면서 다양한 요구 특성을 가지게 되었는데, 모든 분야에 공통적으로 만족되는 배터리는 존재하지 않으며, 용도에 맞게 다양하게 설계 및 제조되고 있다.

좋은 배터리의 정의는 어떤 용도로 사용되느냐에 따라 다를 수도 있겠지만, 개인적인 의견을 정리하여 설명하면 다음과 같다. 첫째, 배터리의 발화 등의 안전성 문제는 배터리 제조사뿐 아니라 완성품 제조사에게 치명적인 타격과 손실을 입힌다. 따라서 배터리의 안전성은 좋은 배터리의 필수적인 요소이다. 둘째, 전기자동차가 양적 성장을 하기 위해서 필요한 문제들, 즉 앞에서 언급한 안전성 외에 주행거리로 설명되는 고용량, 충전 시간에 해당되는 급속충전이 해결되는 배터리일 것이다. 셋째, 폭넓게 활용되기 위해서는 가격 문제가 해결되어야 한다고 생각하며, 좀 더 저가화가 되면 더욱더 많은 분야로 확대될 것으로 생각한다.

* 요구 정답이 없는 질문일 수 있으므로, 개인이 생각하는 합리성과 정확한 설명이 중요하다.

4. 나만의 답안 작성해보기

05 음극 활물질, 충방전 메커니즘

필요 전공/직무 (화학, 소재, 화공/연구개발, 기술 분야, 품질)
• 배터리 구성물질 중 음극의 역할과 충방전 시의 메커니즘을 정확히 이해하고 있어야 한다.

실제 면접 질문

난이도 ★★ 　 중요도 ★★★★

• 배터리에서 음극은 정확히 무슨 역할을 하고 무엇이 중요한가?

1. 질문 의도 및 답변 전략

면접관의 질문 의도

• 배터리를 구성하고 있는 물질의 특성을 이해하는가?
• 배터리 충방전의 메커니즘을 이해하고 있는가?
• 음극의 성능을 개선하기 위해서는 무엇이 중요한가?

면접자의 답변 전략

• 음극의 특성을 먼저 설명하기 전에, 배터리를 구성하는 중요물질을 간략히 설명
• 충전 및 방전 시 음극에서 일어나는 전기화학적 현상을 설명
• 음극의 중요 포인트 및 향후 개선할 부분은 무엇인지 설명

➕ 더 자세하게 말하는 답변 전략

• 양극의 중요 특성을 설명하고, 음극과 연계된 메커니즘을 설명
• 음극의 요구 특성을 설명할 수 있어야 함(전압, 용량 등)
• 현재 음극이 가진 문제점을 지적하고, 개선활동을 간략히 설명

2. 머릿속으로 그리는 답변 흐름과 핵심 내용

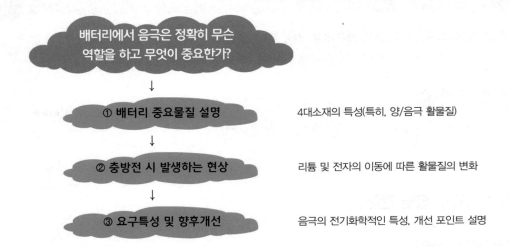

3. 모범답안

일반적으로 배터리를 구성하는 4대소재는 양극 활물질, 음극 활물질, 전해액, 분리막이다. 양극 활물질은 충전 시 리튬이온과 전자를 생성하여 음극으로 이동하게 되는데, 음극에서는 이렇게 이동된 리튬이온과 전자를 저장하는 역할을 하게 된다. 방전 시에는 저장되어 있는 리튬이온과 전자가 양극 활물질로 돌아가면서 전류를 발생하게 된다.

배터리의 전압은 양극과 음극의 전위차에 해당되므로, 음극은 전위가 낮은 물질일수록 좋으며, 양극에서 이동한 리튬이온을 많이 저장할 수 있는 물질이면 좋다. 특성 측면에서 실리콘이나 리튬금속이 좋은 특성을 보이나, 충전 시 부피팽창 또는 안전성 측면에서의 문제점으로 인하여 아직도 연구단계에 있다. 현재의 배터리에는 일반적으로 음극 활물질로 흑연이 적용되고 있다. 차세대 배터리 성능향상을 위하여 실리콘계 확대 적용, 전고체 배터리와 함께 리튬금속 적용 등을 검토하고 있다.

4. 나만의 답안 작성해보기

06 구성물질

필요 전공/직무 (화학, 소재, 화공/연구개발, 기술 분야, 품질)
• 전지 구성소재의 종류 및 역할을 이해하고 있어야 충방전 메커니즘을 정확히 설명할 수 있다.

실제 면접 질문 난이도 ★★★★ 중요도 ★★★★

• 전지의 구성물질에 대해 설명하시오. (분리막의 원리 및 역할)

1. 질문 의도 및 답변 전략

면접관의 질문 의도

• 배터리를 구성하고 있는 물질의 기능을 이해하는가?

• 배터리 분리막의 성능과 안전성 측면을 이해하고 있는가?

• 분리막의 기능을 개선하기 위한 단기, 중/장기 기술적 역할은?

면접자의 답변 전략

• 배터리를 구성하는 중요물질을 간략히 설명

• 배터리에서 분리막의 특성 설명(성능, 안전성 등)

• 분리막 안전성과 관련된 메커니즘 및 개선방향

⊕ 더 자세하게 말하는 답변 전략

• 배터리의 발열-발화와 관련된 안전성 메커니즘 이해

• 발열 시의 분리막에서의 대책(수축 방지 방법)

• 발화를 방지하기 위한 근본적인 대책

2. 머릿속으로 그리는 답변 흐름과 핵심 내용

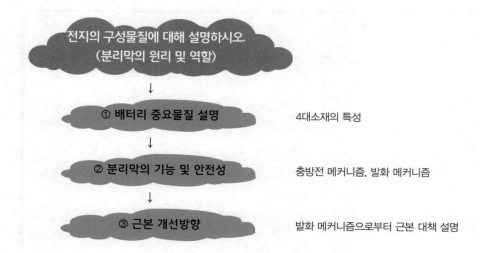

전지의 구성물질에 대해 설명하시오
(분리막의 원리 및 역할)

① 배터리 중요물질 설명   4대소재의 특성

② 분리막의 기능 및 안전성   충방전 메커니즘, 발화 메커니즘

③ 근본 개선방향   발화 메커니즘으로부터 근본 대책 설명

3. 모범답안

전지가 구성되기 위해서는 전위를 형성하는 양극과 음극이 있어야 하며, 발생된 이온이 이동하기 위해서는 전해질(전해액)이 필요하다. 현재 사용하는 리튬이온 2차전지는 부피를 최소화하기 위해서 양극과 음극을 밀착시켜야 하는데, 이때 양/음극이 물리적으로 접촉하지 않도록 분리하는 것이 분리막이다. 즉, 충전 시 양극에서 발생된 리튬이온이 음극으로 이동할 때 전해액을 통하여 이동하며, 사이에 존재하는 분리막은 리튬이온이 통과될 수 있는 기능을 가져야 한다. 이러한 측면에서 분리막은 다공성 유기폴리머 필름을 사용하고 있다.

2차전지에서 분리막의 기능을 좀 더 살펴보면, 안전성에도 중요한 역할을 한다. 2차전지가 이상 상황에서 열이 발생되면 전해액의 활동도가 증가하여 부피가 증가하게 되고, 열이 더 상승하게 되면 유기고분자 성분인 분리막이 수축하게 된다. 이때 배터리 Edge부에 분리막이 안으로 밀려들어가게 되고, Edge부 양음극이 직접 만나 쇼트가 발생되어 열폭주가 발생, 발화로 이어지는 메커니즘이다. 분리막의 열 수축을 억제하기 위하여 세라믹소재 코팅 등을 활용하고 있다. 안전성 문제를 해결하기 위해서는 액체 전해액을 고체화하는 것이 필요하며, 이것이 전고체 전지가 주목을 받는 이유이다.

* 구성물질 중 분리막 위주로 설명하였으며, 질문이 다른 소재인 경우에도 위의 답을 활용하여 유사한 전개방식을 활용하면 된다.

4. 나만의 답안 작성해보기

07 제조공정

필요 전공/직무 (화학, 소재, 화공, 전기, 전자, 기계/연구개발, 기술 분야, 품질)
• 화학 관련, 전기/전자/기계 등에서 필요한 분야로, 배터리가 제작되는 공정관리 및 설비의 운영과 제어방법 등을 다룬다.

실제 면접 질문

난이도 ★★★★★   중요도 ★★★★★

• 배터리의 제조공정을 순서대로 나열하고 설명하시오.

1. 질문 의도 및 답변 전략

면접관의 질문 의도

• 배터리 제작에 관한 기본 지식은 있는가?
• 배터리 지원자의 기본적인 관심도, 학습능력 등을 확인
• 배터리 구조와 제조방법에 대한 연관성의 이해도 확인

면접자의 답변 전략

• 배터리 제조공정의 큰 구분을 설명
• 극판-조립-화성에서의 중요 포인트를 설명할 수 있어야 함
• 제조공정 중에서 본인의 관심 분야를 설명하면 좋음

➕ 더 자세하게 말하는 답변 전략

• 배터리의 특성에 영향을 미치는 공정 및 중요도 언급
• 지원 분야에 따라 공정을 선택하여 조금 자세히 설명(본인이 관심 있는 분야를 중심으로)
• 배터리의 품질을 좌우하는 중요 공정 설명(본인이 생각하는 이유와 같이)

2. 머릿속으로 그리는 답변 흐름과 핵심 내용

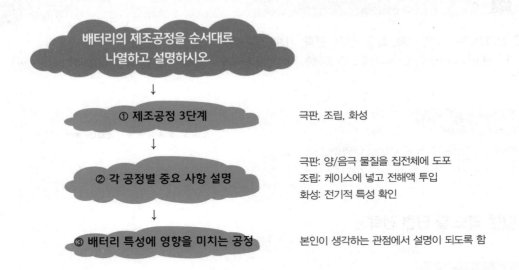

배터리의 제조공정을 순서대로 나열하고 설명하시오

↓

① 제조공정 3단계 — 극판, 조립, 화성

↓

② 각 공정별 중요 사항 설명

극판: 양/음극 물질을 집전체에 도포
조립: 케이스에 넣고 전해액 투입
화성: 전기적 특성 확인

↓

③ 배터리 특성에 영향을 미치는 공정 — 본인이 생각하는 관점에서 설명이 되도록 함

3. 모범답안

배터리의 제조공정은 크게 3개의 공정(극판공정, 조립공정, 화성공정)으로 나누어진다. 첫 번째인 극판공정은 양/음극 활물질을 집전체인 금속 위에 도포하여 양음극막을 각각 만드는 공정이다. 집전체로는 양극에는 알루미늄, 음극에는 구리금속 필름을 사용한다. 두 번째 공정인 조립공정은 앞단에서 제작된 양극/음극 극판을 분리막과 층층이 쌓아올린 젤리롤을 만들고, 케이스에 삽입한 후 전해액을 주입하고 봉합하는 공정이다. 마지막으로 화성공정은 제작된 배터리가 원하는 특성이 나오는지 충방전을 통하여 전기화학적 성능을 확인하는 공정이다.

배터리 특성 확보에는 모든 공정이 중요하겠지만, 극판공정에서의 양/음극의 극판막 관리가 특히 중요하다. 막의 Uniformity 등은 배터리 간의 특성에 영향을 주므로, 특히 주의해야 한다. 또한 조립공정에서의 전해액 주입량 관리도 배터리 특성에 영향을 줄 것으로 생각된다.

* 젤리롤을 만드는 와인딩방식과 스택방식은 설명하지 않았는데, 질문의 유형, 제조사에 따라 적절히 조합하여 설명하면 된다.

4. 나만의 답안 작성해보기

08 전지소재

필요 전공/직무 (화학, 소재, 화공/연구개발, 기술 분야, 품질)

• 배터리에 필요한 주요 소재의 동작원리뿐만 아니라 기초물성과 제작원리까지 이해하는 것이 필요하다.

실제 면접 질문

난이도 ★★★★★   중요도 ★★★

• 배터리 셀 파우치의 필름을 개발할 때 중요한 인자 3가지 이상을 설명하시오.

---

1. 질문 의도 및 답변 전략

면접관의 질문 의도

• 캔타입의 배터리와는 다른 파우치 타입의 특성을 이해하고 있는가?(특히, 파우치 배터리 생산업체)

• 파우치 타입의 장점을 이해하고 있는가?

• 파우치 필름의 요구특성을 배터리 구조/특성과 연결지을 수 있는가?

▼

면접자의 답변 전략

• 배터리의 형태적 관점에서 구분 설명(원형캔, 파우치, 각형캔 등)

• 파우치 타입의 장점을 설명

• 파우치 타입의 제조공정 및 제품에 따른 특성으로부터 중요 인자를 설명

⊕ 더 자세하게 말하는 답변 전략

• 배터리 구조로부터 파우치의 형태 설명(나일론, 알루미늄, PP 필름 등 약 7층의 다층 구조)

• 전해액과 접하므로 내화학성, 외부표면의 내스크래치, 성형성 등을 배터리와 관계지어 설명

2. 머릿속으로 그리는 답변 흐름과 핵심 내용

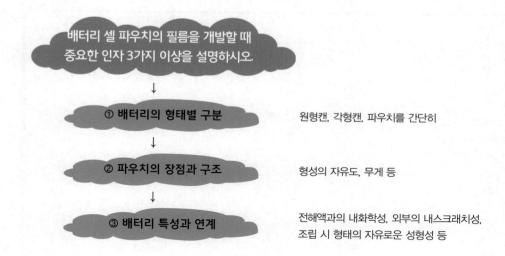

배터리 셀 파우치의 필름을 개발할 때
중요한 인자 3가지 이상을 설명하시오

↓

① 배터리의 형태별 구분   원형캔, 각형캔, 파우치를 간단히

↓

② 파우치의 장점과 구조   형성의 자유도, 무게 등

↓

③ 배터리 특성과 연계   전해액과의 내화학성, 외부의 내스크래치성,
조립 시 형태의 자유로운 성형성 등

3. 모범답안

배터리는 형태에 따라 원형캔, 각형캔, 파우치 타입으로 구분된다. 파우치 타입의 장점으로는 무게가 가벼운 점, 성형이 쉬워 배터리 용량의 활용적인 측면에서 유리할 뿐만 아니라 다양한 형태를 만들 수 있다는 점 등 많은 것이 있다. 따라서 디자인과 얇은 두께가 중요한 스마트폰, 태블릿 PC 등의 IT 디바이스에 파우치 타입이 필수적으로 적용되고 있다. 또한 용량, 무게 등의 측면에서 유리하여 제조업체의 입맛에 맞게 제작된 파우치형 셀이 다양한 브랜드의 EV에도 적용되고 있다.

케이스로 파우치를 사용하는 경우, 내면에는 유기전해질과 접촉하므로 내화학성 특성이 필요하다. 또한 외부 표면은 스크래치 등으로부터 강성이 유지되어야 하며, 배터리 형상에 따라 다양한 형태로 가공을 해야 하므로 성형성이 확보되어야 한다. 파우치 케이스를 접합시켜야 하므로 접합성 또한 확보되어야 한다. 이를 위해 파우치 필름은 6~7층의 다층 필름으로 제작하고 있다.

4. 나만의 답안 작성해보기

09 전지일반

필요 전공/직무 (화학, 소재, 화공, 전기, 전자, 기계/연구개발, 기술 분야, 품질)

- 2차전지의 동작원리를 이해하여야 하며, 특히 화학 관련 전공자가 연구개발에 지원할 시에 정확하게 설명할 수 있어야 한다.

실제 면접 질문

난이도 ★★★   중요도 ★★★

- 1차전지와 2차전지의 차이점은 무엇인가?

1. 질문 의도 및 답변 전략

면접관의 질문 의도

- 2차전지의 기본특성을 이해하고 있는가?
- 2차전지의 장단점을 숙지하고 있는가?
- 2차전지의 향후 전망은?(기술적인 면, 활용적인 면)

면접자의 답변 전략

- 1차전지와 2차전지의 설명(일상에서 사용하는 배터리를 예로 들어 설명)
- 2차전지의 전망을 간단히 설명하고, 성장 가능성을 설명
- 2차전지의 현재 문제점과 개선방안을 간략히 설명

➕ 더 자세하게 말하는 답변 전략

- 1차전지, 2차전지의 화학적인 내용으로 구분(알칼리전지, 니카드전지/리튬이온전지 등)
- 2차전지에서 재생하여 사용 가능한 충방전 메커니즘을 설명
- 2차전지 현재의 문제점인 용량/안전성 등의 개선방향을 간단히 언급

2. 머릿속으로 그리는 답변 흐름과 핵심 내용

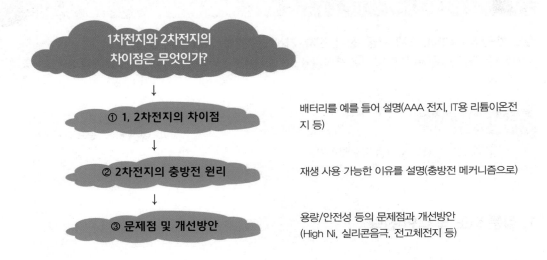

1차전지와 2차전지의 차이점은 무엇인가?

↓

① 1, 2차전지의 차이점 — 배터리를 예를 들어 설명(AAA 전지, IT용 리튬이온전지 등)

↓

② 2차전지의 충방전 원리 — 재생 사용 가능한 이유를 설명(충방전 메커니즘으로)

↓

③ 문제점 및 개선방안 — 용량/안전성 등의 문제점과 개선방안
(High Ni, 실리콘음극, 전고체전지 등)

3. 모범답안

우리 생활에서 자주 사용하는 전지는 알칼리전지라고 알려져있는 일회용 전지, 즉 AA건전지나 AAA건전지인데, 이러한 전지를 1차전지라고 한다. 1차전지는 내부의 화학적 전위가 1.5V 정도이며, 자발적 전류가 흐른 뒤에는 역반응이 발생하지 않는 메커니즘을 가지고 있다. 이에 반하여 2차전지는 여러 번 반복해서 사용하는 것을 의미하며, 니카드전지, 리튬이온전지 등 다양하게 존재한다. 최근에 가장 많이 사용되는 것이 리튬이온전지인데, 다른 2차전지에 비하여 전압이 높으며, 고용량이고, 친환경적이며, 메모리효과가 없다는 장점이 있기 때문이다.

리튬이온전지를 좀 더 살펴보면, 리튬이온 소스를 가지는 양극과 이온을 보관하고 배출할 수 있는 음극으로 구성되어 있다. 충전 시에 양극에서 리튬이온이 발생하여 음극에 전하를 저장하며, 방전 시에 음극에 있는 리튬이온과 전자가 양극으로 이동하면서 전류가 생성된다.

* 간단하다고 생각되는 질문은 질문의 의도를 잘 파악하여야 하며, 필요하다면 향후 개선 방향까지 언급하면 좋다.

4. 나만의 답안 작성해보기

10 제조공정

필요 전공/직무 (화학, 소재, 화공, 전기, 전자, 기계 등/연구개발, 기술 분야, 품질)
- 배터리 제조공정과 배터리의 특성을 연결하여 이해하고 있어야 하므로 난이도가 높은 질문이다.
- 배터리 동작 메커니즘으로 유추하여 공정을 이해할 수 있도록 하여야 한다.

실제 면접 질문

난이도 ★★★★★   중요도 ★★★★

- 배터리 제조공정에서 일어날 수 있는 문제에 관하여 설명하시오.

1. 질문 의도 및 답변 전략

면접관의 질문 의도

- 배터리 제조공정을 이해하고 있는가?
- 본인이 생각할 때 가장 중요한 제조공정은?
- 얼마나 관심을 가지고 배터리 제조에 관하여 공부하였는가?

면접자의 답변 전략

- 배터리 제조 3대 공정에 대하여 설명
- 본인이 생각할 때 가장 중요한 공정을 설명(정답은 없으므로, 정확히 설명할 수 있는 공정)
- 발생할 수 있는 문제점과 이로 인한 배터리의 불량 예측

➕ 더 자세하게 말하는 답변 전략

- 제조공정의 문제와 배터리 특성을 연결시킬 수 있어야 함
- 극판공정에서 두께/밀도 등의 uniformity가 틀어지면, 배터리 간에 품질특성 차이 발생 등
- 조립공정 중에 전해액 주입량 등의 산포 발생 시에도 배터리 수명 등의 차이 발생 등
- 공정관리 방안을 설명

2. 머릿속으로 그리는 답변 흐름과 핵심 내용

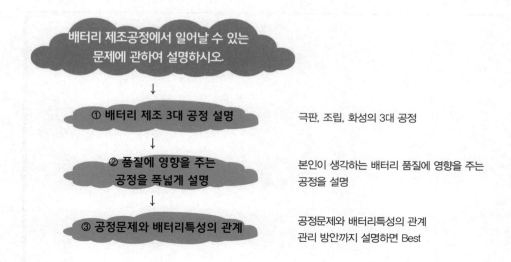

배터리 제조공정에서 일어날 수 있는 문제에 관하여 설명하시오

↓

① 배터리 제조 3대 공정 설명 — 극판, 조립, 화성의 3대 공정

↓

② 품질에 영향을 주는 공정을 폭넓게 설명 — 본인이 생각하는 배터리 품질에 영향을 주는 공정을 설명

↓

③ 공정문제와 배터리특성의 관계 — 공정문제와 배터리특성의 관계 관리 방안까지 설명하면 Best

3. 모범답안

배터리 제조공정은 일반적으로 극판공정, 조립공정, 화성공정으로 나뉘어진다. 모든 제조공정에서 문제가 일어날 수 있을 것으로 생각되며, 양품에 영향을 주는 문제뿐만 아니라 경우에 따라 품질(신뢰성, 안전성)에 영향을 줄 수도 있다. 수년 전 휴대폰 발화사건으로 대형 리콜 문제가 발생하였을 때, 발화 원인이 배터리의 제조공정에 있었다고 한다.

극판공정은 집전체에 활물질을 코팅하는 공정으로, 코팅막의 Uniformity가 중요할 것으로 생각된다. Uniformity가 차이 나게 되면 배터리 간에 특성 차이가 발생하게 되어 불량이 생성될 뿐 아니라 장기적인 사용 시 수명에도 영향을 줄 수 있다. 또한 극판공정에서 수분을 제거하기 위하여 열풍 건조를 하게 되는데, 만약 수분이 함유되었을 경우 배터리 내부에서 리튬을 소진하게 되어 용량감소의 원인이 될 수 있다.

조립공정에서는 셀 사이즈에 맞게 자르는 노칭(절단이라고 표현하면 됨) 시 집전체의 이물들이 남아 있지 않도록 하는 것이 중요할 것으로 생각된다. 이러한 이물은 배터리 내부에서 쇼트 및 발화의 원인이 될 수도 있다.

4. 나만의 답안 작성해보기

11 조립공정

필요 전공/직무 (화학, 소재, 화공, 전기, 전자, 기계 등/연구개발, 기술, 품질 분야)

• 배터리 조립공정과 배터리의 특성을 연결하여 이해하고 있어야 하므로 난이도가 높은 질문이다.

• 젤리롤 제조 방식의 종류와 그 차이를 이해하고 있어야 한다.

실제 면접 질문

난이도 ★★★★　　중요도 ★★★★

• 젤리롤 제조법 중 와인딩 공법과 스택 공법의 차이점은 무엇인가?

---

1. 질문 의도 및 답변 전략

면접관의 질문 의도

• 와인딩 공법과 스택 공법에 대해서 알고 있는가?

• 와인딩 공법과 스택 공법의 차이점은?

• 공법 차이에 따른 배터리의 특성을 이해하고 있는가?

면접자의 답변 전략

• 와인딩과 스택 공법의 정의를 간단히 설명하고, 공정에 대해 설명한다.

• 와인딩과 스택 공법으로 제조된 젤리롤의 구조적인 차이점을 설명한다.

• 젤리롤의 변형(Deformation)에 대해 설명하고, 스택 공법이 수명에 유리한 이유를 설명한다.

➕ 더 자세하게 말하는 답변 전략

• 와인딩과 스택 공법의 효율, 비용 등의 관점에서도 장단점을 설명할 수 있으면 Best

2. 머릿속으로 그리는 답변 흐름과 핵심 내용

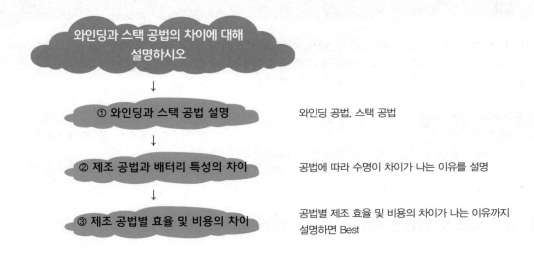

3. 모범답안

와인딩 공법은 극판 및 분리막의 절단 없이 돌돌 말아 젤리롤을 생산하는 방식이다. 반면 스택 공법은 Cell의 사이즈에 맞게 극판 및 분리막을 절단하여 쌓는 방식으로 젤리롤을 생산한다.

현재 자동차용 배터리 생산 시 각형, 파우치형에는 스택 공법이 사용되고, 원통형에는 와인딩 공법으로 제조된 젤리롤이 사용되고 있다.

각형, 파우치형 셀에 와인딩 공법을 적용하게 되면 스택 공법 대비 상대적으로 수명이 짧아진다. 그 이유는 셀의 충·방전 중 발생하는 와인딩 젤리롤의 변형(Deformation)에 있다. 충·방전 중 음극 극판은 수축, 팽창을 하며 두께가 지속적으로 변하는데 와인딩 공법의 젤리롤은 양끝이 접히는 부분에서 두께 변화를 허용해 줄 수 있는 여유 공간이 없어 젤리롤 내에 스트레스가 쌓이며 변형(Deformation)을 일으키는 것이다. 반면 스택 공법의 젤리롤은 접혀있는 부분이 없어 충·방전을 반복적으로 하더라도 변형(Deformation)이 없다.

하지만 스택 공법은 기법은 노칭 공정이 추가되고, 젤리롤 제조 시에도 와인딩 공법보다 더 시간이 오래 걸려 효율성이 떨어지고 제조 비용이 비싸다. 배터리의 제조 비용이 비쌌던 예전에는 와인딩 공법이 파우치형이나 각형에 적용되기도 했으나, 현재는 대부분 스택 공법이 적용되고 있다.

4. 나만의 답안 작성해보기

12 급속충전

필요 전공/직무 (화학, 소재, 화공/연구개발 분야)

• 소재 특성 및 셀 설계 요소와 셀의 급속충전 성능을 연결하여 이해하고 있어야 하므로 난이도가 높은 질문이다.

실제 면접 질문　　　　　　　　　　　　　　　난이도 ★★★★★　중요도 ★★★

• 급속충전을 위해서 양극, 음극, 전해액, 분리막은 어떤 조건이 필요한가?

1. 질문 의도 및 답변 전략

면접관의 질문 의도

• 급속충전과 셀의 저항과의 관계에 대해서 알고 있는가?

• 셀 내 소재의 특성과 셀의 저항과의 관계에 대해서 알고 있는가?

• 소재 특성을 조절하면 따라오는 부작용을 알고 있는가?

면접자의 답변 전략

• 급속충전 성능과 셀의 저항의 관계에 대해서 설명한다.

• 각 소재의 어떤 특성을 개선하면 출력이 향상되는지 설명한다.

• 출력 성능을 향상시키게 되면 저하되는 Trade off 특성에 대해 설명한다.

➕ 더 자세하게 말하는 답변 전략

• 소재 외에도 셀의 설계 요소를 어떻게 조절하여 출력 성능을 개선할 수 있는지도 설명할 수 있다면 Best

2. 머릿속으로 그리는 답변 흐름과 핵심 내용

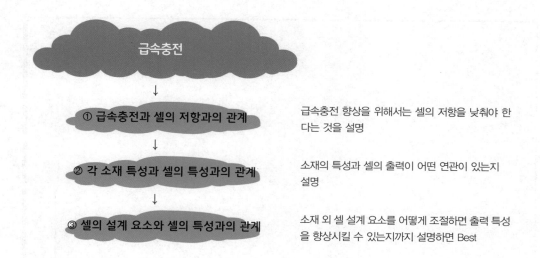

급속충전

↓

① 급속충전과 셀의 저항과의 관계   급속충전 향상을 위해서는 셀의 저항을 낮춰야 한다는 것을 설명

↓

② 각 소재 특성과 셀의 특성과의 관계   소재의 특성과 셀의 출력이 어떤 연관이 있는지 설명

↓

③ 셀의 설계 요소와 셀의 특성과의 관계   소재 외 셀 설계 요소를 어떻게 조절하면 출력 특성을 향상시킬 수 있는지까지 설명하면 Best

3. 모범답안

급속충전을 위해서는 셀의 저항이 낮아야 한다. 셀의 저항을 낮추기 위해서는 도전성이 좋은 즉 저항이 낮은 소재를 사용하여야 한다.

소재별로 저항을 낮출 수 있는 조건으로는, 양, 음극 활물질은 소재의 비표면적을 높여 반응 면적을 높이는 방법이 있다. 하지만 이 방법은 전해액과의 부반응을 촉진시켜 열화가 더 빨리 될 수 있다는 단점이 있다. 또한 음극에는 도전성이 좋은 물질인 Pitch를 코팅하여 저항을 낮추는 방법이 있지만, 가격이 올라간다는 단점이 있다.

전해액은 용매의 유전율을 높이거나 점도를 낮추는 방법이 있다. 하지만 유전율이 좋은 용매는 점도가 높고, 점도가 낮은 용매는 유전율이 낮아서 2가지 종류의 용매를 적절히 혼합하여 사용해야 한다.

분리막은 두께를 줄여 리튬이온의 이동성을 향상시키는 방법이 있다. 하지만 얇아지는 만큼 분리막 제조 공정의 난이도는 올라가고 셀에서의 안전성 또한 저하될 수 있다.

또한 셀 설계를 통해서도 급속충전 성능을 향상시킬 수 있는데, 전극의 로딩레벨을 낮춰 반응면적을 넓게 하거나, 탭의 면적 및 두께를 높여 저항을 줄이는 방법 등이 있다.

4. 나만의 답안 작성해보기

13 전고체전지

필요 전공/직무 (화학, 소재, 화공, 전기, 전자, 기계 등/연구개발, 기술, 품질 분야)
• 전고체전지의 개념에 대해서 묻는 질문으로 기초적인 질문이다.

난이도 ★★★   중요도 ★★★

• 전고체전지와 리튬이온전지의 차이를 설명하시오.

1. 질문 의도 및 답변 전략

면접관의 질문 의도

• 리튬이온전지와 전고체전지의 기본 구성을 알고 있는가?
• 리튬이온전지의 한계에 대해서 알고 있는가?
• 전고체전지의 장점에 대해서 알고 있는가?

면접자의 답변 전략

• 리튬이온전지와 전고체전지를 구성하는 소재에 대해서 설명한다.
• 안전성 관련 리튬이온전지의 한계에 대해서 설명한다.
• 전고체전지의 안전성 및 에너지밀도 관련 장점과 기술 개발의 필요성에 대해 설명한다.

➕ 더 자세하게 말하는 답변 전략

• 현재 전고체전지가 상용화되기 어려운 이유에 대해 설명할 수 있다면 Best

2. 머릿속으로 그리는 답변 흐름과 핵심 내용

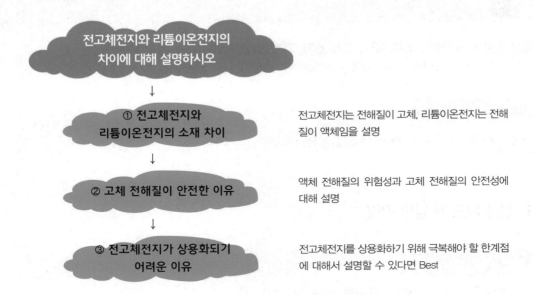

전고체전지와 리튬이온전지의
차이에 대해 설명하시오

↓

① 전고체전지와
리튬이온전지의 소재 차이

전고체전지는 전해질이 고체, 리튬이온전지는 전해
질이 액체임을 설명

↓

② 고체 전해질이 안전한 이유

액체 전해질의 위험성과 고체 전해질의 안전성에
대해 설명

↓

③ 전고체전지가 상용화되기
어려운 이유

전고체전지를 상용화하기 위해 극복해야 할 한계점
에 대해서 설명할 수 있다면 Best

3. 모범답안

전고체전지는 말 그대로 전해질이 고체인 배터리이다. 반면 리튬이온전지의 전해질은 액체
의 형태로 구성되어 있다. 액체 전해질을 사용하면 온도에 따라 부피가 변하기도 하고 누출될
가능성이 있으며, 가연성 소재라 화재가 발생할 확률도 크다. 반면 고체 전해질은 열 안전성이
높으며 단단한 분리막 기능을 하여 단락될 가능성이 적어져 비교적 안전성이 큰 배터리를 만
들 수 있다. 또한 안전성에 큰 장점을 가지는 전고체전지는 리튬이온전지보다 부품, 모듈, 팩
레벨에서 안전을 위한 설계를 단순화시킬 수 있어 리튬이온전지보다 부피당, 무게당 에너지밀
도를 더 높일 수 있다는 큰 장점이 있다.

하지만 전해질이 고체인 만큼 이온전도도가 낮아 출력이 떨어지며, 제조 공정 중 높은 압력
을 가해야 하는 WIP 공법은 생산성이 크게 떨어지는 등 대량 양산을 위해 극복해야 할 과제들
이 많이 남아있어 당장 상용화되기는 어렵다.

4. 나만의 답안 작성해보기

14 기업일반1

필요 전공/직무 (전 전공/전 직무)

• 각 기업별로 사업군 및 생산되는 중요 제품을 이해하고 있어야 한다.

실제 면접 질문

난이도 ★★ 중요도 ★★★★

• 삼성SDI에서는 어떤 제품을 생산하는가?

---

1. 질문 의도 및 답변 전략

면접관의 질문 의도

• 삼성SDI의 기업에 관한 조사를 했는가?

• 제품정보에 관한 지식 및 역량 확인

• 지원동기 및 의지 확인

▼

면접자의 답변 전략

• 삼성SDI의 제품군을 구별하여야 함(에너지사업과 전자소재 부문)

• 큰 사업의 규모별로 매출 및 대표제품을 설명

• 회사에서 주력으로 하고 있는 사업을 설명하고, 그 이유를 본인의 관점에서 설명

⊕ 더 자세하게 말하는 답변 전략

• 대표제품을 설명하고 적용 분야를 설명할 수 있으면 좋음

• 에너지사업을 대표적인 사업 내용으로 구분하여 설명(소형, ESS, EV용)

• 회사의 집중적인 투자에 관하여 설명

2. 머릿속으로 그리는 답변 흐름과 핵심 내용

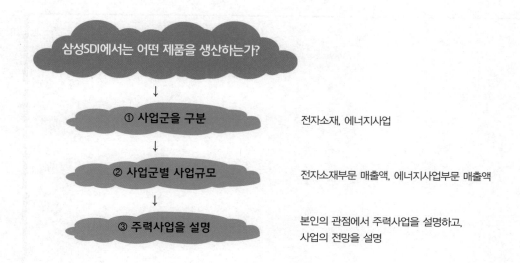

삼성SDI에서는 어떤 제품을 생산하는가?

↓

① 사업군을 구분   전자소재, 에너지사업

↓

② 사업군별 사업규모   전자소재부문 매출액, 에너지사업부문 매출액

↓

③ 주력사업을 설명   본인의 관점에서 주력사업을 설명하고,
사업의 전망을 설명

3. 모범답안

　기업의 생산/판매 제품은 모든 기업체에 해당하는 아주 기본적인 조사 항목이므로, 모범답안에서는 해당 문제에 국한하기보다 일반적인 대응 방안으로 설명하고자 한다. 기업의 제품은 해당 기업의 홈페이지에서 제품군과 큰 사업부 정도의 조직구분을 확인한다. 제품의 종류 및 특성 그리고 활용에 대해서 조사하여 체계적인 설명이 되도록 준비한다. 추가적으로 사업부 또는 제품군의 경영상황을 확인하면 좋은데, DART 또는 홈페이지 등에 공시되어 있는 공시정보를 참고하면 된다. 좀 더 자세한 사항은 투자기관 등에서 발행하는 경영정보 등을 찾아서 정리하도록 한다. 전체적으로 기업의 사업군, 제품, 특히 주력제품에 대하여는 간단히 설명하고, 손익 등에 관하여 설명할 수 있도록 준비하면 된다.

4. 나만의 답안 작성해보기

15 기업일반2

필요 전공/직무 (전 전공/전 직무)

• 기업의 사업전략은 면접자의 중요 점검 항목이며, 지원기업별로 전략을 숙지하고 있어야 한다.

실제 면접 질문

난이도 ★★★　　중요도★★★★

• 전기차 시장에서 SK온의 전략을 설명하시오.

---

1. 질문 의도 및 답변 전략

면접관의 질문 의도

• SK온의 배터리에 관하여 어느 정도 관심을 가지고 조사했는가?

• 사업전략 관점에서 어느 정도의 사고를 가지고 있는가?

• 배터리 사업에 관한 전략적 사고가 있는가?

▼

면접자의 답변 전략

• world wide 관점에서 2차전지의 사업성장 가능성 설명(탄소중립, 기후환경 등 관점)

• 국내 3사에서 집중투자하고 있는 내용을 간단히 언급

• SK온의 배터리의 집중투자 방향 및 금액 등을 일등화 전략으로 연결되게 함

⊕ 더 자세하게 말하는 답변 전략

• 배터리의 성능을 보장하기 위하여 채택하고 있는 중요 소재를 설명(특히 양극 활물질)

• 최근 메스컴에서 발표되는 투자 및 기술 향상 방안을 언급

2. 머릿속으로 그리는 답변 흐름과 핵심 내용

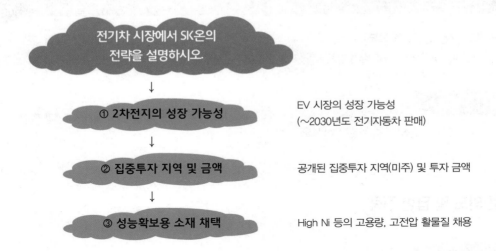

전기차 시장에서 SK온의
전략을 설명하시오.

↓

① 2차전지의 성장 가능성

EV 시장의 성장 가능성
(~2030년도 전기자동차 판매)

↓

② 집중투자 지역 및 금액

공개된 집중투자 지역(미주) 및 투자 금액

↓

③ 성능확보용 소재 채택

High Ni 등의 고용량, 고전압 활물질 채용

3. 모범답안

먼저, 전기차 시장의 전망을 보면, 기후변화에 대응하기 위하여 각국은 전기자동차 생산/판매를 의무화하고 있다. 이런 측면에서 보면 전기자동차 시장은 지속적으로 성장할 수밖에 없다. 전기차용 배터리는 한국을 중심으로 중국, 일본이 경쟁체제를 가지고 있으며, 국내를 기준으로 보면 3개사가 치열한 경쟁을 하고 있다. 그중 SK온은 자동차 배터리에 주력하고 있으며, 한국, 중국, 유럽, 미국에 사업장을 운영하고 있다. 자동차용 배터리 판매가 지속적으로 증가하고 있으며(여기에서 수치적으로 설명하면 더 신뢰감이 있음, 조사하여 설명하도록 하면 좋겠음), 추가적인 증설 등의 투자 확대로 시장점유율을 높이고 있다.

기술적으로는 자동차용 배터리는 용량 및 충전속도 향상이 중요하기 때문에 SK온은 High Ni용 양극재를 채택하여 성능차별화 전략을 가지고 있으며, 전기차의 본격적인 대중화에 앞서 NMX, LFP 등의 저가형 배터리를 준비하고 있다. 또한 석유사업을 운영하는 SK이노베이션의 자금력을 바탕으로 빠르게 투자를 확대하여 점유율을 높여가고 있다. SK온은 프리미엄부터 저가형까지 다양한 제품의 성능 및 기술력 향상을 통해 시장 지배력을 확대하는 전략을 가지고 있다고 생각한다.

4. 나만의 답안 작성해보기

16 산업특성

필요 전공/직무 (전 전공/전 직무)

• 지원 분야의 산업특성에 대한 이해도뿐만 아니라 지원의지를 확인할 수 있는 질문이다.

난이도 ★★★　　중요도 ★★★★★

• 2차전지 산업의 특성에 대해 설명하시오.

1. 질문 의도 및 답변 전략

면접관의 질문 의도

• 2차전지 사업의 산업환경에 관하여 이해하고 있는가?

• 배터리의 활용 분야를 얼마나 이해하고 있고, 성장 가능성을 어떻게 생각하는가?

• 질문 회사의 배터리 사업 성장 가능성은 어떻게 생각하는가?

면접자의 답변 전략

• 선진국들의 기후환경 대책으로 전기자동차에 대한 기업전략을 간단히 소개

• 자동차 업계의 전기자동차 생산 예측물량을 설명

• 질문한 회사의 사업 내용을 설명하고, 전략을 간단히 설명

➕ 더 자세하게 말하는 답변 전략

• 현재 배터리 사업의 리스크를 설명(안전성에 관한 리스크, 리콜 사태 등을 언급)

• 향후 리스크 극복방안을 설명

2. 머릿속으로 그리는 답변 흐름과 핵심 내용

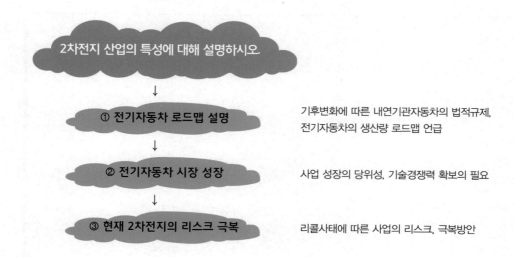

2차전지 산업의 특성에 대해 설명하시오

↓

① 전기자동차 로드맵 설명
기후변화에 따른 내연기관자동차의 법적규제,
전기자동차의 생산량 로드맵 언급

↓

② 전기자동차 시장 성장
사업 성장의 당위성, 기술경쟁력 확보의 필요

↓

③ 현재 2차전지의 리스크 극복
리콜사태에 따른 사업의 리스크, 극복방안

3. 모범답안

　현대의 생활 환경에서 IT 제품을 중심으로 배터리가 없는 생활은 상상하기 힘들 정도로, 배터리 의존도가 높은 편이다. 또한 화석연료의 사용으로 지구온난화 현상이 심화되고 있어, 자동차 배기가스 규제가 엄격해지고 있으며 친환경자동차가 의무화 되고 있다. 친환경자동차는 현재까지 전기자동차가 대세로 굳어지고 있는 추세이다.

　2차전지 산업은 향후에도 IT 산업에서의 지속적인 수요 증가, 전기자동차 시장 확대로 인한 배터리 수요 증가로 폭발적인 성장이 예상된다. 특히 전기자동차 판매량은 2030년도에 전체 자동차 판매량의 50% 수준까지 차지할 것으로 예상되기도 한다. 폭발적인 시장성장이 예상됨과 동시에 배터리 업체의 경쟁도 더욱 치열해지고 있다. 국가 간, 기업 간에 점유율 향상을 위하여 국가 차원에서도 기술적, 자금적인 지원을 하고 있다. 또한 배터리의 성능적인 측면, 안전성 측면에서 문제점을 해결하기 위하여 소재업체, 장비업체 등과의 협업으로 해결방안을 찾고 있다. 치열한 치킨게임 속에서 살아남기 위한 소리 없는 전쟁이 진행되고 있으며, 전쟁에서 승리할 수 있는 역할을 할 수 있도록 하겠다.

* 본 내용을 참조하여 본인이 적합한 내용을 추가하면 좋을 것 같다.

4. 나만의 답안 작성해보기

17 직무구분

필요 전공/직무 (전 전공/전 직무)

• 기업의 직무를 이해하고 있는지를 확인하여 지원자의 직무적합성을 확인하는 질문이다.
• 본인이 지원하는 직무의 역할을 정확히 이해하고 있어야 한다.

실제 면접 질문

난이도 ★★★★★   중요도 ★★★★

• 생산, 제조, 설비 기술의 차이점에 대해 설명하시오.

1. 질문 의도 및 답변 전략

면접관의 질문 의도

• 회사 내 직무를 이해하고 있는가?
• 지원한 직무를 정확히 이해하고 있는가?
• 지원한 직무에서 역량을 충분히 발휘할 수 있는 이유는 무엇인가?

면접자의 답변 전략

• 기업의 제품이 생산되고 판매되는 과정에서 직무별 역할을 간단히 설명(개발→제조→생산기술→설비기술→영업 · 마케팅)
• 제품을 생산하는 제조와 기술을 구분하여 설명
  - 생산기술(또는 제조기술) : 제조가 원활이 되도록 제품 관점의 기술을 담당
  - 설비기술 : 제품을 제조하는 설비 관점의 기술을 담당
• 지원 분야의 중요성 및 본인의 역량을 설명

➕ 더 자세하게 말하는 답변 전략

• 지원 기업의 제품 생산 과정과 각 과정에 연계되는 직무를 설명
* 기업에 따라 직무의 명칭이 다를 수 있으므로, 주의해야 함(기업별 직무 구분 확인 필요)

2. 머릿속으로 그리는 답변 흐름과 핵심 내용

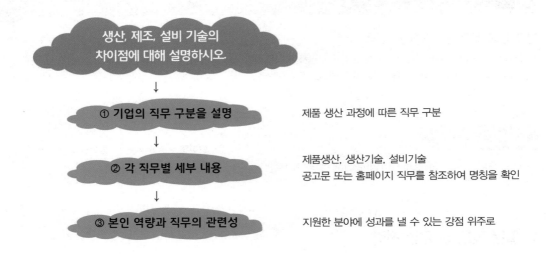

생산, 제조, 설비 기술의
차이점에 대해 설명하시오

↓

① 기업의 직무 구분을 설명   제품 생산 과정에 따른 직무 구분

↓

② 각 직무별 세부 내용   제품생산, 생산기술, 설비기술
공고문 또는 홈페이지 직무를 참조하여 명칭을 확인

↓

③ 본인 역량과 직무의 관련성   지원한 분야에 성과를 낼 수 있는 강점 위주로

3. 모범답안

기업은 제품을 개발하고 생산한 후, 판매를 하는 제품 사이클을 가지고 있다.

연구개발은 고객의 요구사항을 반영하여 제품을 설계하고 품질을 확보하여 고객에 판매할 제품을 완성하는 역할이라고 할 수 있다. 설계가 완성된 제품을 고객에게 판매 목적으로 제작하는 부서를 제조라고 하며, 배터리 제작공정인 극판제작, 조립, 화성 등의 공정에서 제품제조를 담당한다. 제작공정에서 정해진 규격 내에서 품질을 관리하며, 불량품과 양품을 선별하여 양품만을 제작토록하는 역할을 가지고 있다.

생산기술(제조기술)은 개발에서 확정된 제품 설계스펙을 제조현장에서 구현할 수 있도록 제조 공정스펙을 확정하여야 하며, 실제 제조 시 발생한 불량품의 원인을 규명하여 개선하는 역할도 맡고 있다. 즉, 불량 개선을 통한 양품률 향상이라는 중요한 역할을 담당한다.

설비기술은 제조기술과 확정된 공정스펙을 만족시키기 위하여, 설비의 셋팅, 운영, 유지보수 등을 하여 설비의 성능을 최고의 상태로 유지하는 역할을 한다. 또한 설비가 불시에 고장이 나지 않도록 예방보전 등의 활동을 하여 설비 가동률을 유지해야 한다.

* 직무의 역할은 위의 표현만으로 전체를 이해하기 힘드니, 교재 및 영상 등을 참조하여 충분히 이해하면 좋겠다.

4. 나만의 답안 작성해보기

CHAPTER

02 2차전지 면접 예상문제

한권으로 끝내는 전공·직무 면접 2차전지

핵심요약 →

면접 예상 문제		
	예상문제 01	2차전지의 충방전에 대해 설명하시오.
	예상문제 02	이상기체와 실제기체의 차이점에 대해 설명하시오.
	예상문제 03	반 데르 발스의 법칙에 대해 설명하시오.
	예상문제 04	열역학 법칙 및 엔탈피와 엔트로피에 관하여 설명하시오.
	예상문제 05	삼중점 및 임계점에 관하여 설명하시오.
	예상문제 06	친수성과 소수성의 차이를 설명하시오.
	예상문제 07	짝산-짝염기와 브랜스테드 산-루이스 산에 관하여 설명하시오.
	예상문제 08	산화-환원 반응에 대해 설명하시오.
	예상문제 09	표면장력의 원리에 대하여 설명하시오.
	예상문제 10	알칸/이성질체란 무엇인지 설명하시오.
	예상문제 11	고분자 물질을 만드는 방법에 대하여 설명하시오.

한권으로 끝내는 전공·직무 면접 2차전지

핵심 설명 포인트

- 배터리의 기본 원리를 이해하고 있어야 한다.
- 전기화학적인 변화를 이해하고 있어야 한다.
- 양극 활물질/음극 활물질의 특성을 이해해야 한다.

정답을 말하는 스토리 라인

- 배터리의 구성요소인 양극 활물질, 음극 활물질, 전해액, 분리막을 4대소재라 한다.
- 양극 활물질은 리튬을 포함하고 있는 물질로 전압 및 용량을 결정한다. 음극 활물질은 일반적으로 흑연을 사용하고 있다.
- 충전 시에 인가된 전류로 인하여 양극 활물질에서 리튬이 탈리되어 전해액을 통하여 음극 활물질로 이동하게 되며, 전자는 도선을 통하여 음극으로 이동하게 된다. 즉, 양극 활물질에 있던 리튬과 전자가 음극으로 이동하는 것을 충전이라고 한다. 충전 중 양극에서는 전자의 감소로 인하여 산화 반응이 일어나며, 반대로 음극에서는 환원 반응이 일어난다.
- 방전은 음극에 축적되어 있는 리튬과 전자가 자발적으로 양극으로 이동하게 된다. 이때 화학에너지가 전기에너지로 변환된다. 충전 메커니즘과 동일하게 리튬은 전해액을 통하여 이동하고, 전자는 도선을 통하여 이동한다. 음극에서는 전자를 잃어버리므로 산화가 일어나며(산화수 증가), 양극에서는 전자를 받으므로 환원이 일어나게 된다.
- 2차전지는 충방전 시 산화-환원 반응을 통하여 전기에너지를 화학에너지, 또한 화학에너지를 전기에너지로 변환하는 역할을 하게 된다.

02 이상기체와 실제기체의 차이점에 대해 설명하시오.

한권으로 끝내는 전공·직무 면접 2차전지

핵심 설명 포인트

- 이상기체의 정의에 대하여 설명: 이상기체 상태방정식(PV = nRT)
- 기본 가정 설명: 부피가 없음을 전제, 분자/원소 간 인력/척력이 없음, 완전탄성체 등
- 실제기체의 성질 설명
- 실제기체를 설명하기 위한 보정식 설명(반 데르 발스 보정식)

정답을 말하는 스토리 라인

$$\left(P + \frac{an^2}{V^2}\right)(V - nb) = nRT$$

$\underbrace{\qquad}_{\text{보정된 압력}}$ $\underbrace{\qquad}_{\text{보정된 부피}}$

- 이상기체는 압력-부피-온도에 따른 기체의 거동이 이상기체 방정식, 즉 PV = nRT에 완벽히 설명될 수 있는 가상의 기체이지만 여기에는 기본 가정이 있다. 1) 분자는 질량은 있으나 부피는 무시한다. 2) 기체 분자들 사이에 인력이나 척력이 존재하지 않는다.
- 실제기체는 압력이 높으면 분자 간의 부피를 무시할 수 없고, 분자 간 인력/척력이 존재한다. 또한 분자는 작지만 정해진 본질적인 부피를 가지고 있기 때문에 유효부피를 계산해야 한다.
- 실제기체에는 이런 이유로 보정식을 나타낼 수 있고, 이를 반 데르 발스 식이라 한다.

03 반 데르 발스의 법칙에 대해 설명하시오.

핵심 설명 포인트

- 반 데르 발스 결합과 반 데르 발스 방정식을 혼동하지 않도록 해야 한다.
- 이상기체 상태방정식에서 실제기체에서 보정하는 식을 이해해야 한다.
- 분자 간에 느끼는 인력과 반발력을 보정해주는 것이다.

정답을 말하는 스토리 라인

$$\left(P + \frac{an^2}{V^2}\right)(V - nb) = nRT$$

$\underbrace{\quad\quad\quad}_{\text{보정된 압력}}$ $\underbrace{\quad\quad\quad}_{\text{보정된 부피}}$

- 이상기체의 정의를 설명하여야 한다. 이상기체는 질량은 있지만 부피는 무시 가능하며, 분자 간 인력/척력을 무시할 수 있다. 그러나 실제기체에서는 인력/척력이 존재하며, 부피를 무시할 수 없으므로 이를 보정하는 식이 반 데르 발스 보정식이다. 압력에 영향을 주는 부피/몰수 영향도를 보정해주고 (n2/V2), 기체의 몰수에 따른 부피를 보정해준다.
- 유효 부피는 (V-nb), $P_{이상}$ = $P_{실제}$ + an^2/V^2(a는 비례상수, n과 V는 기체의 몰수와 부피)

04 열역학 법칙 및 엔탈피와 엔트로피에 관하여 설명하시오.

핵심 설명 포인트

- 열역학 1, 2, 3법칙을 이해하고 설명할 수 있어야 한다.
- $\triangle E = q + W$을 이해하고, 일정압력(등압)에서의 열에너지 변화를 이해해야 한다.
- 엔트로피의 정의를 이해해야 한다.

정답을 말하는 스토리 라인

- 열역학 제1법칙은 우주의 총에너지는 일정하다는 에너지 보존의 법칙이다. 제2법칙은 엔트로피는 증가하는 방향으로 변화한다는 엔트로피의 법칙이며, 제3법칙은 절대영도에서의 엔트로피는 0에 수렴한다는 네른스트-플랑크 정리이다.
- 엔탈피는 등압반응에서 화학반응의 반응열이라 정의된다. 엔트로피는 무질서라고도 하고, 배열수로 설명할 수 있다. 제2법칙은 배열수가 증가하는, 즉 엔트로피가 증가하는 방향으로 진행된다.

$q_p = \triangle E + P\triangle V = \triangle H$ (엔탈피)
(q_p: 화학반응의 반응열)

삼중점 및 임계점에 관하여 설명하시오.

핵심 설명 포인트

- 기체/액체/고체의 상의 개념을 이해해야 한다.
- 상이 변할 때 에너지의 변화(흡열/발열)를 설명할 수 있어야 한다.
- 액체와 기체의 상에서 압력/온도를 증가시킬 때의 그래프를 이해하고 있어야 한다.

정답을 말하는 스토리 라인

- 고체-액체-기체로 상이 변할 때 에너지는 흡열 반응이 일어나며, 반대로의 상변화 시에는 발열 반응이 일어난다. 특정 온도와 압력에서 세 개의 상이 동시에 존재하며, 두 상이 변화하는 경계를 승화곡선, 융해곡선, 증기압력곡선이라고 한다.
- 기체와 액체의 경계인 증기압곡선은 압력과 온도를 올려가면 특정 지점에서 경계가 사라지는데, 이 지점을 임계점이라고 한다. 이 이상의 온도/압력에서 기체/액체의 경계가 없고 공존하게 된다.

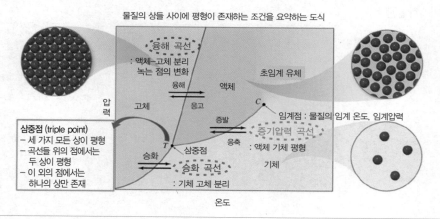

06 친수성과 소수성의 차이를 설명하시오.

핵심 설명 포인트

- 친수성은 물과 잘 혼합되는 것으로, 분자 간 결합 중 수소결합을 이해해야 한다.
- 소수성이라는 분자결합특성을 이해해야 한다.

정답을 말하는 스토리 라인

- 용질이 용매에 녹아서 용액이 되는 것을 용해라고 한다.
- 물에 친화성이 있는 극성의 친수기(OH, COOH, NH_2, SO_3Na 등의 원자단)가 있으면 그 화합물은 물에 녹는다. 예를 들어, 에탄올이 물에 녹는 경우 용질인 에탄올 분자가 용매인 물분자와 수소 결합을 하여 물분자에 둘러싸여(hydration) 용매 속으로 분산된다. 이와 같이 물에 녹기 쉬운 물질은 친수성(hydrophilic)이라고 하고, 물에 잘 녹지 않는 성질을 가진 물질은 소수성(hydrophobic)이라고 한다.
- 한 개의 분자 속에 친수성 영역과 소수성 영역이 함께 있는 물질은 양친매성(amphipathic)이라고 한다. 비누 분자가 이에 해당된다.

핵심 설명 포인트

- 아레니우스 산, 브랜스테드 산, 루이스 산의 개념을 이해해야 한다.
  - 아레니우스 산: 물에서 해리하여 수소이온(H^+)을 생성하는 물질(염기는 OH^- 생성)
  - 브랜스테드 산: 양성자 주개(H^+), 양성자 받개는 염기
  - 루이스 산: 전자쌍을 받개, 염기는 전자쌍 주개

정답을 말하는 스토리 라인

- 아레니우스 산/염기의 정의, 브랜스테드 산/염기의 정의를 설명한다. 보다 발전된 산/염기 정의가 루이스 산/염기라고 할 수 있다. 루이스 산/염기는 전자가를 기준으로 하며, 전자쌍을 줄 수 있으면 염기, 받을 수 있으면 산이라고 한다.
- 브랜스테드 산/염기에서 짝산/짝염기를 설명할 수 있다.

  산 $HNO_3(aq) \rightleftarrows H^+(aq) + NO_3^-(aq)$
  염기 $NH_3(aq) + H^+(aq) \rightleftarrows NH_4^+(aq)$

  ※ HNO_3를 NO_3^-의 짝산(conjugate acid)
  　 NO_3^-를 HNO_3의 짝염기(conjugate base)

핵심 설명 포인트

- 산화 및 환원의 개념을 이해해야 한다.
- 산화와 환원은 동시에 진행되며, 산화제와 환원제의 개념까지 이해할 필요가 있다.

정답을 말하는 스토리 라인

- 루이스 산/염기의 정의를 설명한다(전자쌍 받개는 산, 전자쌍 주개는 염기).
- 전자의 이동으로 전자를 잃으면 산화, 전자를 얻으면 환원되었다고 한다. 산화/환원은 항상 동시에 일어나며, 산화/환원을 특징지을 때는 산화수로 계산할 수 있다. 산화수란 원자가를 계산하여, 증가하면 산화되었다고 하고, 감소되면 환원되었다고 한다.

$$Zn(s) + CuSO_4(aq) \rightarrow ZnSO_4(aq) + Cu(s)$$

$Zn \rightarrow Zn^{2+} + 2e^-$: Zn 산화되었으며, Zn 환원제
$Cu^{2+} + 2e^- \rightarrow Cu$: Cu^{2+} 환원되었으며, Cu^{2+} 산화제

09 표면장력의 원리에 대하여 설명하시오.

핵심 설명 포인트

- 용액에서 분자들 간의 결합을 이해해야 한다.
- 극성의 액체 분자들은 분자들 간의 결합에너지를 가지고 있으며, 표면적을 최소화하려는 성질이 있다.(가장 안정한 상태를 유지)
- 실생활에서 일어나는 현상을 이해하고 있으면 유리하다.(소금쟁이는 물에 빠지지 않는다)

정답을 말하는 스토리 라인

- 표면장력은 액체 표면적을 늘리기 위해 극복해야 하는 내부로 향하는 힘, 즉 액체의 표면을 단위 면적만큼 증가시킬 때 필요한 힘이다. 분자 간 인력이 커질수록 표면장력도 커지며, 온도가 증가하면 분자 운동이 활발해져 표면장력이 약해진다.
- 모세관 현상은 용기와 액체의 부착력과 액체의 응집력과의 관계에서 발생되며, 기압과 부착력/응집력이 균형이 될 때까지 액체가 위로 올라간다.

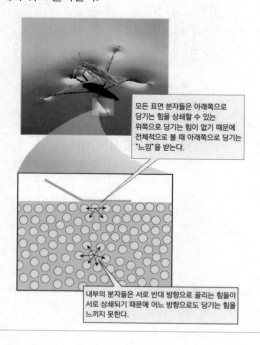

모든 표면 분자들은 아래쪽으로 당기는 힘을 상쇄할 수 있는 위쪽으로 당기는 힘이 없기 때문에 전체적으로 볼 때 아래쪽으로 당기는 "느낌"을 받는다.

내부의 분자들은 서로 반대 방향으로 끌리는 힘들이 서로 상쇄되기 때문에 어느 방향으로도 당기는 힘을 느끼지 못한다.

10 알칸/이성질체란 무엇인지 설명하시오.

한권으로 끝내는 전공·직무 면접 2차전지

핵심 설명 포인트

- 유기화학물의 분류를 이해하고, 명명법을 이해하고 있어야 한다.
- 유기화합물은 동일한 분자식에서 겹치지 않는 구조가 있다.
- 가장 간단한 예들을 기억하고 있으면 좋다.

정답을 말하는 스토리 라인

- 유기화합물 중 지방족 탄화수소는 알케인(alkane), 알킨(alkene), 알카인(alkyne)으로 구분된다. 알케인은 분자 결합이 전부 시그마결합(단일결합)으로 이루어져 있으며, 포화탄화수소라고 한다.
- 이성질체(isomer)는 분자식은 같으나 구조가 다른 분자들을 말한다. 예를 들어, 뷰테인과 아이소뷰테인 등이 해당된다.

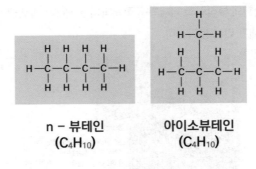

n – 뷰테인
(C_4H_{10})

아이소뷰테인
(C_4H_{10})

이성질체 (isomer)

11 고분자 물질을 만드는 방법에 대하여 설명하시오.

한권으로 끝내는 전공·직무 면접 2차전지

핵심 설명 포인트

- 고분자의 반응성을 이해해야 한다.
- 고분자 물질을 만들기 위한 중합 방법을 이해해야 한다.
- 실제 사례를 한두 종류 이해하고 있으면 좋다.

정답을 말하는 스토리 라인

- 고분자는 중합물질 종류에 따라 한 종류로 이루어진 단일중합체와 두 종류 이상이 혼합되어 만들어진 공중합체로 구분된다.
- 고분자의 중합에는 축합중합, 개환중합, 라디칼중합 등의 다양한 방법이 있다. 예를 들어, 축합중합은 단량체를 연결하는 과정에서 분자 일부가 떨어져나가 부산물을 만들며 중합되는 단계성장 반응으로, 대표적인 고분자는 Polyamides와 Polyester가 있다.

참고

▷ 단일중합체와 공중합체
  – 단일중합체 : 한 종류의 단량체만으로 형성된 고분자
  – 공중합체 : 두 종류 이상의 단량체가 혼합되어 형성된 고분자
▷ 중합 방법에 의한 분류
  – 축합중합 : 단량체의 일부가 줄면서 중합
  – 개환중합 : 환형의 단량체가 펼쳐지면서 중합
  – 부가중합 : 단순히 단량체를 덧붙여 연결하여 중합
  – 라디칼중합 : 라디칼을 연결고리로 사용하는 중합
  – 이온중합 : 양이온과 음이온을 연결고리로 사용하는 중합
  – 용액중합 : 액상으로 중합
  – 유화중합 : 유화제를 사용하는 중합
  – 현탁중합 : 물리적 교반에 의존하는 중합
  – 고상중합 : 고체 상태에서 중합
  – 기상중합 : 기체 상태에서 중합

CHAPTER 01 2차전지 면접 기출문제

실제 2차전지 대기업에 출제되었던 면접 기출문제로 2차전지 직무면접에 대해 실전 연습을 할 수 있도록 하였다.

CHAPTER 02 2차전지 면접 예상문제

2차전지 대기업에 출제될 수 있는 면접 예상문제로 2차전지 직무면접을 보다 완벽하게 준비할 수 있도록 하였다.

이공계 취업은 렛유인
WWW.LETUIN.COM

이차전지 전문 교육기관 **포항 폴리텍** 진행!

이차전지 Cell
설계/개발 특화과정

프로젝트/과제 기반 주도적인 실습 3일 커리큘럼으로
탄탄하고 확실한 **이차전지 직무역량** 향상!

실습 전

효율적인 프로젝트기반 실습을 도와줄
이차전지 전문가 교수님들의 현장 이론 강의!

실습 중

코인셀 리튬이온 배터리 직접 제작
제작 배터리 성능 평가 및 셀 밸런싱 실습 진행!

실습 프로젝트 결과물 그래프 시각화를 통한
설계 비율표 분석 및 발표 + 피드백!

실습 후

현직 엔지니어의 이차전지 셀 설계 이론 강의로
직접 경험한 실습 내용 완벽 체화!

직접 리튬이온 배터리를 제작해보고
차별화 된 이차전지 직무역량을 쌓고 싶다면?

SCAN →

이공계 특화 무료 취업 생방송
산업별 / 전형별 맞춤 LIVE 특강

최신 채용 트렌드 반영! 인사담당자 & 전/현직 엔지니어 출신 선생님들의
이공계 취업성공 Tip으로 당신의 취업경쟁력을 높이세요!

LIVE

왜 렛유인 이공계 취업성공 생방송강의를 봐야 할까?

1. 이공계 합격생 40,135명! 前 삼성 인사 임원, 실무 채용 경력이 있는 대기업 출신
엔지니어들이 실제 채용 평가 기준으로 이공계생 맞춤 실전 취업 꿀팁을 제공합니다.

2. 오직 이공계생을 위해! 가장 빠르게 채용 시즌에 맞춰 눈높이
취업성공전략을 제공해드립니다. (직무분석, 자소서항목, 면접기출 등!)

3. 삼성전자 포함 4,168개 기업교육 담당으로으로
누구보다 정확한 기업들의 채용/기술 트렌드를 제공해 드립니다.

4. 실시간 소통으로 어디서나 즉시 이공계 취업 고민/전략을 해결해 드립니다.

※ 이공계 합격생 40,135명 : 2015~2023년 서류, 인적성, 면접 누적 합격자 합계 수치

단, 1초만에 끝내는 신청방법!

1 카카오톡 채널(플러스친구)에
렛유인을 추가하기!

> 카카오톡에 렛유인 검색
> ▼
> 채널 탭
> ▼
> 친구추가

2 초간단 신청! 핸드폰 카메라를
켜고 QR코드에 가져다 대기!

※ 생방송 강의 10분전!
렛유인 채널로 안내드립니다.

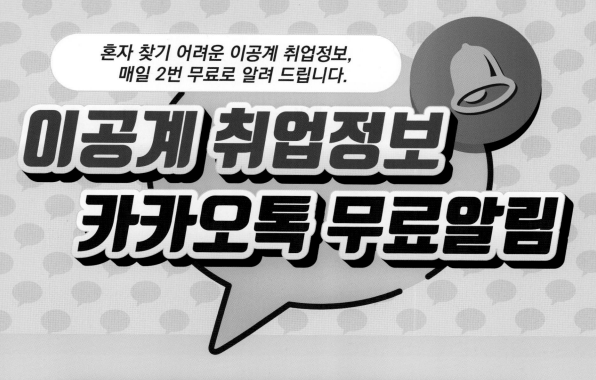

혼자 찾기 어려운 이공계 취업정보,
매일 2번 무료로 알려 드립니다.

이공계 취업정보 카카오톡 무료알림

〈렛유인 이공계 취업정보 무료 카카오톡 서비스는?〉

혼자 찾기 어려운 취업정보를 **1초 안에 카톡으로 받는 무료 서비스**입니다!
신청만 하면 아래의 모든 소식을 매일 2번 알려 드립니다.

- 이공계 맞춤! 기업의 따끈따끈한 채용소식 총정리
- 반도체/자동차/디스플레이/2차전지/제약·바이오 전공 및 산업 트렌드
- 최종합격생들의 직무, 자소서, 인적성, 면접 꿀팁
- 취업자료 무료 제공안내(서류, 자소서, 직무, 전공, 면접 등)

〈딱 3초안에 안에 끝나는 이공계 무료 카톡 신청법!〉

단, 3초면 완료! 무료! 이공계 취업정보 카카오톡 알림신청

휴대폰 카메라를 이용해 우측 QR코드 인식!
게시글 내 **이공계 취업정보 오픈카톡방 신청서** 작성 하면 끝!

SCAN ME!

무료 카톡 링크는 신청서에 기재해 주신 핸드폰 번호로 안내해 드립니다. (평일 저녁)

이공계 합격생
40,135명

교육 브랜드
3년 연속
대상

이공계 특화
취업교육
1위

이공계 특화 취업교육 1위 렛유인

200% 환급 프리패스

이공계 합격생 40,135명이 증명하는 최종합격을 위한 후회 없는 선택!

2024 이공계 취업준비, 공채부터 수시채용까지 한번에 대비 가능!
가장 빠르고 정확하게 합격으로 가는 확실한 길을 제시해드립니다.

수강료 환급

수강료 부담 없이 합격에만 집중!
최대 200% 환급

*미션달성시/제세공과금 22%
본인부담/부가 혜택 및
교재비 제외
(하단 유의사항 필수 확인)

현직자 상담

이공계 대기업 현직자가
직접 해주는 개인맞춤
취업방향 설계, 직무 상담

현직자 Care+
상담 1회권

취업 도서 5종

자소서, 인적성, 면접, 전공 대비
이공계 취업 1위 필독서 5권

*12개월 200% 환급반,
6개월 100% 환급반 대상
(하단 유의사항 필수 확인)

NCS 수료증 발급

이력서, 자소서, 면접에서
직무역량 어필!
국가인증 NCS 수료증 발급

*NCS 강의 수료 시
발급 가능

무제한 수강

산업/기업/직무별, 취업 과정별
이공계 특화 강의 및
신규 강의 무제한 수강

라이브 방송

기업별 최신 채용공고를 반영한
라이브 방송 긴급점검 강의
무료 제공

취업 자료집 50종

원하는 기업 정보를 15장으로 압축!
기업개요,인재상 등 최신 업데이트
취업기업분석 자료집 50종 무제한 열람

GSAT 모의고사

GSAT 실전 감각 향상을 위한
온라인 인적성 모의고사
2회분 제공

렛유인 <200% 환급 프리패스>는 렛유인 (www.letuin.com)에서 확인할 수 있습니다.